海绵城市背景下市政工程涉铁项目设计与管理研究

—— 以青岛市唐河路—安顺路打通工程为例

徐海博 杨东升 张 潮 吴向明 编 著

中国建设科技出版社 有限责任公司
China Construction Science and Technology Press Co., Ltd.

北 京

图书在版编目（CIP）数据

海绵城市背景下市政工程涉铁项目设计与管理研究：以青岛市唐河路—安顺路打通工程为例/徐海博等编著. —北京：中国建设科技出版社有限责任公司，2025.5.
ISBN 978-7-5160-4441-4

Ⅰ. TU99

中国国家版本馆 CIP 数据核字第 2025Z6A530 号

海绵城市背景下市政工程涉铁项目设计与管理研究——以青岛市唐河路—安顺路打通工程为例
HAIMIAN CHENGSHI BEIJINGXIA SHIZHENG GONGCHENG SHETIE XIANGMU SHEJI YU GUANLI YANJIU——YI QINGDAOSHI TANGHELU—ANSHUNLU DATONG GONGCHENG WEILI
徐海博　杨东升　张　潮　吴向明　编　著

出版发行：	中国建设科技出版社有限责任公司
地　　址：	北京市西城区白纸坊东街 2 号院 6 号楼
邮　　编：	100054
经　　销：	全国各地新华书店
印　　刷：	北京印刷集团有限责任公司
开　　本：	787mm×1092mm　1/16
印　　张：	12.5
字　　数：	270 千字
版　　次：	2025 年 5 月第 1 版
印　　次：	2025 年 5 月第 1 次
定　　价：	76.00 元

本社网址：www.jskjcbs.com，微信公众号：zgjskjcbs
请选用正版图书，采购、销售盗版图书属违法行为
版权专有，盗版必究。本社法律顾问：北京天驰君泰律师事务所，张杰律师
举报信箱：zhangjie@tiantailaw.com　　举报电话：(010) 63567684
本书如有印装质量问题，由我社事业发展中心负责调换，联系电话：(010) 63567692

本书编委会

编　著　徐海博　杨东升　张　潮　吴向明
副主编　李兆金　赵金林　李佩亚　张修亭　梁　艳
编　委　李　蕾　张兴波　曾武亮　侯文俊　任　强
　　　　　王　琳　高　峰　程甜甜　龙海东　唐闻天
　　　　　张　涛　李华杰　霍　亮　贾　曦　谢　君
　　　　　姚小清　剧利宾　王作鹏　潘　峰　吴利娜
　　　　　孟相均　李　春　孟　娜　陈鹏飞　唐　康
　　　　　田　幸　郭子义　高　强　司义德　任　飞
　　　　　袁堂涛　陈立鹏　江文杰　李斌飞　吴书飞
　　　　　王金花　张　娟　蔺世平　卢　涛　任　振
　　　　　邱　阳　杨雪莲　程莎莎

前　言

　　青岛市中心城区及外围区域规划形成"区域一体、高快衔接、六横九纵、环湾放射"的高快速路网络。东岸城区是青岛市的主城区，是人口和产业发展集中地，随着老旧厂区的外迁，这里也成为历史遗留问题集中的区域。唐河路—安顺路是青岛市东岸城区贯通南北的交通性主干路，南起瑞昌路，北至仙山路，全长约14.3km，规划双向六～八车道，规划线位穿越市北、李沧老工业区，是青岛市城市更新工作的重要区域，沿线条件非常复杂，20万m^2厂房拆迁，4200延米铁轨拆除，下穿上跨7次铁路和3条城市快速路，上跨6处河道。作为青岛市2022年市级重点项目，其项目的实施有非常高的要求，根据市委、市政府工作部署，要求一年实现主线通车。由于项目全线难点众多，涉及污染地块、部队及争议地征收、大量厂房及铁路拆迁、涉铁临铁施工等，在青岛市城市更新建设工作方面具有非常典型的借鉴意义。

　　同时，该项目的实施意义重大，项目的实施可弥补南北向通道数量不足的短板，缓解环湾路、重庆路等南北向主通道交通压力；可有效改善市北、李沧老工业区城区环境，提升城市品质，盘活闲置土地和低效用地，助推老工业区"腾笼换鸟"和城市更新，焕发新的城市活力；此外，作为国家级综合管廊试点城市之一，安顺路综合管廊是规划中重要的试点项目，项目的建设将打通主城区西部南北向管线廊道，补齐沿线区域管网配套不足的短板。近年来，青岛市住房城乡建设局会同相关部门和沿线辖区政府对建设方案进行多方论证，积极推进项目的落地实施。目前，安顺路（金水路—衡阳路段）已按规划建成通车，但未连通骨干路网，使用效率低，无法发挥整体路网交通功能，资金投入不能发挥最大效益，正在实施的唐河路（金沙二支路—镇平路段）建成后将面临同样问题。因此，唐河路—安顺路的全线贯通势在必行，建设意义重大。

　　工程积极采用新材料、新工艺，践行绿色发展新理念。一是实现天然石材的"零使用"。积极采用新型环保材料，全线约7.1万延米路缘石、界石、花坛石均采用人造仿石替代花岗岩等常规建设材料，实现天然石材的"零使用"，从细微处践行"绿色发展"的建设理念。二是精细化建设城市公共设施资源。全面落实"多杆合一、多箱整合"理念，将路灯、交通标志、信号灯、电子警察、视频监控等杆件合并设置，由808处减少至590处（减少约27%）；统一规划整合电力、通信、路灯、交通等零散箱体，由149处减少至33处（减少约78%），探索城市建设集约节约新路径。三是打造海绵城市生态系统示范工程。因地制宜构建低影响开发雨水系统，设置9万m^2透水铺装，打造下沉绿地，改善沿线生态环境，缓解城市水资源压力。四是全面推广市政工程装配式技术应用。

充分发挥装配式技术"标准化设计、工厂化生产、装配化施工"的优势,全线桥梁和管廊标准段采用预制装配式结构,工期较传统模式缩短50%,现场作业人员减少约60%。

道路规划线位需连续下穿胶济货线、青连铁路、青荣城际等运营铁路线,由于铁路建设时对安顺路下穿条件预留不足,及新版铁路规范的发布,使道路下穿受到严重限制,安顺路面临无法按照规划实施的严峻局面,通行能力将减小25%以上。项目组前后邀请了铁路、市政等各方面专家对铁路方面的规范、章程、条例等进行深入研究和全方位解读,创新性提出采用"U型槽+桩板桥"的结构形式,解决了道路不能占压铁路桥承台、铁路范围内路基不能机械碾压等难题,通过与铁路部门的多方协调,设计方案顺利通过专家评审,保证了安顺路按照总体方案实施。本书主要以此为案例,对这一难题的解决进行了论证和分析,为以后类似工程提供有益的经验(图1—图7)。

图1 开工仪式

图2 李村河大桥效果图

图 3 瑞昌路立交效果图

图 4 下穿胶济货线及青连、青荣铁路效果图

图 5 下穿青盐铁路上跨中石化专用铁路效果图

图 6　双流高架效果图

图 7　下穿胶济货线青盐、青荣铁路实施后现状

目 录

第一章 历史变迁及建设意义 ································· 1

    第一节 胶州湾历史变迁和青岛城市历史概述 ················· 1

    第二节 项目建设意义 ··································· 7

第二章 复杂的建设条件 ······································ 10

    第一节 自然条件 ······································ 10

    第二节 现状与规划 ···································· 14

第三章 基于交通模型建设规模分析 ····························· 27

    第一节 交通现状调查与分析 ····························· 27

    第二节 交通量预测方法 ································ 37

    第三节 交通量预测内容及结论 ··························· 38

    第四节 建设规模分析 ·································· 43

第四章 总体方案 ··· 46

    第一节 道路总体方案 ·································· 46

    第二节 涉铁节点总体方案 ······························ 49

第五章 涉铁节点详细方案 ····································· 55

    第一节 工程建设条件 ·································· 55

    第二节 总体方案 ······································ 75

    第三节 涉铁立交工程安全评估 ··························· 91

    第四节 施工阶段监测控制 ······························ 94

第六章 施工期间对既有铁路桥梁影响安全性评估 ················· 99

    第一节 安全评估工作概述 ······························ 99

    第二节 安全评估标准 ································· 100

    第三节 下穿铁路工程合规性评价 ······················· 102

第四节　工程施工对铁路的影响分析 …………………………………… 103
　　第五节　以青盐铁路为例计算结果分析 ………………………………… 112
　　第六节　施工对铁路桥梁安全评估结论 ………………………………… 142
　　第七节　评估结论 ………………………………………………………… 143

第七章　涉铁项目第三方监测方案 …………………………………………… 144
　　第一节　监测方案 ………………………………………………………… 144
　　第二节　设备安装方案 …………………………………………………… 154
　　第三节　观测数据初始值采集 …………………………………………… 165
　　第四节　观测数据及监测成果分析、结论 ……………………………… 167

第八章　涉铁工程手续办理规定及流程 ……………………………………… 175
　　第一节　管理机构及职责 ………………………………………………… 176
　　第二节　基本技术要求 …………………………………………………… 178
　　第三节　项目审理 ………………………………………………………… 179
　　第四节　工程实施 ………………………………………………………… 182
　　第五节　工程验收 ………………………………………………………… 184
　　第六节　安全质量管理 …………………………………………………… 185

附录 A　地方涉铁工程管理办法详细流程图（参考） ……………………… 187

第一章　历史变迁及建设意义

第一节　胶州湾历史变迁和青岛城市历史概述

胶州湾位于山东半岛西南端，濒临黄海，海湾面积广阔，深入陆地、湾口，形势险要，为中国不可多得的海湾之一，也是中国北方地理环境资源最为丰富的内陆海湾之一。在中国古代历史上，胶州湾地区曾经是中国东部政治、经济、文化、航运中心，创造了光辉灿烂的海洋文化。19世纪末，在经过长期沉寂之后，位于胶州湾口东岸的青岛口逐渐发展起来，成为世界知名的港口城市。经过一百余年的建设发展，青岛城市格局已从胶州湾东岸的一隅之地扩展为环绕胶州湾发展的大型海湾城市。总结胶州湾与青岛城市发展变迁的历史经验，为青岛市的建设发展提供借鉴，具有重要的现实意义。

1949年6月2日，青岛获得解放。中国人民解放军青岛市军事管制委员会接管青岛党、政、军、法、文、经等各类机构，建立了中共青岛市委和青岛市人民政府。人民新政权建立后，迅速建立革命秩序，恢复经济和发展生产。遵照中共中央决定，青岛城市政治地位发生重大变化，从中央政府的直辖城市转变为山东省辖城市。青岛城市界域也发生了变化，城市西部黄岛、北部阴岛地区分别划归胶南县、胶县和即墨县管辖，在原崂东、崂西部分郊区建立了崂山行政办事处，归南海专署领导（1950年归胶州专署管辖）。青岛市域面积仅保留了210.65 km²，按功能性质分为市南、市北、台西、台东、四沧、李村、浮山7区。其中，市南、市北、台西、台东4区为市区，四沧、李村、浮山3区为农村区。市内各区亦各有不同功能分工：市南区为机关、学校、文化、外侨区，市北区为商业集中区，台西区为港口码头区，台东区为私营工业区。青岛解放后，城市人口开始向农村倒流，到1949年9月，城市总人口为589586人。

1950年，青岛市城市建设局编制了《青岛市都市计划纲要（初稿）》，将青岛城市性质定位为"轻工业、吞吐口、海军基地、风景与疗养区"。城市市区计划面积为200 km²，其中市区为85 km²，绿地面积为115 km²；计划人口为100万人；城区分为中区、大水清沟区、沧口区、白沙河区四个区，并对各分区的功能分工做了简单的计划。但由于多种原因，该计划没能完全得到实施，青岛城市的行政、住宅、工商业功能区划分基本上还是延续了原有的格局。同年3月，为进行国防建设和经济建设，原胶州专署管辖的崂山行政办事处划归青岛市，市域陆地面积为719 km²。同年8月，青岛市区进行调整，撤销了浮山区和李村区，分为市南、市北、台西、台东、四方、沧口6

区。此后很长时间里，青岛行政区域基本没有大的变化，城市建设和工业发展均未脱离原有的城市格局。到1952年，城市建成区面积为30.2km^2，城市人口为66.8万人。

值得指出的是，尽管当时正处在国民经济恢复时期，青岛市人民政府仍然挤出资金用于改善城市居民居住条件。在重点发展轻工业的同时，青岛的教育事业和海洋科研事业得到高度重视，汇聚了来自全国的海洋、水产科研和教学力量，为新中国海洋科研事业发展奠定了基础。

中华人民共和国成立后，青岛城市建设和经济建设得到了飞跃发展。仅用了几年时间就完成了国民经济恢复和社会主义改造任务。随着国民经济的恢复与发展，青岛工商企业也得到了迅速发展。特别是1955年公私合营以后，青岛工业进行了重大结构调整，众多工业转移到四方、沧口工业区。同时，青岛新建了一批工厂，胶州湾东岸的台东、四方、沧口成为青岛规模最大、最集中的工业区，其中主要为轻工业。据1956年制定的《青岛城市规划卷》记载，1955年，全市工厂及工场手工业（用机械做动力）计有1003户，职工94222人。本市工业比较集中，国营及公私合营工业计有174户（其中中央国营2户、中央公私合营3户，地方国营53户，公私合营90户），占全市工业总户数17%，职工人数74979人，占全市工业职工人数80%以上。1956年1月下旬，私营工商业已实行全行业公私合营，并完成了对手工业和郊区农业的社会主义改造，青岛已稳步进入了社会主义社会。

中华人民共和国成立初期，青岛工业结构仍以轻工业为主要产业。1955年，青岛市"以纺织业、橡胶业、面粉业等轻工业为主并以纺织工业为中心，重工业主要有四方机车车辆厂和青岛纺织机械厂。全市共有纺织、印染工厂303户，占全市工业总数的三分之一左右，纺织业职工47018人，等于全市职工总数的一半。有纱锭4.2万枚。"1955年，全市工业总产值达到111800万元。

《青岛城市规划卷》对青岛工业布局也做了分析评价，认为"就城市本身的工业布置来说，还是较为合理的"，并指出，"本市各大厂如纺管局所属国棉各厂、橡胶厂、四方机车车辆制造工厂等都分布在四方、沧口市区西部沿海地带，主要是因为这一带是自南至北的广大带状平原，地势较平坦，胶济铁路就在这平原上通过，接近青岛大港码头交通运输甚为便利，这些都是适合于发展工业的条件……四方及沧口工业区以卫星市的形式使居住区和工业区的交通联系甚为方便，也是较为合宜的"。同时，《青岛城市规划卷》也对中华人民共和国成立前的城市建设发展的缺点做了分析，认为"在资本主义条件下，城市建设是自发的、盲目的和无计划的"。因而存在众多问题：①工业布置分散不集中，技术上的协作与联系很差；②工厂与居住区之间没有防护地带，厂房与住宅混杂在一起；③四方、沧口沿海带全为工厂占用，居民区与水面完全被厂房、仓库及铁路线割断，致使居民无法利用水面；④许多小型的锻铁工厂及机器制造工厂分布在居民区，对居民卫生、安全造成危害。这些问题成为长期制约四方、沧口沿海地区有机和谐发展的主要因素。在《青岛城市规划卷》中，也提出了"青岛市发展远景轮廓的估计"。其中对城市发展定位是这样表述的："青岛是一个具有国防、工业、对外贸易和疗养的多功能城市。""青岛是国家重要的城市之一。"据此，决定了"青岛不可能是国家重点建设的城市，工业也不可能有很大的发展"。因此，青岛除了完善已有的轻工业外，也应发展船舶制造、修理工业、橡胶工业、水果、鱼类加工和食盐精制等。外贸业和国防需要的枪械、武器的修理及船舶修理等产业也是今后发展的重点，港口与铁路建设以及教育、海洋科研和国防建设也是青岛发展的方向。

1958年，为了便于农业支援工业，加强城乡合作，以适应国民经济建设需要，青岛的行政区域也进行了新的调整：原属昌潍专区的胶南、胶县和莱阳专区的即墨县划归青岛市，形成7区（市南、市北、台西、台东、四方、沧口、崂山郊区）3县（胶南、胶县、即墨）的行政格局。

1958年和1959年，在山东省关于今后青岛"工业生产的发展主要是机械工业和化学工业，面向海洋，充分利用海水资源，大力发展海水综合利用和鱼类加工工业，向高精大方向发展"的指示下，青岛加大对城市工业的建设发展力度，青岛机械、钢铁、化工产业急剧发展。这些工业项目大部分集中在四方、沧口一带。同时，经济发展也带动了外贸出口和港口建设的飞跃发展。1960年，根据省委指示和经济发展形势对青岛经济发展和城市建设发展目标做了适当调整，编制形成了《青岛市城市总体规划》。青岛城市性质定为"国防、工业、港口和疗养的综合城市"。城市控制人口100万人，城市用地98km^2。城市按功能分为中心区（市南、市北、台西、台东4区）、四方区、水清沟区、沧口区、楼山区、疗养区。

1961年，中央提出国民经济以农业为基础，工业支援农业，城市支援农村的经济调整方针。据此，即墨县被划归烟台专区，胶南县和胶县划归昌潍专区。同时，又将即墨县的城阳、棘洪滩、马戈庄、河套、阴岛划归青岛崂山郊区（同年改设崂山县）。青岛市城市面积达到950km^2。度过三年困难时期后，青岛经济和城市建设再次得到较快发展。在此期间，青岛市也调整了原有规划，并编制了部分详细规划，对行政区域作了适当调整。在产业布局和发展方向上提出了重点发展海水化学和造船工业，压缩钢铁、机械工业的意见。1963年，台西区被撤消，分别划入市南、市北两区，全市共计有市南、市北、台东、四方、沧口5区和崂山县，行政区域面积不变。

1966年至1978年，青岛市工业经济继续保持较快发展，四方、沧口工业区继续扩大。但由于城市建设缺乏有力规划，导致城市规模发展过大，小城镇发展缓慢，工业建设与人口集中于市区的趋势仍在发展，用地十分紧张；新建工业布局分散；住宅建设不足，"北工南宿"状况突出；城市交通干道少，交通拥挤；市政设施、公共服务设施少；绿地减少，"三废"污染严重；乱占地、建房、开山等破坏了城市风貌等问题的存在。

应当指出的是，1966年至1978年，因港口等工业用地需要，在胶州湾东岸中潮线附近滩涂上陆续进行围填工程，共造地 6.4 km^2。尽管这些围填面积与胶州湾当时拥有的 400 余平方公里的面积相比很小，胶州湾纳潮量也减少了不到 3%，但由于没有统一规划管理，填海工程是一厂一户自行进行，有些岸段只围不填或只填不围，各种垃圾随意向海滩倾倒，加之沿岸工厂未经处理的废水废渣也任意向海湾排放，严重破坏了沿岸自然环境，致使海泊河口以北岸滩污染严重。生态平衡遭到破坏，沿岸滩涂已成"不毛之地"，近岸水域底栖、浮游生物已基本绝迹。这种现状曾引起科技、规划部门的重视，并提出了防治胶州湾污染的意见。

中华人民共和国成立后，青岛港口建设得到较快发展，码头和泊位数量增加，吞吐量迅速增长。特别是 20 世纪 60 年代至 70 年代，青岛港口得到较大规模的扩建，机械化取代了人工装卸，极大地提高了港口的装卸速度和吞吐能力。1973 年，黄岛建成了原油输油管线和码头，青岛港开始向胶州湾西岸发展，青岛港成为中国最著名的大港之一。1978 年，其港口吞吐量达到 2081 万吨。

在此期间，青岛城市人口增长较快。1978 年，青岛的城市建成面积为 66 km^2。市区人口达到 104.7 万人，跨入了百万人以上特大城市的行列。

1978 年 11 月，青岛城市再次得到扩展，即墨、胶州、胶南再次划归青岛。1979 年 1 月，划出胶南县黄岛、薛家岛、辛安三公社成立黄岛区。至此，青岛市已经拥有了市南、市北、四方、沧口、黄岛 5 区和崂山、胶南、胶州、即墨 4 县。随着城市境域的重大变化，城市发展总体规划的修编也提上了议事日程。1978 年，根据中共中央相关要求，青岛开始修编新一轮《青岛市城市总体规划》。1981 年 6 月，《青岛市城市总体规划》(1980—2000 年)正式完成，1984 年经国务院批准实施。该规划所涉及的范围包括市内 5 区和 4 座县城、小城镇、风景区，是历年来青岛城市规划中规划范围最大、内容最详细的一个总体规划。该规划将青岛城市性质的定位为"青岛是经济中心城市，是重要港口和外贸基地，是全国重点环境保护城市，是全国自然风景保护区。根据青岛市城市特点、自然经济资源和现有工业基础，扬长避短，发挥优势，确定城市性质为轻纺工业、外贸港口和风景旅游城市。"

在城市总体布局上，《青岛市城市整体规划》(1980 年—2000 年)"采取以李村河、海泊河两条自然河道将市区分为三个组团和独立的黄岛区的总体布局形式，各组团的发展方向各有侧重，生产与生活逐步配套，既相互联系，又相对独立，使全市形成一个中心和两个组团中心（中组团和北组团）。同时建设近郊工业区和发展小城镇，合理布局，有利生产，方便生活。"

20 世纪 80 年代，青岛城市地位发生较大变化。1981 年，青岛市被列为全国 15 个经济中心城市之一。1984 年，青岛市被列为全国 14 个进一步对外开放的沿海港口城市之一。1986 年，青岛市被国务院正式批准在国家计划中实行单列，赋予其省一级经济管理权限。1994 年，青岛被列为全国 15 个副省级城市之一。政治地位和经济地位的提升，有力地促进了青岛城市的发展。

1983年，经中共中央批准，将原属昌潍地区的平度县和烟台地区的莱西县划归青岛。其后，又撤消了台东区，将其并入市北区。至此，青岛市共计拥有市南、市北、四方、沧口、黄岛5区和崂山、胶南、胶州、即墨、平度、莱西6县。市域总面积为10654.1km²。1987年以后，胶州、平度、即墨、胶南、莱西等属县相继改县为市。崂山则由县改为区。1994年，青岛市市区行政区划作了重大调整，设置城阳区和李沧区。调整后的青岛行政区划建制为市南、市北、四方、李沧、崂山、城阳、黄岛7区和胶州、平度、即墨、胶南、莱西5市。市域总面积不变，市区面积为1102km²。

随着青岛城市行政区划的变化调整，青岛城市格局也发生了重大变化。1992年，青岛市人民政府作出关于加快市区东部开发建设的决定，在老市区以东，崂山以西建设新的市级政治、经贸、文化中心。青岛城区开始向东部扩展，浮山湾地区成为青岛市新的政治、经济、文化中心。与此同时，新城区也向胶州湾西部黄岛地区和北部城阳地区扩展，青岛城市格局从传统的胶州湾东岸线向胶州湾西岸、北岸发展。同时，城市经济产业发展的重点也开始转向胶州湾西部的黄岛和北部的红岛（城阳）地区。青岛城市建设和经济产业逐渐向环胶州湾格局发展。

首先跨湾发展的地区是位于胶州湾西岸的黄岛地区。1973年黄岛油港码头的建成，开启了西海岸发展的先河。20世纪80年代后，青岛港口建设重点转向黄岛前湾港和胶（州）黄（岛）铁路。依托港口和铁路优势，先后在西海岸建立了青岛保税区、出口加工区、临港工业区、黄岛行政区，以及电厂、化工制造等产业集群。20世纪90年代，青岛城市开始向胶州湾北部的红岛、城阳一带发展，成为青岛市新兴的、以出口加工制造为主要产业的新城区。为解决胶州湾周边区域的交通联系，建设了青（岛）黄（岛）轮渡码头和环胶州湾高速公路，使胶州湾东西两岸连成一体，为环绕胶州湾发展的城市格局打下了基础。

1995年，青岛市对《青岛市总体规划》进行重新修编，于1998年完成了修编后的《青岛市城市总体规划》。该《规划》按照"追求现代功能、鲜明地方特色，保护自然风貌、建设国际名城"的原则，将青岛城市性质定为"中国东部沿海重要的经济中心和港口城市、国家历史文化名城和风景旅游胜地"；城市主体功能是"以港口为主的国际综合交通枢纽；国际海洋科研及海洋产业开发中心区域性金融、贸易、信息中心；国家高新技术产业、综合化工、轻纺工业基地；旅游、度假、避暑、文化娱乐中心。"该《规划》对青岛城市总体布局结构做了如下规划：以胶州湾东岸为主城、西岸为辅城，环胶州湾沿线为发展组团，形成"两点一环"的发展态势。主城以市南区、市北区、四方区、李沧区、城阳中心城区（城阳、流亭）、崂山区中城区（高科技工业园区）和环崂山的沙子口、王哥庄、惜福镇、夏庄为主组成形成六个分区（市南、市北、四方、李沧、城阳、崂山）和四个组团（沙子口、王哥庄、惜福镇、夏庄），规划面积为192.5km²。主体功能为青岛市"行政文化、科教、旅游、居住中心；资金流、物资流、信息流集散中心；集约化现代工业和高科技产业区"。

辅城以黄岛中心城区为主组成，规划建设面积为 54km²。主体功能为"港口贸易、大型临港产业、综合开发实验和旅游度假"，其分为行政商务中心、国际商贸仓储加工、综合旅游、重化工和临港工业五个区。

环胶州湾沿线为发展组团，以胶州湾北部和西部地区的棘洪滩、上马、红岛、河套、营海、红石六个组团为主组成，规划建设用地面积为 19.5km²。主体功能为居住、海洋产业、大型机械制造业、农副产品加工和仓储业。

经过多年建设，到 21 世纪初，青岛逐渐形成了胶州湾东西两岸共同发展的"两点一环"的城市发展格局，为日后青岛市环绕胶州湾发展战略打下了基础。

2003 年完成的《青岛城市发展概念规划》中，对青岛城市发展格局做了修订，提出了"一湾、两翼、三极"的大青岛发展框架。其中"一湾"是指环胶州湾城市圈，包括青岛、黄岛的建成区和城阳、胶州、胶南部分临湾乡镇；"两翼"是指胶州湾东、西两侧的海滨旅游度假区；"三极"是指城阳-即墨-莱西发展极、胶州-平度发展极、黄岛-胶南发展极。

"十一五"以来，青岛城市建设与经济发展都取得了重大成就。城市建设乘举办北京奥运会青岛帆船比赛的东风，以建设青岛奥林匹克帆船中心为中心，建设完成了帆船中心主会场及其附属设施的配套建设工程。为保证奥运会成功举办，规划建设了一系列奥帆赛重点配套工程项目和重大基础设施项目。2007 年 1 月，青岛火车站改造工程正式开工，2008 年 6 月建成启用；青岛流亭国际机场国际航站楼工程于 2005 年开工建设，2007 年正式投入使用。这些城市建设的配套工程有力保证了 2008 年北京奥运会青岛奥林匹克帆船比赛的顺利举办。

在进行青岛奥帆中心建设的同时，青岛城市重大基础设施建设布局也得到了进一步完善，围绕胶州湾规划和实施了一系列重大基础设施和大型工业建设项目。2006 年 12 月，横跨胶州湾的青岛海湾大桥（主线）工程开工建设，现栈桥工程已经完成；连接胶州湾的海底隧道工程也于 2007 年正式开工建设；2006 年，青岛大炼油项目工程在胶州湾西海岸的黄岛开工建设，现一期工程已经完成；另外，青岛港口建设也得到了较大发展。除了在胶州湾西岸集装箱码头、前湾港、石油码头扩建工程外，又在胶州湾外的胶南市董家口建设新港口。2007 年，青岛港完成货物吞吐量 2.65 亿吨，在全国港口综合竞争力指数排行榜中居第四位。

20 世纪 80 年代以来，青岛旅游事业日益发展。1982 年，崂山名胜风景区成为首批国家级重点风景名胜区。1984 年青岛被列为 14 个对外开放的沿海港口城市之一后，其旅游业得到进一步发展。在 1984 年制定的《青岛市城市总体规划》中，将"风景游览城市"作为青岛城市性质的四大要素之一。20 余年里，先后建成了信号山等 10 个山头公园和东海路、五四广场、音乐广场雕塑园等一批旅游场所，新增了石老人、金沙滩等 10 余处海水浴场，完善了海滨风景区和崂山风景名胜区，新建了琅琊台、大珠山、薛家岛等旅游风景区，推出了四方糖球会、青岛啤酒节、海洋节等旅游节会。经过20余年的发展，旅游业已经初步成为青岛第三产业的重点产业之一。2007年，青岛市接待国内外游客3250余万人，旅游收入100余亿元。

经过一百余年的发展，依托胶州湾的资源环境和区位优势，青岛城市建设取得了巨大成绩，从一个滨海军事小镇发展为拥有838万常住人口、辖领区5市、区域面积为10654km^2、年生产总值（GDP）为3786.52亿元（2007年）的地区中心城市。在取得巨大成绩的同时，也造成了众多遗憾。由于缺乏规划，存在着城市中心东移时新城区建设无序，海岸线、海湾滩涂遭到围填，老城区城市风貌和历史文物保护不力等问题；胶州湾由于大量填海造田和环胶州湾快速公路的修建，导致水域、滩涂、湿地、岛礁和海洋生物大量消失，胶州湾内东、西、北岸的自然岸线、浴场、滩涂等损失殆尽。胶州湾水域面积已从19世纪末的576.50km^{2}减小到2003年的362km^2。特别是1958年到2003年短短45年间，胶州湾面积就减少了173km^2；同时，由于环胶州湾各区市在发展中存在无序发展状况，缺乏环境保护意识和防污措施，产生的大量未经处理的污染物直接排入河道，使得流入胶州湾的主要河流遭到严重污染，胶州湾遭到整体污染。胶州湾和青岛城市面临着生态环境急剧恶化的严重局面，已经严重影响和制约了青岛市的正常发展。胶州湾和青岛城市的问题引起了青岛市委、市政府的高度重视。2008年初，中共青岛市委、青岛市人民政府提出了"环湾保护、拥湾发展"战略，提出了"构筑'一主三辅多组团'城市框架，进一步增强城市综合竞争实力，促进富强文明和谐现代化国际城市建设"的发展目标，以达到改善胶州湾生态环境，优化提升老城区功能品质，建设发展新城区，带动老城区企业搬迁改造，加快旧城改造步伐，完善公共服务配套设施，提高居民生活质量，缩小南北差距促进城市协调均衡发展的目的。这一战略的提出和实施，势将对胶州湾和青岛市的生态环境保护、青岛城市发展新格局和经济产业的优化发展产生重大影响，为实现建设"富强文明和谐的现代化国际城市"的发展目标提供政策保障。

第二节　项目建设意义

青岛市位于山东半岛南部，东、南濒临黄海，东北与烟台市毗邻，西与潍坊市相连，西南与日照市接壤。青岛市是全国5个计划单列市之一，副省级城市，全国文明城市，全国卫生城市，中国历史文化名城，中国优秀旅游城市，中国东部沿海重要的经济、文化中心，全国14个沿海开放城市之一，是中国面向世界的重要区域性经济中心和外贸口岸。青岛市总面积为11282km^2。青岛市下辖七区三市：市南区、市北区、李沧区、城阳区、崂山区、黄岛区、即墨区、莱西市、平度市、胶州市。

近年来，随着青岛市经济水平和国际化程度的不断提升，城市发展迎来了新的阶段和机遇。青岛市委、市政府在"环湾保护、拥湾发展"的战略基础上，紧紧围绕蓝色经济区国家发展战略，坚持"组团发展、生态间隔"的城市空间布局理念，以"世界眼光、国际标准、本土优势"，落实"全域统筹、三城联动、轴带展开、生态间隔、组团发展"的空间发展战略。

随着胶东国际机场投入运营，城市框架、业态布局和交通格局都在迅速变化，东岸城区南北向和东西向交通拥堵越发严重，城市路网建设存在快速路网建成率偏低，区域间路网贯通率不高等问题，"十四五"期间，青岛市委、市政府发起交通基础设施建设"攻势"，按照"超前谋划、加强储备、先急后缓"的思路，着力推进"快速成网、节点立体、主干完善、次支贯通"为核心的"5＋5＋15＋N"工程。

规划唐河路—安顺路南起市北区兴隆路，北至国道204，位于环湾路与重庆路之间，是东岸城区贯通市北、李沧、城阳三区的交通性城市主干道，沿线为市北、李沧老工业区，近几年，海晶化工、青岛碱业、青岛钢铁等大型企业已经陆续搬迁，该区域存在骨干路网缺乏、路网密度低、市政管网不足、整体环境差等问题，严重制约了周边地块的开发建设，亟需建设一条交通性主干道带动整个区域的整体提升。项目实施将有效改善城区环境，提升城市品质，强化区域协同，完善城市功能，盘活闲置土地和低效用地，助推老工业区"腾笼换鸟"和城市更新，焕发新的城市活力。

从交通现状来看，青岛市东岸城区呈南北狭长地形，同时受胶济铁路阻隔，东西向道路通行能力较低，整体呈现"东西不畅、南北不通"的状况。目前胶东国际机场已投入使用，双元路业已建成通车，交通流量已趋饱和的环湾路交通压力进一步加大，亟需采取交通疏解措施。唐河路—安顺路作为介于重庆路与环湾路之间贯通南北的主干道，也是市区西部的交通主干道及联系沿线各功能组团的轴线，更是"环湾保护、拥湾发展"战略顺利实施的重要基础设施。唐河路—安顺路的打通可有效缓解环湾路等南北向交通压力（图1.2-1）。

图1.2-1 唐河路—安顺路地理区位图

目前来看,金水路—衡阳路段虽已按规划建成通车,但未连通骨干路网,使用效率低,无法发挥整体路网交通功能,财政资金投入未能发挥最大效益。唐河路—安顺路的打通将会形成一条南通青岛北站、北接城阳主城区、西连胶东国际机场的贯通性主干路。这将有效缓解环湾路、重庆路等南北向交通压力,为市北、李沧老工业区迎来全新的发展机遇,使得整个东岸城区焕发新的城市活力(图1.2-2)。

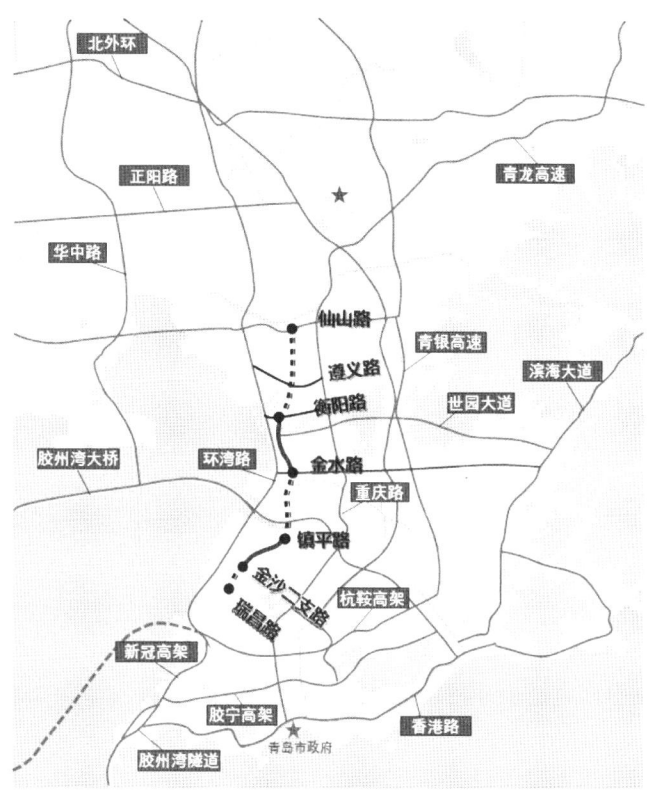

图1.2-2 唐河路—安顺路地理位置示意图

第二章　复杂的建设条件

第一节　自然条件

一、地形地貌

青岛地处胶东半岛西南部，东南濒临黄海，为海滨丘陵城市，总面积为 10654km²。全市地形特征呈东高西低，南北两侧隆起，中间凹陷。现代地貌轮廓是在漫长的地质历史发展中经过复杂的内外营力综合作用而成的，其主要地貌单元为侵蚀构造地貌——低山、构造剥蚀地貌——丘陵、剥蚀堆积地貌——准平原及堆积地貌——洼地。

丘陵是市北区内主要地貌类型，分布面积广。地势起伏不平，东高西低。其中海拔 100~200m 的丘陵分布更为普遍，表现为起伏和缓的宽谷缓丘地形。丘陵上部土质较差，系剥蚀性风化土，中下部是基岩或冲积土。

李沧区西部地势平坦，海岸线长约 13km，主要出产鱼类和贝类等海产品。道路影响区域为滨海浅滩地貌，后经人工改造。现钻孔孔口地面高程为 3.14~4.95m。

二、自然气象

青岛市地处北温带季风区域，属温带季风气候。市区由于海洋环境的直接调节，受来自洋面的东南季风及海流、水团的影响，故又具有显著的海洋性气候特点：空气湿润，雨量充沛，温度适中，四季分明。春季气温回升缓慢，较内陆迟 1 个月；夏季湿热多雨，但无酷暑；秋季天高气爽，降水少，蒸发强；冬季风大温低，持续时间较长。

据 1898 年以来 100 余年气象资料查考，市区年平均气温 12.7℃，极端高气温 38.9℃（2002 年 7 月 15 日），极端低气温 −16.9℃（1931 年 1 月 10 日）。全年 8 月份最热，平均气温 25.3℃；1 月份最冷，平均气温 −0.5℃。日最高气温高于 30℃ 的日数，年平均为 11.4 天；日最低气温低于 −5℃ 的日数，年平均为 22 天；历年相对湿度 73%；风向以东南、西北向为最多；瞬间最大风速 44.2m/s（1956 年 7 月），累年平均风速 5.5m/s；年平均受台风侵袭或外围影响 13 次；降水量年平均为 662.1mm，春、夏、秋、冬四季雨量分别占全年降水量的 17%、57%、21%、5%。年降水量最多为 1272.7mm（1911 年），最少仅 308.2mm（1981 年），降水的年变率为 62%。年平均降雪日数只有 10 天。年平均气压为 1008.6hPa。年平均风速为 5.2m/s，以南东风为主导风向。年平均相对湿度为73%。7月份相对湿度最高，为89%；12月份相对湿度最低，为68%。青岛地区季节性冻土标准冻结深度不大于0.50m。

青岛地区主要灾害性天气有热带气旋、雷暴、冰雹、寒潮、海冰、风暴潮等，但上述灾害性天气发生的频率均较低。

三、工程地质

场区揭露范围内地层结构较简单，层序清晰，第四系主要由全新统人工填土层、全新统冲洪积层、全新统海相沉积层、上更新统洪冲积层组成。揭露基岩主要为燕山晚期粗粒花岗岩，局部变质作用形成泥质粉砂岩。共揭示了12个标准层，5个亚层。各岩土层分布特征及其物理力学性质按标准层层序自上而下，地质年代由新到老分述如下：

1. 全新统人工填土层（Q4ml）

第①层：素填土

场区沿线分布较广泛，大多数钻孔揭露该层。揭露层厚：0.50～3.80m，层底高程：−2.01～7.55m。黄褐色，稍湿，松散。以回填砂土为主，含5%～10%黏性土，含少量碎石，直径2～4cm。该层回填年限大于10年，成分较复杂且不均匀，工程性质不稳定，未经处理不宜作为基础持力层使用。

第①$_1$层：杂填土

场区沿线分布广泛，根据钻探揭露，该层覆于第①层素填土之上。揭露层厚：0.70～5.00m，层底高程：−0.78～8.05m。杂色～褐色，稍湿、松散。以回填砂土为主，含30%～40%直径2～7cm碎石，含少量生活垃圾，较多砖块，回填花岗岩碎屑20%～25%。

该层回填年限5～10年，成分复杂厚度不均匀，工程性质不稳定，未经处理不宜作为基础持力层使用。

2. 全新统海相沼泽化沉积层（Q4mh）

第④层：淤泥质砂土

主要分布于衡阳路至遵义路段、遵义路至李沧区界段南段。揭露厚度为0.40～3.10m，层底高程为−2.98～0.14m。灰褐色，中密，饱和。混淤泥约30%，呈胶结状，矿物成分以长石、石英为主，磨圆差，分选一般，含有机质，局部含较多贝壳碎片，有腥臭味。

该层地基承载力特征值$f_{ak}=90$kPa，变形模量$E_0=5.0$MPa。

3. 全新统洪冲积层（Q4al+pl）

第③层：粗砂

揭露厚度为1.50～6.20m，层底高程为−4.55～0.98m。

褐黄色，稍密，饱和。矿物成分以长石、石英为主，含10%～15%黏性土，受到污染为灰色，分选、磨圆一般，成层不均，粒度上细下粗。

该层地基承载力特征值 $f_{ak}=120$kPa，变形模量 $E_0=8.5$MPa。

第⑦层：粉质黏土

主要分布于遵义路至李沧区界段中段及北段。揭露厚度为 1.40～3.80m，层顶高程为 −0.52～7.64m。

黄褐色，可塑。具有中等压缩性，含铁锰氧化物及结核，混少量砂粒，结构性差，有层理，其间夹多层粉细砂薄层，层厚为 10～20cm，干强度中等，韧性较差，切面较粗糙，无光泽。

该层地基承载力特征值 $f_{ak}=220$kPa，压缩模量 $E_{s1\sim2}=7.0$MPa。

第⑨层：砾砂

主要分布于衡阳路至遵义路段北段、遵义路至李沧区界段。揭露厚度为 0.50～3.50m，层顶高程 −4.12～6.24m。

褐黄色，稍密，饱和。分选一般，磨圆较好，含 10%～15%黏性土，混少量 $\phi1\sim3$cm 碎石。

4. 上更新统洪冲积层（Q3al+pl）

第⑩层：粉质黏土

仅在衡阳路至遵义路段中段和北段零星分布。揭露厚度为 1.50～2.00，层顶标高为 −2.52～−1.84m。

灰褐色，可塑，饱和。结构性中等，塑性中等～好，有灰色黏性土条带，含中粗砂约 5%，有棕色氧化物结核，干强度高。

该层地基承载力特征值 $f_{ak}=180$kPa，压缩模量 $E_{s1\sim2}=8.7$MPa。推荐黏聚力标准值 $c_k=55$kPa，内摩擦角标准值 $\phi_k=12°$。

第⑪层：粉质黏土

在场区沿线分布广泛，揭露厚度：1.00～7.50m，层顶高程：−6.25～4.46m。

黄褐色，可塑～硬塑，饱和。具有中等压缩性，结构性中等～好，塑性中等，含少量粗砂颗粒，见有铁锰氧化物及结核，有灰白色高岭土，干强度高，切面光滑。

该层地基承载力特征值 $f_{ak}=280$kPa，压缩模量 $E_{s1\sim2}=9.2$MPa。推荐黏聚力标准值 $c_k=57$kPa，内摩擦角标准值 $\phi_k=14.3°$。

该层进行标准贯入试验 1 次，贯入 30cm 的实测击数为 21 击。

第⑫层：粗砾砂

该层在场区沿线分布较广泛，约一半钻孔揭露该层。揭露厚度为 1.60～11.00m，层顶高程为 −10.34～0.75m。

黄褐色，中密，饱和。以砾砂为主，含 10%～20%左右黏性土，含少量粗砂，磨圆较好，分选性差，含较多风化碎屑，长石高岭土化明显。

第⑬层：黏土

揭露厚度为 6.20m，层顶标高为 −10.05m。

褐红色，硬塑，饱和。结构性好，见有铁锰氧化物及其结核，含有5%的细砂，切面较光滑。

根据青岛地区及周边资料建议，该层地基承载力特征值$f_{ak}=300kPa$，压缩模量$E_{s1~2}=10.0MPa$。

第⑭层：砾砂

仅在7号钻孔揭露该层，揭露厚度为7.20m，层顶标高为$-16.25m$。

褐黄色，密实，饱和。矿物成分以长石、石英为主，磨圆、分选一般，局部含有30%~40%的黏性土。

该层地基承载力特征值$f_{ak}=350kPa$，变形模量$E_0=23MPa$。

5. 基岩

场区基岩主要为燕山晚期粗粒花岗岩，局部揭露泥质粉砂岩。由于长期受内外地质营力作用，场区内岩体物理力学性质在空间上发生了不同程度的变化，自上而下形成了性状各异的风化带。现将场区基岩按不同岩性不同风化带分述如下：

第⑯层：粗粒花岗岩强风化带

本次勘察仅在衡阳路至遵义路段中段3~7号钻孔穿透第四系并揭露该层。揭露厚度为0.50~0.60m，揭露层顶高程为$-23.45~-11.52m$。

肉红色，粗粒结构，块状构造。矿物成分以长石、石英为主，矿物蚀变强烈，风化节理裂隙较发育，岩体破碎，岩样手搓呈砂土状。

由于该层揭露厚度小，未进行原位测试。

根据青岛地区及周边资料推荐，该层地基承载力特征值$f_{ak}=1000kPa$，变形模量$E_0=35MPa$。该层属极破碎的极软岩，岩体基本质量等级为Ⅴ级。

第⑰层：粗粒花岗岩中等风化带

本次勘察仅7号钻孔揭露该层。揭露厚度为3.70m。

结构、构造、成份同上，矿物蚀变中等，风化程度较上层轻微，岩体较破碎，岩芯成短柱状，岩块较坚硬，敲击声清脆。

该层未进行原位测试及取样试验，根据青岛地区及周边资料推荐，该层地基承载力特征值$f_a=2500kPa$，弹性模量$E=5\times10^3MPa$。该层属较破碎的较软~较硬岩，岩体基本质量等级为Ⅳ级。

6. 地下水

勘察期间，钻孔深度范围内未见地下水，根据区域调查资料，地下水位年变幅为2~3m，根据走访调查，3至5年历史最高水位约10m。地下水以大气降水为主要补给来源，以地表蒸发为主要排泄方式。

7. 不良地质作用

根据调查，场区未见滑坡、崩塌、岩溶、泥石流等不良地质作用，除填土和风化岩之外无其他特殊性岩土，场区无河道、沟、浜、墓穴、防空洞、孤石等对工程不利的埋藏物。

场区内揭露的饱和砂土层包括第③层粗砂、第④层淤泥质砂土、第⑨层砾砂、第⑫层粗砾砂，按照《建筑工程抗震设计规范》(GB 50011—2010)规定，按本地区抗震设防烈度7度要求，标准贯入锤击数基准值 N_0 取7击进行液化判别，判别结果：第④层淤泥质砂土为液化土层，液化等级为中等～严重。

第二节 现状与规划

一、区域发展现状与规划

市北区西部片区为青岛市传统工业区，主要有四方车辆研究所、瑞阳电子、华仪仪表、开世密封、机械制造厂、公交公司、鸿恩橡塑、铁路等企业及部队单位。根据《青岛市市北区滨海新区北片区控制性详细规划》，随着企业搬迁计划的实施，滨海新区将建设为人口规模为34万人的蓝色中央商务区。

李沧西南部规划区由八个街道办事处组成，分别是兴城路街道办、兴华路街道办、沧口街道办（永安路街道办）、永清路街道办、振华路街道办、虎山路街道办、李村街道办、浮山路街道办，总面积约为 21.17km²，总户数约为99000多户，总人口约为21.4万人。

娄山河南北两侧工业片区位于李沧西北部，区域涉及娄山街道办、湘潭路街道办、兴城路街道办和永清路街道办四个街道办事处，总面积约为 1640.44hm²，区域内涉及8个行政村：徐家宋哥庄、石家宋哥庄、刘家宋哥庄、西南渠村、娄山后村、板桥坊村、坊子街村、小枣园村，总户数约为11200多户，总人口31000多人。该片区为娄山后工业片区，是李沧区乃至青岛市的老、重工业基地，分布有青岛钢厂、青岛碱厂、石油化工厂、阻燃材料厂、汽车制造厂、红星化工厂等大中型企业，另外大量的村办企业和大型仓储也是该地区的重要组成部分。

参照《青岛市李沧区娄山河北片区控制性详细规划（过程稿）》、《青岛市李沧区娄山河南片区控制性详细规划》（青政字〔2018〕72号文批复），遵义路以南路段两侧地块以居住用地和农林用地为主，以一类工业用地为辅，遵义路以北路段两侧地块以新型工业用地、铁路用地为主，以商务用地为辅。

二、土地利用现状与规划

1. 用地现状

（1）唐河路—安顺路（瑞昌路—金沙二支路）

区域用地现状主要为四方车辆研究所、瑞阳电子、华仪仪表、开世密封、机械制造厂、公交公司、鸿恩橡塑、铁路、天建实业等企业用地及部队单位用地。

第二章 复杂的建设条件

(2) 唐河路—安顺路（镇平路—太原路）

李沧区西南部由李村片区与沧口老城区构成，原属城乡接合部，现状土地开发强度较大。现状用地主要以居住、商业为主，以工业为辅。已建成或已有规划小区20片，工业建筑以一层、二层为主，建筑质量一般，布局较凌乱。道路沿线用地主要涉及胶济铁路旧线用地、青岛青联股份有限公司。受综合管廊布置影响，在四流中支路北侧占用少量海军二航校用地。

(3) 唐河路—安顺路（衡阳路—仙山路）

该段位于娄山河南片区和北片区范围内，被称为娄山后工业片区，是李沧区乃至青岛市的老、重工业基地，用地现状基本以村庄及工业仓储用地为主，主要分布有山东省粮油进出口集团、中国粮油食品进出口公司、青岛碱业股份有限公司、青岛凯联集团绿洁环境有限公司、青岛嘉信油品经营有限公司、德宏物流市场等企业，目前大部分企业已经停产。

2. 土地利用规划

(1) 唐河路—安顺路（瑞昌路—金沙二支路）

根据《青岛市市北区滨海新区北片区控制性详细规划》，唐河路（瑞昌路—金沙二支路）周边区域地块主要以居住区、商务及少量工业用地为主，区域规划居住人口规模约34万人。

(2) 唐河路—安顺路（镇平路—太原路）

参照《青岛北站及周边片区控制性详细规划》（征求意见稿2020年10月），安顺路（镇平路—太原路）道路沿线区域规划为仓储用地（青岛青联股份有限公司）、铁路用地（胶济铁路旧线）、铁路防护绿地，以及海军航空技术学院。

(3) 唐河路—安顺路（衡阳路—仙山路）

参照《青岛市李沧区娄山河北片区控制性详细规划（过程稿）》、《青岛市李沧区娄山河南片区控制性详细规划》（青政字〔2018〕72号文批复），本区域功能定位为胶州湾东岸新旧动能转换重要区域，以创新创业、综合服务、生态居住为特色的花园式产城融合区，遵义路以南路段两侧地块以居住用地和农林用地为主，以一类工业用地为辅，遵义路以北路段两侧地块以新型工业用地、铁路用地为主，以商务用地为辅。

三、道路交通现状与规划

1. 道路交通现状

(1) 瑞昌路至金沙二支路段

周边区域大部分地块尚未开发建设，区域路网不成系统，除片区西侧环湾路及东侧四流路外，片区内部无南北向通路，片区横向道路有大沙路、开封路。

(2) 镇平路至太原路段

沿线主要为工业仓储企业、铁路用地及部队用地，该段道路紧邻胶济铁路新线东侧，在李村河至太原路段，受新旧铁路线阻隔，铁路东西地块两侧主要依靠长治路与北站东西广场南通道沟通联系，铁路以西地块主要有青岛地铁运营分公司、青岛橡六集团有限公司、山东高速收费站，铁路以东地块主要分布有青岛青联股份有限公司、海军二航校、青岛食品公司、李沧市政机械化公司、胜利花园等企业与住宅区。区域内主要道路有太原路、环湾路、长治路、大桥接线、四流中路、四流中支路。

（3）衡阳路至仙山路段

沿线主要为工业企业与仓储企业，在衡阳路、胶济铁路旧线、仙山路、环湾路围合区域范围内，南北向道路主要有环湾路与德江路两条道路，东西向道路主要有衡阳路遵义路（滨海路）、瑞金路三条道路。路网系统性差，受大型工厂企业和铁路的影响，纵、横向干路不足，支路匮乏，面临道路功能复杂、交通压力集中等问题。

2. 路网规划

根据《青岛市中心城区道路网规划（含专项规划和部分重要道路详细规划）》（青政字〔2018〕69号-13），区域道路系统规划分为快速路、主干路、次干路、支路四级。

（1）中心城区高快速路规划

中心城区及外围区域规划形成"区域一体、高快衔接、六横九纵、环湾放射"的高快速路网络（图2.2-1）。

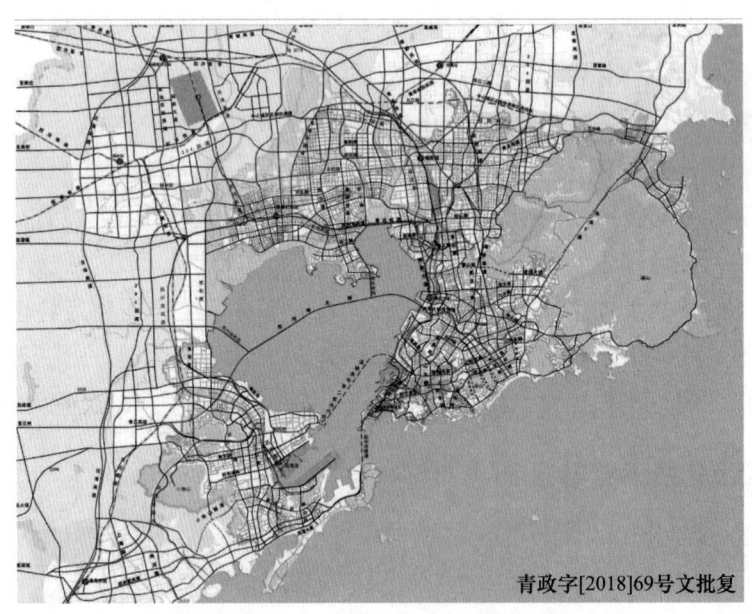

图 2.2-1 青岛市中心城区道路网规划

六横轴：
> 胶州湾西路—嘉陵江路—胶州湾隧道—胶宁高架—银川路；

- 疏港高速—胶州湾第二条机动车隧道—杭鞍高架—辽阳路；
- 青兰高速—胶州湾大桥—大桥接线；
- 胶州湾高速（湾底段）—仙山路；
- 扬州路—正阳路；
- 中心城区北部快速路。

九纵轴：
- 滨海公路快速路；
- 青银高速—青新高速；
- 山东路—重庆路—龙青高速；
- 环湾大道—双元路；
- 胶州湾大桥红岛连接线—华中路；
- 青威快速路；
- 机场高速；
- 机场西快速路—胶州湾高速（西岸段）—江山路、昆仑山路；
- 沈海高速。

（2）市北区路网规划

根据《青岛市市北区滨海新区北片区控制性详细规划》，区域道路系统规划分为快速路、主干路、次干路、支路四级（绿色为快速路、红色为主干路，蓝色为次干路，黑色为支路）。

根据控规，唐河路（瑞昌路—金沙二支路），全长约 1.5km，规划道路红线宽 30m，考虑整体景观效果，增设 3.5m 宽中央分隔带，实施道路红线宽 33.5m，双向六车道。

（3）李沧区路网规划

高快速路网规划：

李沧区规划形成"两横三纵"的高快速路网，承担李沧区串联东岸、北岸的交通中枢功能。其中，"两横"为汾阳路—唐山路—世园大道快速路、胶州湾大桥—大桥接线；"三纵"为环湾大道、重庆路快速路、青银高速。

① 汾阳路—唐山路—世园大道快速路

汾阳路—唐山路—世园大道快速路西接环湾大道、东至滨海公路，是东岸城区中南部一条东西向交通大动脉，承担李沧区西部、中部、东部等组团快速集散的功能；与环湾大道、胶州湾大桥接线、青银高速共同构成李沧中心商圈、北站周边商务区的快速环线，分流过境交通，提升区域内交通品质；均衡环湾大道、重庆路、青银高速公路南北向交通量的功能。

② 胶州湾大桥—大桥接线

胶州湾大桥—大桥接线西起环湾大道，继续往西可达红岛经济区及胶州市，沿李村河向东至海尔路后，沿海尔路向南与胶宁高架—银川路快速路相接。承担胶州湾大桥的交通集散功能，是东岸城区新增的一条的西向出口通道，也是李沧、市北区与崂山区联系的快速通道，以客运功能为主，客货两用。

③ 环湾大道

环湾大道往北与胶州湾高速、双元路快速路相接，往南与新冠高架相接，为东岸城区对外联系的通道。道路红线宽度主线 41.5m，双向 8 车道。

④ 重庆路快速路

重庆路快速路南起山东路，北至流亭机场，是贯穿东岸城区南北主要的交通走廊，也是东岸城区重要的对外联系通道。重庆路为复合式走廊，规划道路红线主线 50m，自雁山立交开始，采用双向 6 车道。

⑤ 青银高速公路

青银高速公路市区段是属于国家高速公路干线网中青岛—银川高速公路的一段，主要承担东岸城区对外联系、流亭机场快速集散功能，既是迎宾通道，也是客运通道。道路红线宽度 35～40m，设双向 6 车道，以高路堤形式为主。

四、铁路现状与规划

本次工程周边为青岛传统工业区，胶济铁路线从区域西侧穿过，区域内专用线较多。

唐河路—安顺路于规划金沙二支路交叉口以南与孤山油库铁路专用线交叉，目前该铁路线尚在使用；道路于镇平路交叉口以南与海晶化工铁路专用线相交，随着海晶化工的搬迁，该铁路线已废弃。

李村河至太原路段，道路西侧铁路线密集，道路规划用地范围内有现状胶济铁路旧线，道路西侧紧贴胶济铁路新线。

唐河路—安顺路（衡阳路—仙山路）周边为娄山河南北两侧工业片区，铁路路网密集，青荣城际、胶济铁路货线、青盐铁路从场区中间穿过。该段规划线位由南向北分别下穿胶济铁路货线、青盐铁路、青荣城际、青盐铁路、上跨中石化铁路支线，以及下穿青荣、青盐联络线，其中场区范围内青盐铁路、青荣城际均为铁路桥梁，胶济铁路货线为铁路路堤（安顺路下穿处已预留铁路涵洞），现状中石化支线为平交道路支线（图 2.2-2）。

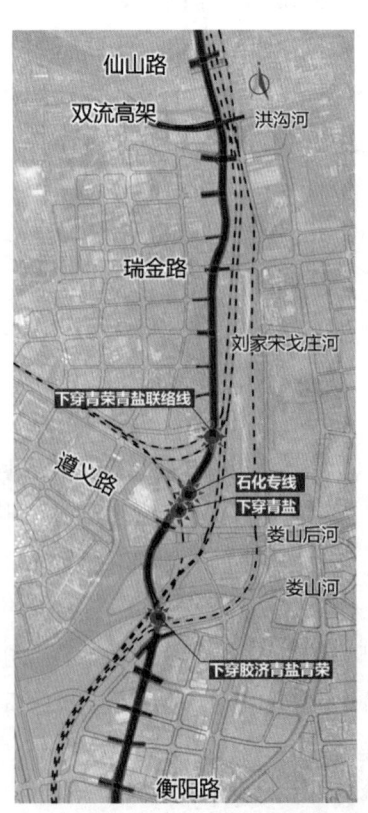

图 2.2-2 区域铁路与安顺路位置

1. 青盐铁路

新建青岛至连云港铁路工程跨娄山河特大桥，其主要技术标准如下：

线路等级：客货共线；

此段设计速度目标值：200km/h；

轨道标准：有砟轨道；

设计荷载：中-活载。

2. 胶济客运专线

青荣城际铁路引入青岛枢纽相关工程胶济客线娄山特大桥，其主要技术标准如下：

线路等级：客运专线；

此段设计速度目标值：200km/h；

轨道标准：有砟轨道；

设计荷载：ZK 活载。

3. 青荣城际铁路

新建青岛至荣成城际铁路工程青荣正线娄山特大桥，其主要技术标准如下：

线路等级：城际铁路；

此段设计速度目标值：250km/h；

轨道标准：有砟轨道；

设计荷载：ZK 活载。

五、市政管线现状与规划

1. 安顺路现状管线

管线现状由于大部分路段未贯通，全线管线未成系统。

（1）规划傍海东路至金沙二支路段

瑞昌路至瑞安路段西侧有现状 150×90、200×100 埋地通信管线，DN273×3 成品油管，现状车行道有 DN600 给水管道、DN300～DN800 雨水管道、DN400 污水管道东侧有现状 700×400～1000×2000 埋地电力管线和 10kV 架空电力管线。

瑞安路至金沙二支路段有现状 DN500～DN1000 雨水管道，下游向西排至铁路地界；道路两侧有现状 10kV、35kV 架空电力电缆。

（2）镇平路至太原路段

① 四流中支路

东侧绿化带内现状架空 35kV 电力管线，东侧人行道下 DN300 给水管线。车行道下 DN219 中压燃气管线、DN300 中压燃气管线、DN400～DN800 雨水管线、DN300～DN400 污水管线，西侧人行道下 300×200 通信管线，西侧绿化带内有架空通信管线。

② 太原路

车行道下有现状 DN400～DN500 污水管线、DN（1200～2500）×2400 雨水管渠、

DN300给水管线、400×300通信管线、DN100电力，DN600热力管道、横穿太原路有现状架空电力管线。

③ 长治路

北侧绿化带内现状架空电力管线，南侧车行道下现状DN1200、DN2000污水管线，局部敷设有DN400给水管线、DN400雨水管线，安顺路以东段敷设有DN800热力蒸汽管线，该热力管线向南通过桥架架空穿越李村河。

④ 李村河南岸

在李村河南岸敷设有DN1500污水管线、DN800架空热力蒸汽管线、DN200热力管线、DN600压力污水管线、DN600再生水管线。

⑤ 李村河北岸

在李村河南岸敷设有DN1200～DN2000污水管线、DN800架空热力蒸汽管线、2.0m×1.8m截污暗渠、DN400雨水管线、DN400给水管线。

⑥ 李村河内

河底有DN800再生水管道。

(3) 衡阳路至仙山路段

① 安顺路

安顺路（衡阳路—青岛碱业）敷设的现状管线主要有：青岛碱业1条DN1200的铸铁管（内衬水泥）海水输水管，2条10kV青岛碱业海水取水泵房动力电缆、1条碱业海水取水泵房控制线缆和1条青岛碱业海水取水泵房信号线缆、DN159供热蒸汽管道一条；敷设有百发海水淡化厂1条DN1350玻璃钢夹砂管海水输水管，2条10kV百发海水淡化厂海水取水泵房动力电缆、1条百发海水淡化厂海水取水泵房控制线缆和1条百发海水淡化厂海水取水泵房信号线缆。

安顺路（胶济铁路货线—娄山河段）的现状管线主要有：百发海水淡化厂DN400淡化海水管道、DN1600浓盐水管道及配套电缆各一条，青岛碱业DN300排渣管道3条，B×H=3500mm×1500mm雨水明沟一条。

先期实施段（穿越青盐青荣联络线）为新建成道路，道路下各种管线已按规划实施，现状管线主要有DN800污水、DN1200热力、DN1200海淡、DN1000给水、DN300中压燃气、DN400给水配水管、380mm×500mm雨水边沟、2300mm×2000mm电力隧道。

现状安顺路（娄山货场—刘家宋哥庄河）道路车行道下游DN1000给水输水管、DN300给水配水管、DN500-DN600污水管、B×H=1000mm×1000mm盖板沟、10孔通信管线、18孔电力管线。

现状安顺路（瑞金路—区界）道路车行道下游DN1000给水输水管、DN300-DN600污水管、DN600-DN1200雨水管、2孔通信管线、35kV电力隧道B×H=1200mm×1500mm。

② 娄山河、娄山后河管理路

娄山河、娄山后河管理路有排放路面雨水的DN400～DN500雨水管道、DN700供热蒸汽管道，汇集至娄山河污水处理厂的DN300、DN500、DN900、DN1200的河道截污干管。

③ 遵义路—滨海路

滨海路北侧有B×H=1500mm×1800mm盖板渠、20孔通信线缆和军用光纤、10kV电力架空线3回；道路车行道下有DN800雨水管道、DN600污水管道、DN300给水管道、DN700给水管道、DN1000给水管道；道路南侧有35kV电力架空线2回。

④ 瑞金路

道路南侧有B×H=450mm×150mm35kV盖板沟，通信管线18孔，DN400给水管线、DN200中压燃气管线、DN800雨水管线。

2. 管线规划

(1) 规划傍海东路至金沙二支路段

管线综合规划设计依据已批复的唐河路（金沙二支路—镇平路段）打通工程管线综合规划、安顺路（金水路—沔阳路）工程管线综合，并参考《铁路青岛北站工程市政管网详细规划说明书上报稿V1》中相关规划。其中已批复的唐河路（金沙二支路—镇平路段）打通工程管线综合管径容量如下（表2.2-1）：

表2.2-1 唐河路（金沙二支路—镇平路段）打通工程管线综合管径或容量

管线类型	管径或容量
电力	2.0m×1.8m电力管沟（10kV、35kV）
通信	12孔
给水	DN800、DN400
中燃	DN300
再生水	DN300
热力	2×DN800
雨水	DN400～DN1350
污水	DN300～DN800

① 电力、热力、燃气规划

根据《铁路青岛北站工程市政管网详细规划说明书上报稿V1》、已批复的唐河路（金沙二支路—镇平路段）打通工程管线综合规划及电力部门提出要求，规划2.3m×2.0m（净尺寸）电缆沟。

根据《铁路青岛北站工程市政管网详细规划说明书上报稿V1》、已批复的唐河路（金沙二支路—镇平路段）打通工程管线综合规划及供热管理部门提出要求，规划DN400～DN700高温水管道位置。

根据《铁路青岛北站工程市政管网详细规划说明书上报稿V1》、已批复的唐河路（金沙二支路—镇平路段）打通工程管线综合规划及燃气管理部门提出要求，规划DN300中压燃气管道位置。

② 通信规划

根据《铁路青岛北站工程市政管网详细规划说明书上报稿 V1》、已批复的唐河路（金沙二支路—镇平路段）打通工程管线综合规划及通信管理部门提出要求，规划新设12孔通信管道。

③ 给水、再生水、雨水、污水规划

根据《铁路青岛北站工程市政管网详细规划说明书上报稿 V1》、已批复的唐河路（金沙二支路—镇平路段）打通工程管线综合规划及给排水管理部门提出要求，沿安顺路敷设 DN800 给水输水管道，根据用水需求，在道路两侧皆有用水需求的路段分别敷设 DN300 给水管道，在道路一侧有用水需求的路段，敷设 DN400 给水管道。

根据《铁路青岛北站工程市政管网详细规划说明书上报稿 V1》、已批复的唐河路（金沙二支路—镇平路段）打通工程管线综合规划，再生水自规划李村河再生水厂输出后，规划主要沿李村河南岸以及环湾高速辅路进行输送。规划 DN300 再生水管道位置。

根据《铁路青岛北站工程市政管网详细规划说明书上报稿 V1》、已批复的唐河路（金沙二支路—镇平路段）打通工程管线综合规划，规划区实施雨污分流制，区域内现状有多处铁路涵洞，唐河路雨水排放体系主要通过以上涵洞及河道就近排除。污水沿安顺路污水系统排入李村河南侧截污干管接入李村河污水处理厂。根据雨污水系统规划结合道路坡向分别敷设 DN400～DN1500 雨水管道及 DN300～DN500 污水管道。

（2）镇平路至太原路段

管线综合规划设计依据已批复的唐河路（金沙二支路—镇平路段）打通工程管线综合规划、安顺路（金水路—沔阳路）工程管线综合，并参考《铁路青岛北站工程市政管网详细规划说明书上报稿 V1》中相关规划。其中安顺路（金水路—沔阳路）工程管线综合管径容量如下（表 2.2-2）：

表 2.2-2 安顺路（金水路—沔阳路）工程管线综合管径或容量

管线类型	管径或容量
电力	2.0m×1.8m 电力管沟（10kV、35kV）
通信	12 孔
给水	DN800、DN400
中燃	DN300
再生水	DN300
热力	2×DN800
雨水	DN400～DN1350
污水	DN300～DN800

① 电力、热力、燃气规划

根据《铁路青岛北站工程市政管网详细规划说明书上报稿 V1》、已批复的唐河路

(金沙二支路—镇平路段)及安顺路(金水路—沔阳路段)管线综合规划及电力部门提出要求,预留2.3m×2.0m(净尺寸)宽电缆沟位置。

根据《铁路青岛北站工程市政管网详细规划说明书上报稿V1》、已批复的唐河路(金沙二支路—镇平路段)及安顺路(金水路—沔阳路段)管线综合规划及供热管理部门提出要求,安顺路规划DN800~DN1200高温水管道位置。工程范围内的供热企业共有2家,分别为后海热电和泰能热电。除二航校外,李村河以北为后海热电供热范围,李村河以南及二航校为泰能热电供热范围。本次工程在镇平路至李村河南岸规划DN800供热管道,李村河南岸至金水路段规划DN1200热力管道,用于联络后海热电厂与泰能热电厂。

根据《铁路青岛北站工程市政管网详细规划说明书上报稿V1》、唐河路(金沙二支路—镇平路段)及安顺路(金水路—沔阳路段)打通工程管线综合规划及燃气管理部门提出要求,规划DN300中压燃气管道位置。

② 通信规划

根据《铁路青岛北站工程市政管网详细规划说明书上报稿V1》、已批复的唐河路(金沙二支路—镇平路段)及安顺路(金水路—沔阳路段)打通工程管线综合规划及通信管理部门提出要求,规划新设12孔通信管道。

③ 给水、再生水、雨水、污水规划

根据《铁路青岛北站工程市政管网详细规划说明书上报稿V1》、已批复的唐河路(金沙二支路—镇平路段)及安顺路(金水路—沔阳路段)打通工程管线综合规划及给排水管理部门提出要求,沿安顺路敷设DN1000给水输水管道,根据用水需求,在道路两侧皆有用水需求的路段分别敷设DN300给水管道,在道路一侧有用水需求的路段,敷设DN400给水管道。

根据《铁路青岛北站工程市政管网详细规划说明书上报稿V1》、已批复的唐河路(金沙二支路—镇平路段)及安顺路(金水路—沔阳路段)打通工程管线综合规划,再生水自规划李村河再生水厂输出后,规划主要沿李村河南岸以及环湾高速辅路进行输送。

根据《铁路青岛北站工程市政管网详细规划说明书上报稿V1》、已批复的唐河路(金沙二支路—镇平路段)及安顺路(金水路—沔阳路段)打通工程管线综合规划,规划区实施雨污分流制,区域内现状有多处铁路涵洞及李村河,唐河路雨水排放体系主要通过以上涵洞及河道就近排除。污水沿唐河路污水系统排入李村河南侧截污干管接入李村河污水处理厂。根据雨污水系统规划结合道路坡向分别敷设DN400~B×H=4000mm×1800mm雨水管渠DN400~DN1000污水管道。

(3)衡阳路至仙山路段

根据已批复的《安顺路(衡阳路—仙山路段)打通工程-管线综合规划》,本次工程将热力、给水、通信、电力、再生水等管道入廊敷设,中压燃气、雨水、污水、百发海水淡化厂及碱业相关管道采用直埋方式敷设。具体设计如下：

① 电力、热力、燃气规划

青岛市电力规划尚在编制中，根据电力部门要求在安顺路综合管廊内设置3回110kV、24回10kV电缆支架，将安顺路现状电力电缆迁移至管廊内，并为电缆敷设预留条件。在安顺路设置220KV高压电力管廊，由黄埠变电站向瑞金站供电。

根据供热专项规划，从沧海新城热力公司向西南方向敷设供热管道至安顺路后，沿安顺路向南敷设DN1200供热管道至后海热电，与南部后海热电厂现状管网相接。娄山北片区暂未完成供热管网规划编制，本次工程根据供热公司意见在规划六号线至遵义路段规划DN1200供热管道，在遵义路至仙山路段规划DN800供热管道。

根据《青岛市燃气专项规划（2016—2020)》及泰能燃气公司意见，安顺路为中压燃气管道敷设通道，本次工程在安顺路规划DN300中压燃气管道。

② 通信规划

根据《李沧西部区域通信工程专业规划》（上报稿)，结合道路建设配建通信管道，主要沿安顺路、太原路、金水路等主要道路敷设7～10孔通信管道，本段安顺路在安顺路综合管廊内预留12孔通信管线。

③ 给水、海淡、再生水、排水规划

本次工程在综合管廊内全线敷设DN1000的输水管道，在娄山河以南段管廊内敷设DN300给水配水管，在娄山河以北段道路的管廊内敷设DN400给水配水管。

为配合青岛百发海水淡化厂处理规模再扩容10万t/d，需要在百发海淡厂—仙山路段新规划一条DN1200海水淡化输水管，与仙山路新设DN1200海水淡化输水管相接。

根据《青岛市城市节约用水综合规划——再生水利用规划》（专家评审稿）娄山南片区、娄山北片区再生水由娄山河再生水厂供水，规划沿安顺路分别敷设DN100～300再生水管道，本次工程在安顺路规划DN300再生水管。

根据《李沧区排水工程专项规划（2018—2035）》、《青岛市李沧区娄山河北片区控制性详细规划》、《青岛市李沧区娄山河南片区控制性详细规划》（青政字〔2018〕72号文批复）以及现状地形，对安顺路所在区域的排水进行汇水分区划分、排水管道容量计算、排水管道布置。经计算，雨水管渠规格为DN600～2×3.5m×1.5m，污水管道规格为DN300～DN1000。

娄山物流园附近，工程范围内刘家宋戈庄河侵占人行道，进行临时改建，本次工程结合实施条件，将该处现状5m宽排水沟翻建为5m宽雨水箱涵，近期作为临时排水通道转输上游现状排水沟雨水，远期待娄山物流园拆除、刘家宋戈庄河道按照规划位置实施后，将人行道下的雨水箱涵用于收集路面雨水；超出工程范围外刘家宋戈庄河不能满足防洪要求，严重影响本次雨水工程防洪排涝效果，建议尽快实施拓宽改造。

④ 综合管廊

根据《青岛市地下综合管廊专项规划（2016—2030年）》（青政办发〔2016〕11号）

安顺路（汾阳路至仙山路段）为青岛市东岸城区北部口字形管廊的一边，汾阳路至衡阳路段管廊已按照规划实施。

本次工程将热力、给水、通信、电力、再生水等管道入廊敷设，中压燃气、雨水、污水、百发海水淡化厂及碱业相关管道采用直埋方式敷设。除在穿越娄山河及娄山后河段，由于青盐青荣胶济货线墩柱密集，供热管线出舱敷设外，其余路段全部敷设综合管廊。

衡阳路至娄山后河北岸：该路段管廊延续南段已实施管廊形式，设置单侧双舱综合管廊，规格为 B×H＝（6.2m＋3.8m）×3.5m（内尺寸）。管廊过规划六号线附近胶济货线预留涵洞，受涵洞高度及宽度制约，热力管线出仓改为直埋，管廊规格调整为 B×H＝（4.2m＋2.5m）×2.6m（内尺寸）。管廊过娄山河采用盾构形式，根据盾构机械对应的标准断面，将该段管廊断面调整为 B×H＝（3.2m＋2.5m）×3.3m（内尺寸），直埋热力加设套管顶管过河；管线穿越娄山后河段沿用过娄山河段管廊断面及热力敷设形式。

娄山后河北岸—遵义路：直埋热力入廊，恢复至标准断面。管廊规格为 B×H＝（6.2m＋3.8m）×3.5m（内尺寸）。

遵义路至先期实施段：受青盐铁路桥墩影响，该段管廊改为双侧。西侧规格为 B×H＝4.4m×3.5m（内尺寸）（单舱）、东侧规格为 B×H＝3.8m×3.5m（内尺寸）（单舱）。

先期实施段至仙山路段：道路与铁路并行，东侧几乎没有市政管线需求，且为了避免管廊施工对铁路的影响，全线采用单侧管廊形式，敷设于道路西侧的绿化带和人行道下。规格为 B×H＝（4.4m＋3.8m）×3.5m（内尺寸）。

六、水系情况

李村河流域是青岛市五大排水系统之一。李村河源于石门山南侧卧龙沟，流经毕家上流、姜家下河、王家下河、李村，沿线有金水河、侯家庄河、南庄河、张村河、大村河、郑州路河、水清沟河等支流汇入，穿过环湾大道向西汇入胶州湾。

李村河水系包括李村河、张村河、大村河、水清沟河等支流河道，李村河流域汇水面积为 137km^2，水系总长约 50km，其中干流长度约 17km。流域跨越李沧区、崂山区和市北区，每年 7 至 9 月雨季时，是市区内主要的泄洪通道。雨季河水满流，冬春季节枯水，河床底仅有少量流水。

规划安顺路与李村河交汇处河道蓝线宽度 230m，规划河底高程为 0.51m，50 年一遇水位为 3.906m，百年一遇水位为 4.161m，规划堤顶高程为 4.706m。

娄山河流域是青岛市主要流域之一，主要由刘家宋哥庄河、娄山后河、娄山河组成。娄山后河河道全长约 5000m，汇水面积为 18.2km^2，河道宽度 80～120m，娄山河河道全长约 3000m，汇水面积为 4.7km^2，宽度 20～30m。根据《青岛市李沧区娄山

（后）河（重庆路—入海口段）防洪规划》，娄山河及娄山后河规划防洪重现期为50年，排涝设计重现期为20年。规划安顺路与娄山河交汇处，现状河道宽度约25m，现状护岸高程约3.6m，现状河道流水底高程1.7m。规划安顺路与娄山后河交汇处，现状河道宽约70m，现状护岸高程约3.5m，现状河道流水底高程1.8m。

第三章　基于交通模型建设规模分析

第一节　交通现状调查与分析

一、人口与岗位

2020年，青岛市人口密度为841人/km²，各行政区区域差异显著，由城区向外围县市人口分布密度呈逐渐下降趋势。中心城区中东岸城区明显高于北岸和西岸城区，且基本呈现由北向南递增趋势（图3.1-1）。

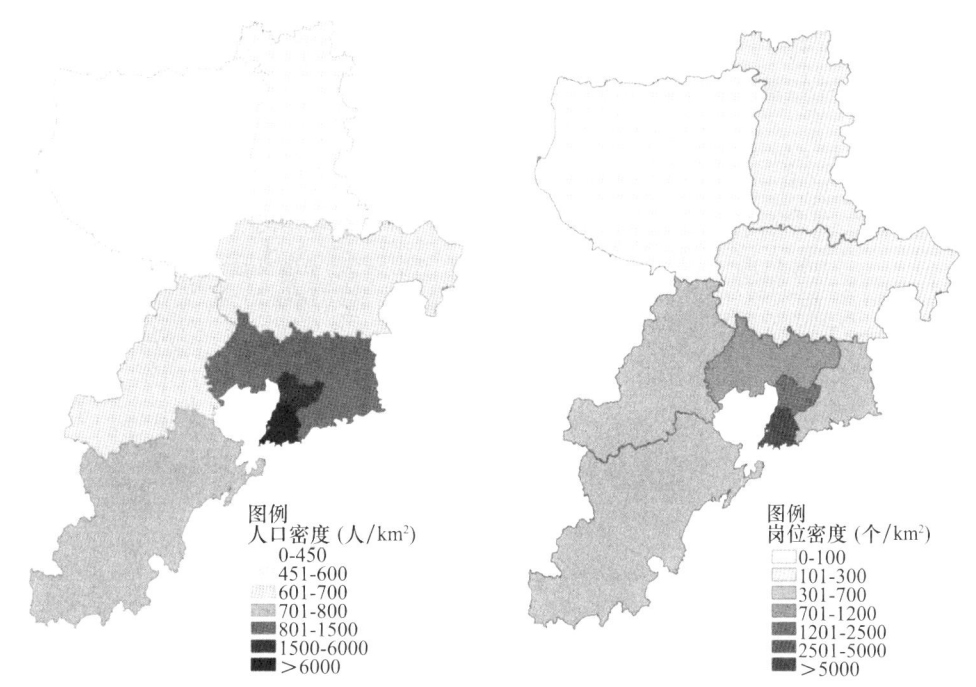

图 3.1-1　青岛市人口密度分布及青岛市岗位密度分布

2020年，青岛市全市就业岗位总量为443.4万个，主要集中在市内六区，市内六区就业岗位数量为278万个，岗位数占全市就业岗位总量的63%。全市就业岗位密度为394个/km²，行政区间差异显著，中心城区岗位密度整体高于外围县市，东岸城区明显高于北岸和西岸城区，其中市南区密度最大，达到1.5万个/平方千米，崂山区密度最低，为676个/km²。

岗位人口比即特定区域的就业和居住人口之比，是用来衡量职住平衡的重要指标。岗位人口比过高，则该区域就业人口较多，通常是工作区，岗位人口比过低，则该区域居住人口较多，就是通常的"睡城"。职住失衡，产生更多的交通出行需求，是引发交通拥堵的重要原因之一（图3.1-2）。

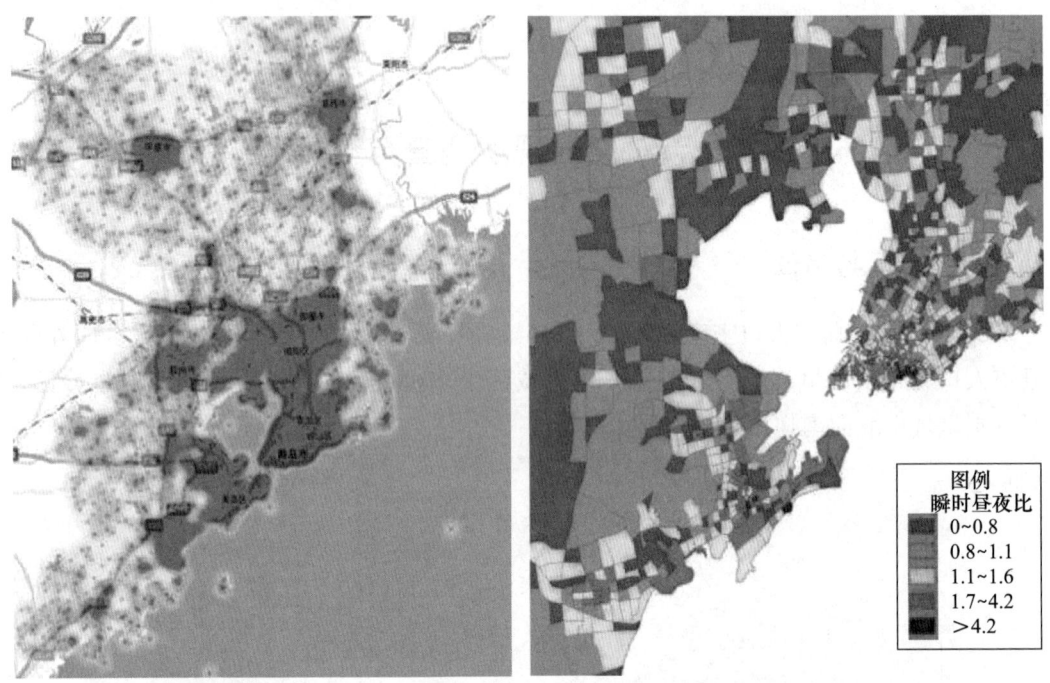

图 3.1-2　白天 11 点瞬时人口密度分布及人口昼夜比变化分布

2020年，青岛市岗位人口比为0.49，基本实现职、住平衡，但受到各个区域公共服务设施用地布局不均衡的影响，中心城区的职住比差异显著。其中市南区岗位人口比最大，达到0.81，主要由于市南区行政、办公、商务用地较多，岗位较为聚集。市北区、李沧区岗位人口比较低，分别为0.33、0.37，主要由于市北、李沧居住用地较多，居住人口较为聚集（表3.1-1）。

表 3.1-1　2020 年青岛市各区就业岗位及人口分布

区市	岗位（个）	人口（万人）	岗位人口比	面积（km²）	岗位密度（个/km²）
市南区	463195	57.16	0.81	30	15440
市北区	350943	107.27	0.33	64	5483
李沧区	200103	54.38	0.37	98	2042
崂山区	262781	42.99	0.61	389	676
城阳区	622244	79.06	0.79	553	1125
黄岛区	881484	149.36	0.59	2127	414
胶州市	523752	87.6	0.6	1324	396

续表

区市	岗位（个）	人口（万人）	岗位人口比	面积（km²）	岗位密度（个/km²）
即墨市	551687	120.2	0.46	1921	287
平度市	278680	136.21	0.2	3176	88
莱西市	299119	75.47	0.4	1568	191

二、机动车保有量发展状况

根据交通管理部门数据统计，截至2021年3月底，青岛市机动车保有量达335.8万余辆，驾驶人395.5万余人，均居全省首位，成为全国16个机动车保有量超过300万辆的城市之一。

其中中心城区机动车保有量为110.0万辆，机动车千人拥有量为277辆/千人；中心城区汽车保有量为105.2万辆，汽车千人拥有量为264辆/千人（图3.1-3）。

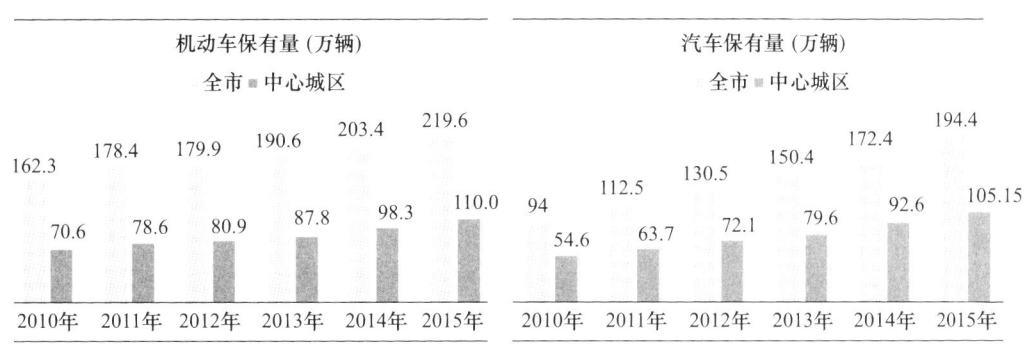

图3.1-3 全市和中心城区机动车、汽车保有量变化图

全市机动车保有量从2015年的162.3万辆发展到2020年的219.6万辆，年均增长率为6.2%；

中心城区机动车保有量从2015年的70.6万辆发展到2020年的110.0万辆，年均增长率为9.3%。

全市汽车保有量从2015年的94.0万辆发展到2020年的194.4万辆，年均增长率为15.6%；中心城区汽车保有量从2010年的54.6万辆发展到2015年的105.1万辆，年均增长率为14.0%，中心城区与外围县市均呈现迅猛增长势头。

"十三五"期间全市汽车保有量增长率明显高于机动车保有量增长率，主要原因是摩托车、农用运输车等保有量出现负增长，而青岛市汽车保有量呈现持续迅猛增长势头。

全市的机动车构成当中，客车占75.3%，货车占8.8%，摩托车占14.1%，其他车辆（农用运输车、拖拉机、挂车等）占1.6%。

私家车占汽车的比例呈现持续迅猛增长势头。全市私人汽车保有量已发展到2020年的273万辆，年均增长率为8.7%。私家车占汽车的比重逐年增长，已由2015年的

77.7%增长到2020年的85.8%。

私人汽车保有量持续快速增长，货车保有量也呈上升趋势，而摩托车保有量则呈快速下降趋势，2020年底，市内市南、市北、李沧三区摩托车保有量仅为546辆，摩托车基本都在外围三区四市。

2020年，中心城区汽车千人拥有率为264辆/千人。中心城区汽车最集中的区域为市南区，其次为市北区，汽车千人拥有量分别达到315辆/千人和267辆/千人。

车辆密度最高的为市南区，每平方千米达6194辆，其次为市北区，密度为每平方千米4421辆，崂山区与经济技术开发区车辆密度基本相当，为每平方千米700辆左右，外围市区车辆密度较低，最低为平度市，每平方千米89辆，其次为莱西市，密度为每平方千米96辆（图3.1-4）。

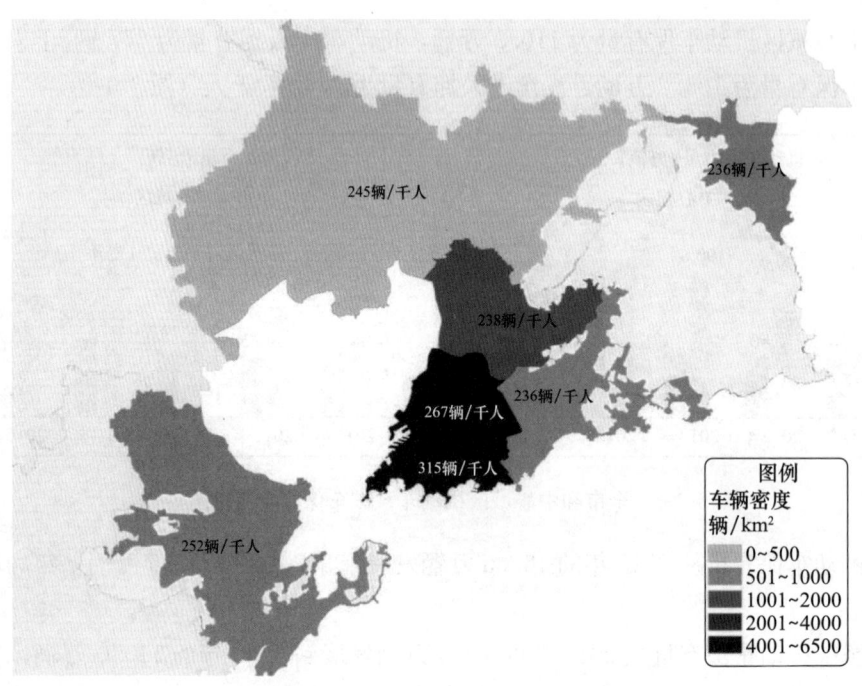

图3.1-4 2020年中心城区汽车千人拥有率及密度图

2020年青岛市私人汽车拥有量较2015年增加128%，年均增长率高达18%，五年间私家汽车保有量快速增长。同时，小汽车使用强度高，2020年青岛市小汽车单车平均行程里程6.9km，小汽车日均出行量约为300.5万人次，比2015增加约80万人次，增长率高达36.6%。

根据2020年交通出行调查结果分析，市内六区中57.65%的家庭拥有小汽车，市南区家庭拥有小汽车的比例最高，近70%的家庭拥有至少一辆小汽车。比较2015年20%的家庭拥有小汽车来看，户有小汽车率增幅达188%。

对比"十三五"期间青岛市道路交通设施与机动车的变化情况，交通设施的发展速度难以满足机动车发展的要求。

三、居民出行特征

1. 出行结构与目的

2020年青岛市中心城区常住人口（包括6岁以下儿童）的平均出行次数为2.18次/日，比2015年的2.13次/日提高了0.05次/日；常住人口出行总量为959.6万次/日，比2015年调查日出行总量778.2万人次增加了23.3%。从各行政区看，市南区出行次数最大，为2.37次/天，其次为城阳区2.33次，青岛高新区出行次数最少，为1.95次（图3.1-5、表3.1-2）。

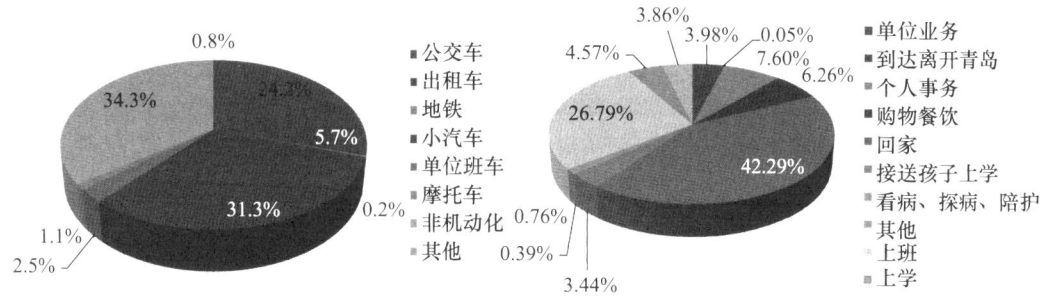

图3.1-5　2015年青岛市居民出行结构及出行目的

表3.1-2　各行政区出行量和人均出行次数

行政区	全部出行量/（人次/天）	人均出行次数（次/天）
市南区	1033202	2.37
市北区	2183420	2.14
李沧区	1216363	2.03
崂山区	1236708	2.29
城阳区	2346243	2.33
高新区	1579951	1.95
合计	9595887	2.18

中心城区居民上班出行占26.8%，较2015年的27.4%下降约0.6个百分点，个人事务出行占7.6%，购物出行占6.3%，较2015年的7.3%有所下降，下降约1个百分点，这与电子商务的发展密不可分，餐饮文化娱乐出行占3.9%，较2015年的3.3%有所增加，增加约0.6个百分点，回家出行占43.7%，较2015年的45.5%有所下降，下降约1.8个百分点。

与2015年相比，2020年步行、自行车、摩托车等方式的出行比重有所下降，而小汽车的出行比重明显提高，由2015年的28.4%增加到31.3%，增长2.9个百分点；公交车的出行比重也有所提高，由2015年的22.1%增加到24.2%，增长2.1个百分点；非机动化出行比重持续下降，由2015年的36.3%下降到34.3%，下降2个百分点；出租车出行比例也有所下降，由2015年的6.3%下降到5.7%，下降0.6个百分点。

上班目的出行中，小汽车和公交出行占比较多，分别占 35.7% 和 29.7%；上学目的出行中，步行为首选交通方式，占 66.5%，其次为小汽车，占 20.3%；单位业务目的出行中，小汽车为首选交通方式，占 53%；个人事务目的出行中，小汽车、公交车和步行方式占比相对均衡，而出租车占比相对较高，为 11.5%；购物目的出行中，步行、餐饮娱乐目的出行中，步行为首选交通方式，约占 48%（图 3.1-6）。

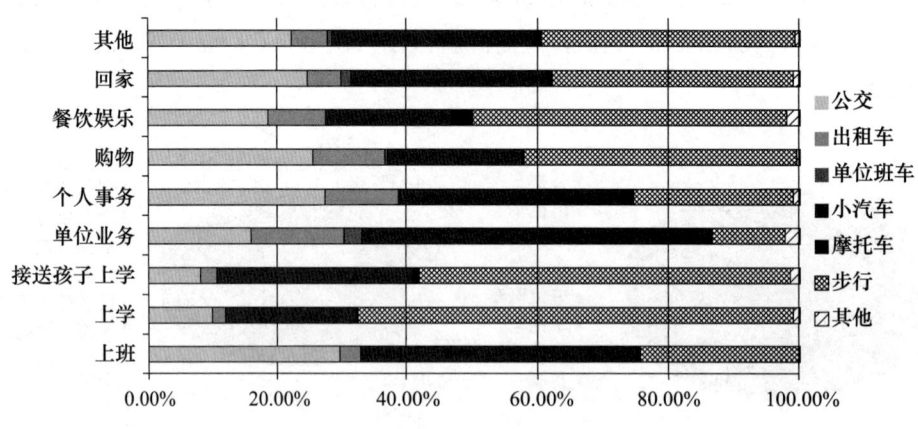

图 3.1-6　不同目的出行方式比例结构

2. 出行耗时

青岛市中心城区全方式出行有明显的早高峰和晚高峰，中午小高峰不明显。居民出行的早高峰时段为 7:00—8:00，早高峰时段出行量占全天出行总量的 18.4%；晚高峰时段为 17:00—18:00，晚高峰时段出行量占全天出行总量的 14.7%。

不同出行方式的时间分布存在一定差异。公交车、小汽车、步行等出行方式基本与全方式时间分布一致，有典型早高峰和晚高峰，而出租车方式全天波动不大，最高峰出现在 9:30—10:30 时段，夜间出行占有一定比例。

青岛市中心城区居民出行平均时耗 35.9 分钟，较 2010 年的 31.8 分钟增加 13.2%。公交车出行时耗，30 分钟以内的占 56.8%，60 分钟以内占 84%。公交车方式出行的平均时耗为 48.9 分钟，较 2010 年的 44 分钟增加 11.1%。小汽车出行时耗，30 分钟以内的占 78.5%，60 分钟以内占 94.5%，平均出行时耗 36.5 分钟，较 2010 年的 32 分钟增加 14.1%。步行出行时耗，20 分钟以内的占 82.7%，平均出行时耗 16.5 分钟。出租车平均出行时耗约 24.6 分钟（图 3.1-7）。

本次调查中心城区居民的平均出行距离为 5.16km，较 2010 年的 4.5km 增加 14.7%。公交方式的平均出行距离为 7.3km，较 2010 年的 7.0km 增加约 3.6%；私人小汽车的平均出行距离为 6.9km，较 2010 年的 6.6km 增加 4.5%；步行平均出行距离 1.3km；出租车平均出行距离 6.2km。

3. 通勤出行

根据数据统计，青岛市通勤人口为 486 万人。

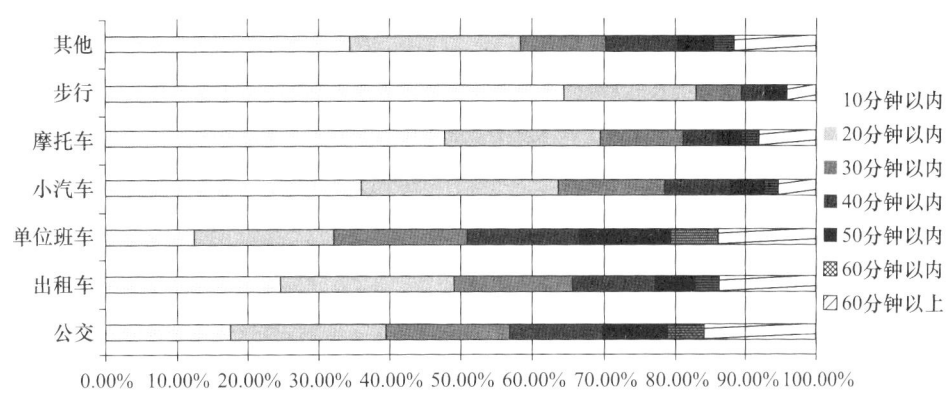

图 3.1-7　不同出行方式出行时耗分布

（1）各区通勤比例。青岛市通勤人口的工作岗位分布较为集中，主要分布于青岛市东岸市南、市北、四方、李沧商圈，以及西岸唐岛湾生活居住区及山科大周边区域。相比于工作岗位分布，中心城区通勤人口的居住地除市南、市北较为集中外，其他地区分布较为分散。

（2）职住分布。区内就业是指本区通勤人口在当地岗位就业的比例。本区就业率越高，表征该区的职住平衡水平较好，所承担的跨区长距离出行较少。各行政区的区内就业率均在60%以上，其中青岛市中心城区市南区、市北区、李沧区本地就业率相对较低，职住平衡水平相对较差；黄岛区、胶州市、即墨市、莱西市、平度市的本区就业率均较高，在90%以上（表3.1-3）。

表3.1-3　青岛市各行政区间通勤量比例

居住-工作	市南区	市北区	李沧区	崂山区	城阳区	黄岛区
市南区	72.1%	13.0%	2.2%	6.6%	2.5%	2.2%
市北区	13.3%	69.9%	3.9%	6.2%	3.7%	1.2%
李沧区	4.2%	7.5%	70.0%	8.1%	7.2%	0.7%
崂山区	6.1%	5.7%	4.6%	78.4%	2.5%	0.7%
城阳区	0.7%	1.3%	2.4%	1.1%	88.8%	0.4%
黄岛区	0.6%	0.4%	0.1%	0.2%	0.3%	97.1%

4. 出行特征变化

与2015年相比，2020年步行、自行车、摩托车等方式的出行比重有所下降，而小汽车的出行比重明显提高，由2015年的28.4%增加到31.3%；公交车的出行比重也有所提高，由2015年的22.1%增加到24.2%，但仍远低于小汽车出行比重。从居民出行方式结构来看，在机动化趋势中，公共交通的主体地位未能确立，个体机动化出行比例的提高要快于公共交通，尤其是在人口密集的城市中心区域，以及主要的高客流走廊上，公共交通出行比例依然偏低。

青岛市通勤人口的工作岗位分布较为集中，相比于工作岗位分布，通勤人口的居住地分布较为分散。市南区的工作岗位职住比在各个行政区中最高，工作岗位最为集中，市北区、李沧区本地就业率相对较低，约为70%，职住平衡水平相对较差，城阳区、黄岛区本区就业率相对较高，达88%以上。

2020年，青岛市中心城区居民出行平均时耗35.9分钟，较2015年的31.8分钟有所增加，增幅为13.2%。从各行政区平均出行时耗来看，市南区、崂山区岗位密集、商业商务发达区域的居民出行时耗较短。这主要与就近上班、购物、娱乐等原因有关，市北区、李沧区、城阳区等以居住为主的区域，因上班大多在外区域，距离较远，交通拥堵等导致出行时耗较长。

青岛市中心城区空间尺度大，东岸、北岸、西岸三大城区各自职住平衡，区域过大。从职住平衡区域划定标准来看，通勤时间应控制在45分钟以内，15km左右需要城市中心，设置公共服务中心和就业岗位集中地。

在城市用地规划中，应促进形成组团式、多中心、职住平衡、产城融合的布局模式，减少出行距离，均衡交通时空分布，避免潮汐交通，提高交通设施效率。

四、对外出行交通特征

中心城区长途客运站年发送量约1131万人次，年均增长率为5.5%；青岛流亭国际机场年旅客吞吐量1820.2万人次，年均增长率为11.4%；中心城区铁路旅客发送量为1143.6万人次，年均增长率为8.3%；高速公路出入性交通量呈现快速增长的趋势，年均增长率为22.3%，东岸城区与城阳中心区车流量分布最大，其中青岛东收费站交通量最大，日均达到5万辆以上，夏庄收费站交通量达到4.5万辆左右。不同区域的产业分布特点造成各收费站车种构成差异显著，大部分收费站小客车占比最大，而西岸城区内收费站货车占比大，其中崖逄收费站大型货车流量占总流量的57%，黄岛收费站大型货车的流量占比在30%以上。

分时段统计的2020年高速公路出入口流量数据显示，市域内高速公路出入口总流量呈现双高峰态势，早高峰出现在9:00—10:00（城市交通早高峰为7:00—8:00），高峰流量比为7.85%，晚高峰出现在17:00—18:00（城市交通晚高峰为17:00—18:00），高峰流量比为7.64%。

不同区域的产业分布特点造成各收费站车种构成差异显著，西岸城区与胶州市因港口、货场的布设，区域内收费站货车占比较大，其中崖逄收费站大型货车流量占总流量的57%，黄岛收费站、营海收费站、平度东收费站大型货车的流量占比均在30%以上。

国省道交通特征分析按车型统计的2015—2020年国省道交通流量分析显示：市域国省道交通流量总体呈现增长态势，年增长率约为2.2%；各车型中中小客车增长速度最快，年均增长率达到6.8%；其次为大客车和特大型货车增速较快，年均增长率分别为5.5%和5.3%；拖拉机与摩托车呈现逐年减少趋势，年均减少率分别为11.3%和24.7%。2014年世界园艺博览会在青岛市举行，车流量出现突增现象，比2013年猛增37.7%（图3.1-8）。

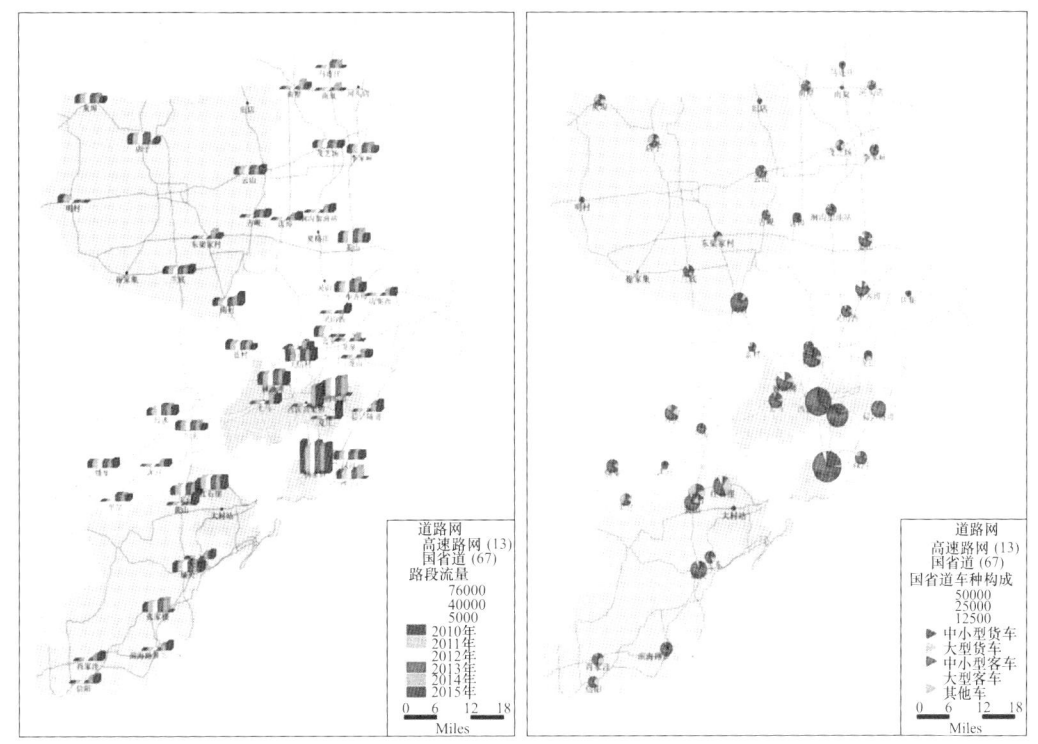

图 3.1-8　观测点流量及观测点车种构成分布图

与高速公路、快速路交通量对比分析，国省道交通量年均增长率相对较小，表明随着高速公路及城市快速路的快速建设发展，利用高、快速公路出行交通量增速明显，高、快速公路在日常生活出行中越来越重要。

按国省道流量观测点统计的 2015—2020 年国省道流量分析显示：交通流量较高的观测点主要集中于东岸城区和北岸城区，各观测点交通量总体保持增长趋势。其中东岸城区的黑龙江路由国道功能转变为城市主干路，道路流量最大，达到日均 6 万辆以上；北岸城区的西流高架桥，流量较大，日均达到 4 万以上，王沙大道夏庄观测点处达到 3 万以上；西岸城区的黄张路红石崖观测点日流量达到 2 万以上。

从车种构成的分布来看，除中小型客车外，东岸、北岸城区及即墨地区的国省道观测点，中小型货车的比重较大，其中西流高架桥中小货车占总流量的 31%，黑龙江路杨家群观测点中小型货车占总流量的 25%。

五、区域交通现状

李村河以南：铁路西侧有傍海路（双向 4 车道）及环湾辅路（双向 4 车道）；铁路东侧有唐河路（双向 6 车道），共计双向 14 车道。且唐河路紧邻铁路，均为 T 型交叉，主要服务东边区域。

李村河以北：无环湾辅路，安顺路（双向 8 车道）距离铁路较远，主要服务两侧区域。

近年来，随着经济社会的发展，青岛市汽车保有量日益增加。目前，青岛主城区李村河张村河断面日交通量约38.5万pcu（标准车当量数）。其中，区域南北向贯通性道路（7条）：高峰小时断面交通量3.2万pcu/h，环湾路占比15.5%，四流南路占比9.4%,；东西向贯通性道路（3条）：高峰小时断面交通量2.4万标准车/h，瑞昌路占比17.3%，长沙路（大沙路以东）占比6.3%（图3.1-9）。

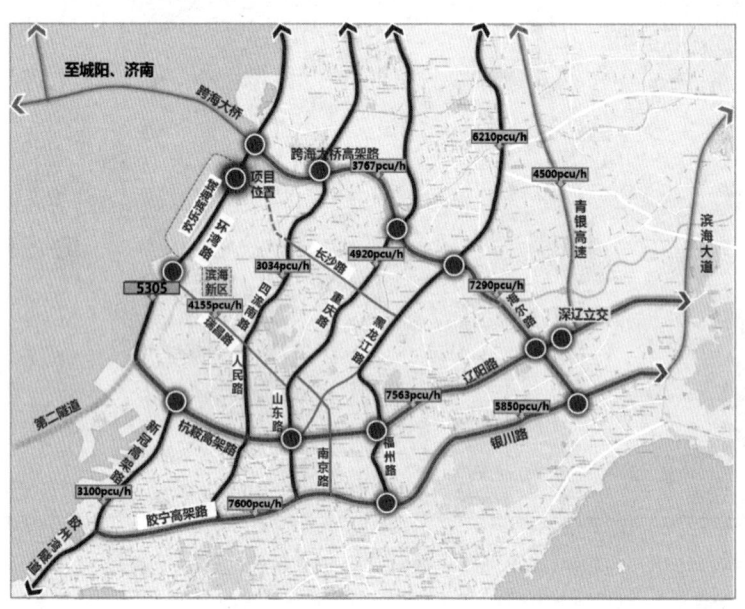

图3.1-9 青岛市交通现状

1. 环湾路

环湾路南起杭鞍快速路，中部与海湾大桥及其连接线相交，北经双埠立交与双元路相接，全长约15.6km，现状双向8车道，是青岛市快速路网体系中的重要"一纵"，道路主要承载南北向快速过境交通流。

目前环湾路交通流量达12万pcu/d，早晚高峰饱和度为0.95。

提取近期监测数据，环湾路大货交通量为1.2万pcu/d，其中青岛港方向约3000pcu/d。

2. 瑞昌路

瑞昌路现状双向4—6车道，自南向北分别与重庆南路、南昌路、人民路、杭州路、金华路、环湾路等主要道路相交，是主城区联系环湾路的主要通道之一。

目前瑞昌路交通流量约3万pcu/d，早晚高峰饱和度为0.7，服务水平为C级。

3. 四流路

四流路规划为城市主干路，南起瑞昌路，北至遵义路，全长约12km，是市区中部重要的南北向交通主干道

目前瑞昌路交通流量约3.6万pcu/d，早晚高峰整体饱和度为0.8，局部节点拥堵。

4. 傍海路、环湾辅路

傍海路规划为城市次干路，双向4车道，南起宜昌路，北至镇平路，全长约为5.5km，

是铁路西侧重要的南北通道，交通流量约 1.1 万 pcu/d，早晚高峰整体饱和度为 0.7。

环湾辅路规划为城市次干路，双向 4 车道，南起滨河路，北至镇平一路，全长约为 6.5km，交通流量约 0.4 万 pcu/d，饱和度较低。

由于介于环湾路与铁路之间，大部分为未搬迁企业，交通状况良好（图 3.1-10）。

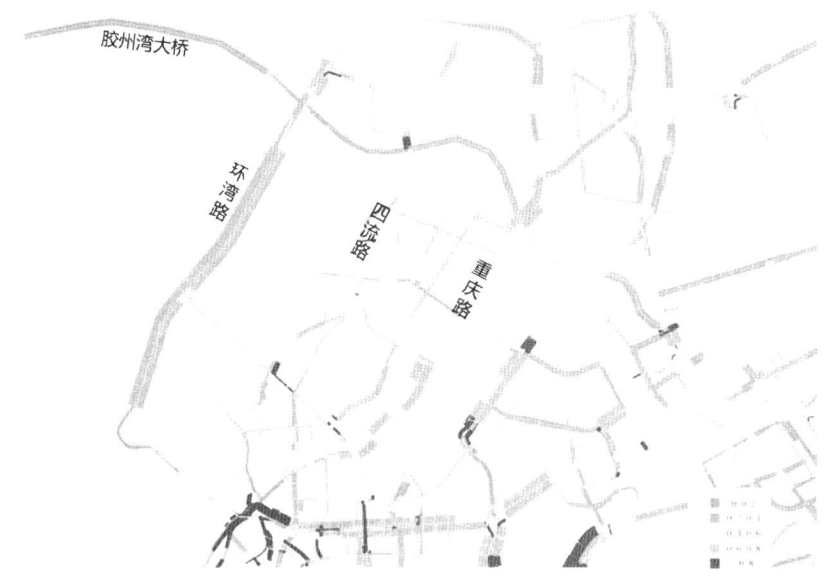

图 3.1-10　环湾路交通状况分析

第二节　交通量预测方法

根据项目影响区内的经济发展历史资料和土地利用规划情况，对项目的交通量进行预测。本报告对交通量的预测采用四阶段法（图 3.2-1）。

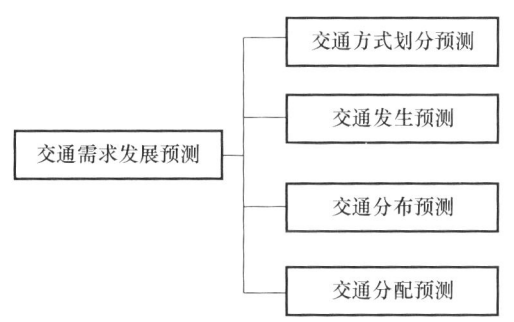

图 3.2-1　交通量预测流程

（1）交通方式划分预测。根据有关交通调查及统计资料，在分析项目影响区社会经济和交通运输现状的基础上，对未来社会经济发展趋势进行预测。

（2）交通发生预测。根据交通运输指标与社会经济指标之间的相互关系，预测未来交通量增长率，计算交通产生量和吸引量。

(3) 交通分布预测。

(4) 交通分配预测。利用未来路网进行交通量分配，得到交通量的预测结果。

第三节　交通量预测内容及结论

一、预测年限和特征年

根据《城市道路工程设计规范》（CJJ 37—2012），唐河路—安顺路为主干路，项目交通预测年限按 20 年考虑，预测特征年为 2023 年、2027 年、2033 年、2043 年。本项目预测基年为 2023 年。

二、交通小区划分

交通小区的划分应根据城市规划区域的用地规模、人口规模、土地利用性质和规划布局的特点来确定。一般以行政分区、人工构筑物及自然疆界（如河流、铁路、森林公园、山脊等）作为交通区界。

考虑项目作为环湾路重要的疏解节点，承担了部分东岸城区通过本项目前往胶州湾大桥、第二条胶州湾隧道等区域性通道功能，将会对青岛对外交通出行环境产生一定影响，因此以青岛市域为研究范围，以行政区划分为 8 个地带。

8 个地带现状的交通联系特征矩阵如表 3.3-1 所示。

表 3.3-1　8 个地带现状的交通联系、特征矩阵（万人次/日）

	西岸	城阳	红岛	胶州	即墨	平度	莱西
东岸	26	25	12	6	4	3	1
西岸		3	8	6	1	1	1
城阳			20	3	10	5	2
红岛				5	5	4	1
胶州					3	4	1
即墨						8	5
平度							6

三、人口、岗位分布预测

1. 人口预测

规划年限的人口预测，主要依据青岛市城市总体规划的人口控制规模，以及土地使用规划提供的居住用地分布，同时结合最新的相关研究成果，综合得出规划年的人口规模，并详细划分到各个交通小区当中。

现状人口岗位均以东岸最为集中，远期东岸人口变化不大，红岛、城阳、即墨、西海岸等外围区域的人口增幅明显，随着红岛站、新机场等重大基础设施建成，区域之间的联系将更加频繁（图 3.3-1、图 3.3-2）。

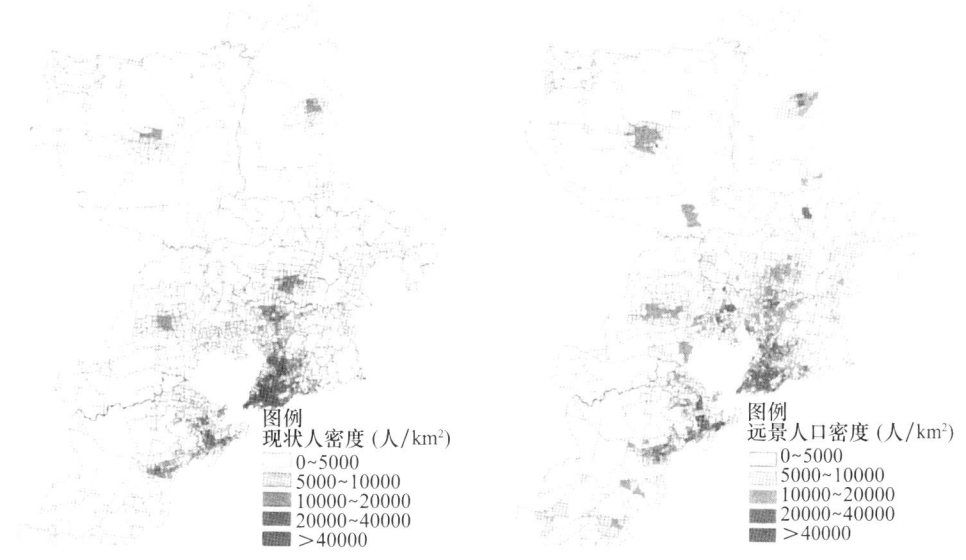

图 3.3-1　现状市域人口密度分布　　　　　图 3.3-2　远期市域人口密度分布

2. 岗位预测

岗位预测是以现状岗位分布为基础,以青岛市城市总体规划的用地分布、未来李沧区经济发展方向及产业结构为依据,将各类岗位详细划分到规划研究范围内各个交通小区中,从而体现出"经济－用地－岗位－交通吸引"四者关系。

现状岗位均以东岸最为集中,远期东岸邮轮母港区域、红岛区域、城阳、即墨、西海岸等外围区域岗位增加明显,区域之间联系将更加频繁,组团间的通勤交通需求将进一步增大(图 3.3-3、图 3.3-4)。

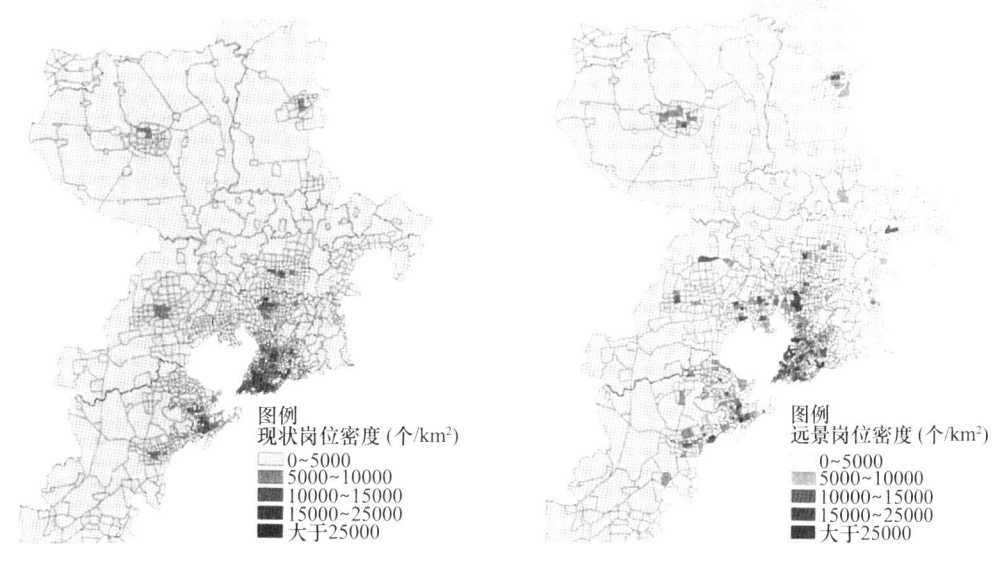

图 3.3-3　现状市域岗位密度　　　　　　　图 3.3-4　远期市域岗位密度

四、交通出行产生量、吸引量预测

1. 交通出行产生量预测

出行生成模型的建立通常有 2 种方法：回归分析法和交叉分类法。这 2 种方法的共同原理都是通过分析来研究影响交通发生或吸引的主要因素，建立起这些主要因素与交通量的关系。

出行产生量预测采用交叉分类中的产生率法，将出行对象按照社会经济、家庭情况分成不同的类型、不同的出行目的进行分析，确定各交叉类别的出行率，具体公式如下：

$$P_i = \sum R_i^k T_i^k$$

式中：P_i——i 区的出行产生量；

R_i^k——i 区第 k 种出行目的出行率（次/人·日）；

T_i^k——i 区第 k 种出行目的的人口数。

根据人口分布预测及不同区位、不同出行目的的出行率预测结果，可以得出规划期各地区的发生量分布。

预测 2037 年，李沧西部日出行总量为 115 万人次。

2. 交通出行吸引量预测

出行吸引模型的建立，采用多元回归法，其表达式为

$$Y = a_1 x_1 + a_2 x_2 + \cdots a_n x_n$$

式中： Y——出行吸引量；

$a_1, a_2, \cdots, a_n$——回归系数；

$x_1, x_2, \cdots, x_n$——与吸引量有关的因子。

出行吸引量与城市用地特征和工作岗位密切相关，而不同区位、不同交通可达性，即使有相同用地性质和同样岗位数，出行吸引量也有显著差异。为此，根据不同区域用地类型和出行特征，进行相应回归分析。对回归变量，采用逐步回归和相关变量统计检验方法，进行组合和筛选，最终得到分区位的出行吸引模型。

结合《李沧西部综合交通规划（中间稿）》，本次安顺路交通量预测出行吸引模型为

$$Y = 0.57 \times （居住人口）+ 0.64 \times （工业+仓储）+ 11.35 \times （中小学校）+ 8.86 \times （商业金融）+ 7.13 \times （行政办公）$$

根据出行吸引模型和预测得到的各种性质岗位数，可预测各交通小区出行吸引量，并与发生总量进行平衡调整。

3. 交通出行空间分布预测

出行分布模型建立的是各个交通小区之间交通量变换的定量关系。出行分布模型一般有 2 种类型：增长系数法和重力模型法。与增长系数法相比，重力模型引入了交

通区之间的阻抗,既可以反映土地使用的变化对出行分布的影响,也可以反映交通设施的变化对出行分布的影响。

由于李沧西部是快速发展中的城区,未来用地发展变化很大,因此,分布模型宜采用重力模型法。

重力分布模型如下:

$$T_{ij} = P_i \frac{A_j \times F(IMP_{ij})}{\sum_j (A_j \times F(IMP_{ij}))}$$

式中: T_{ij}——起点小区 i 至迄点小区 j 的出行量;

P_i——起点小区 i 的出行产生量;

A_j——迄点小区 j 的出行吸引量;

IMP_{ij}——起点小区 i 至迄点小区 j 的出行阻抗,本次建模中采用出行时间;

$F(IMP_{ij})$——阻抗函数,称为摩阻系数,有各种函数形式。本模型采用 Gamma 函数。

根据已标定的出行分布模型,可以得出规划年居民出行量空间分布。李沧西部内部出行为 50 万人次/天,占全部出行的 43%;外部出行为 65 万人次/天,占全部出行的 57%。其中,往城阳方向的出行量为 7 万人次/天,占全部出行的 6%;往李沧中东部、崂山方向的出行量为 23 万人次/天,占全部出行的 20%;往黄岛、市南、市北方向的出行量为 35 万人次/天,占全部出行的 31%。从李沧西外部出行各方向的比例可以看出,往城阳方向的联系较少,与市北、市南方向的联系较多(图 3.3-5、图 3.3-6)。

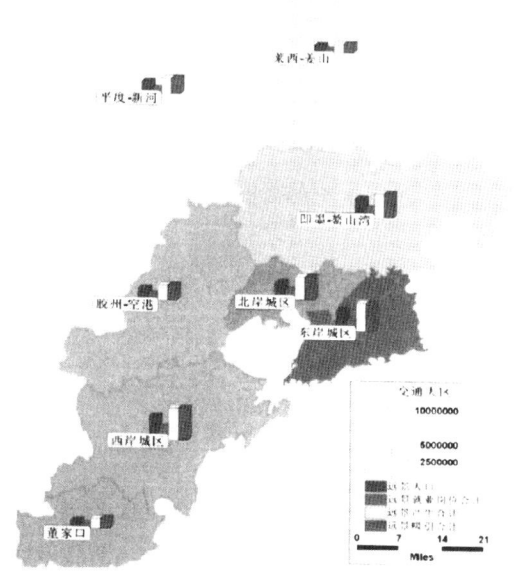

图 3.3-5 远景年交通大区交通产生量和吸引量

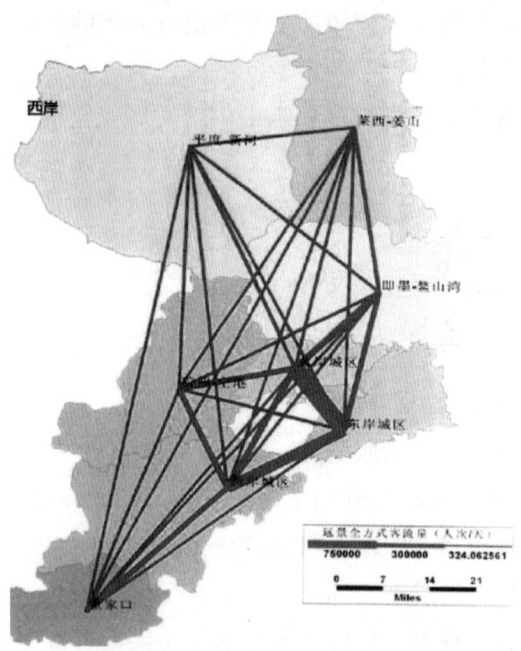

图 3.3-6　远期交通出行分布矩阵

五、交通出行方式预测

从目前国内城市交通需求预测的实践看，在进行城市客运方式划分的预测中，普遍的趋势是定性和定量分析相结合，在宏观上依据未来国家经济政策、交通政策及相关城市的比较来对未来城市交通结构作出估计，然后在此基础上进行微观预测。

通过调查数据可以看出，青岛市市内三区居民出行方式结构有 2 个明显特点：一是公交车及步行出行所占比例较高；二是自行车出行所占比例极低，仅分担总出行量的 3.72%。

2043 年李沧西部居民出行方式结构预测如表 3.3-2 所示。

表 3.3-2　2043 年李沧西部居民出行方式结构预测

年份/方式	公共汽车	小汽车	出租车	步行	轨道交通	其他	合计
2043	32.7%	35.9%	5%	10%	12.8%	3.6%	100%

注：1. 单位大客车及单位小汽车分别纳入公共汽车及小汽车中；
　　2. 目前青岛市轨道交通 M3、M1 已经运营通车。

六、交通量分配

交通量分配是将预测未来年度各小区间的分布交通量分配在区域未来路网上，从而得到路网各路段未来年度的交通量。常用的交通分配模型有最短路交通分配、容量限制-增量加载交通分配、多路径交通分配、多路径-容量限制交通分配，本工程采用多路径-容量限制交通分配模型。

七、交通预测结果

根据道路规划和交通功能定位,结合道路总体方案及影响区内相关道路交通量,本次唐河路—安顺路交通量预测结果如下(表3.3-3、表3.3-4)。

表3.3-3 目标年交通量预测结果(单位:pcu/h)

路段名称	2023年	2027年	2033年	2043年
瑞昌路至金沙二支路段	2456	3210	3986	4395
镇平路至太原路段	2528	3345	4306	4853
太原路至金水路段	2994	3452	4534	5155
衡阳路至仙山路段	2860	3406	4353	4925

表3.3-4 双流高架上下匝道高峰小时流量预测

匝道名	高峰小时流量(pcu/h)	
	2033年	2043年
双流高架上桥匝道	587	726
双流高架下桥匝道	574	739

第四节 建设规模分析

一、通行能力计算及服务水平标准

1. 路段设计通行能力计算

依据路段道路平面线形和实际行驶情况,以及《城市道路工程设计规范》的规定,设计速度50km/h,一条机动车道的基本通行能力为1700pcu/h。

受平面交叉口影响的机动车道单向通行能力可按下式计算:

$$N = N_p \times \alpha_1 \times \alpha_2 \times \delta$$

式中:N——单向实际通行能力(pcu/h);

N_p——一条机动车道基本通行能力(pcu/h);

α_1——多车道折减分布系数,第一车道为1.0,第二车道为0.85,第三车道为0.75,第四车道为0.65;

α_2——行人横向过街、自行车干扰及公交折减系数;

δ——交叉口影响通行能力的折减系数。该系数根据两交叉口间距离、行车速度、绿信比和车辆起动、制动时的平均加减速度及交通组织设计等因素而变化,经查《城市道路设计手册》,综合考虑本工程实际情况,交叉口间距300~500m,交叉口影响修正系数δ取0.58(信号周期120s,红灯时间52s)。由于进口道均进行拓宽,设置专用转向车道,折减系数提高1.2倍。

不同车道数的条件下路段的单向实际通行能力计算如表 3.4-1 所示。

表 3.4-1　不同车道数的条件下路段的单向实际通行能力计算

设计速度（km/h）	单车道基本通行能力（pcu/h）	单向车道数	交叉口折减系数 δ	车道折减系数 $α_1$	行人、公交干扰系数 $α_2$	实际通行能力（pcu/h）
50	1700	2 车道	0.58	1.85	0.9	1630
50	1700	3 车道	0.58	2.6	0.9	2291
50	1700	4 车道	0.58	3.25	0.9	2884

2. 服务水平分级标准

根据《交通工程手册》，道路路段部分通常采用饱和度指标来评价其服务水平（表 3.4-2）。

服务水平描述如下：

A：自由流，车辆的形式性能得到充分发挥，畅通，舒适；

B：稳定车流，车辆的形式性能稍受限制，驾驶比较舒适，较小的行车事故对交通影响不大；

C：稳定车流，行车自由程度明显受限，但能接受的延误；

D：稳定交通流的临界状态，行车自由程度严重受限，很小的事故也会造成严重堵塞；

E：达到道路的通行能力，为不稳定交通流，拥挤，不能忍受的延误；

F：交通流呈走走停停状态，交通流超过了道路最大通行能力。

表 3.4-2　路段服务水平评价分级

等级	A	B	C	D	E	F
对应饱和度	≤0.4	0.4～0.6	0.6～0.75	0.75～0.90	0.90～1.0	>1.0

二、建设规模论证

根据交通量预测结果，对预测路段交通量进行通行能力适应性分析，分别按双向 6 车道和双向 8 车道规模进行分析（表 3.4-3、表 3.4-4）。

表 3.4-3　瑞昌路至金沙二支路段近、远期通行能力适应性分析

路段	预测年	类别	双向 6 车道		双向 8 车道	
			南向北	北向南	南向北	北向南
瑞昌路至金沙二支路段	2033	饱和度	0.87	0.85	0.7	0.69
		服务水平	D	D	C	C
	2043	饱和度	0.96	0.95	0.81	0.80
		服务水平	E	E	D	D

表 3.4-4 镇平路至仙山路段通行能力适应性分析

路段	预测年	类别	双向 6 车道		双向 8 车道	
			南向北	北向南	南向北	北向南
镇平路至太原路段	2033	饱和度	0.94	0.93	0.74	0.75
		服务水平	E	E	C	C
	2043	饱和度	1.06	1.05	0.85	0.84
		服务水平	F	F	D	D
太原路至金水路段	2033	饱和度	0.99	0.98	0.79	0.78
		服务水平	E	E	D	D
	2043	饱和度	1.13	1.12	0.9	0.89
		服务水平	F	F	D	D
衡阳路至仙山路段	2033	饱和度	0.95	0.96	0.76	0.77
		服务水平	E	E	D	D
	2043	饱和度	1.08	1.07	0.86	0.85
		服务水平	F	F	D	D

1. 瑞昌路至金沙二支路段

若采用双 6 车道，2033 年路段服务水平为 D，道路通行能力能较好的满足交通需求，但 2043 年路段服务水平达到 E，达到饱和状态；若采用双 8 车道，2043 年路段服务水平为 D，道路通行能力可以很好地满足交通需求。

综合考虑工程经济性、红线宽度及交通适应性等因素，推荐唐河路—安顺路（瑞昌路—金沙二支路）近期采用地面双向六车道，同时预留远期拓宽为双向八车道的条件。

2. 镇平路至仙山路段

若采用双 6 车道，2033 年路段服务水平为 E，道路通行能力已经不能满足交通需求 2043 年服务水平为 F，双向 6 车道不能满足交通需求。

若采用双向 8 车道，2033 年单向路段服务水平为 C 或 D，2043 年单向路段服务水平为 D，道路通行能力可以较好的满足交通需求。

综合考虑工程经济性、红线宽度及交通适应性等因素，推荐唐河路—安顺路（镇平路—仙山路）采用地面双向八车道。

3. 匝道建设规模论证

从交通量上来看，根据匝道基本通行能力与规划特征年上下匝道交通量，互通立交范围匝道均采用单车道规模；双流高架路上下匝道服务双流高架和唐河路—安顺路之间的交通转换，建议采用单车道规模设计。

第四章 总体方案

第一节 道路总体方案

一、总体布置

本次唐河路—安顺路南起瑞昌路与兴隆路相接,北至仙山路与安顺北路相接,道路全长 14.3km,道路线位与《青岛市市北区滨海新区北片区控制性详细规划》(已批成果 2018.8)、《青岛北站及周边片区控制性详细规划》(征求意见稿 2020 年 10 月)、《青岛市李沧区娄山河北片区控制性详细规划》(过程稿)、《青岛市李沧区娄山河南片区控制性详细规划》(青政字〔2018〕72 号文批复)基本保持一致,局部路段在不突破绿线的前提下结合铁路用地和征拆情况进行了局部优化。

唐河路—安顺路南端与市北区兴隆路相接,向北沿胶济铁路线位东侧并平行胶济铁路延伸,道路在大沙路以南与孤山油库军专线平交,向北下穿规划长沙路跨铁路桥后,道路跨越李村河、下穿大桥接线后沿胶济铁路新线位东侧并平行胶济铁路线向北延伸,道路于娄山河南岸连续下穿胶济货线、青盐铁路、青荣铁路、跨越娄山河后,安顺路于胶济铁路线西侧并紧邻铁路线向北延伸进入城阳区与安顺北路相接。

道路跨越现状李村河、娄山河、娄山后河、宋戈庄河及洪沟河位置处需设置共 5 处桥梁。

道路沿线下穿长沙路跨铁路桥、大桥接线高架、太原路高架、金水路高架、汾阳路—唐山路高架、双流高架和新机场高速连接线;沿线与孤山油库专用线、大沙路、规划长沙路地面路、镇平路、太原路地面路、振华路、金水路地面路、汾阳路—唐山路地面路、遵义路、瑞金路、仙山路等主次干路相交。为实现与双流高架的互联互通,加强与新机场和高新区的交通联系,在双流高架位置增设一对上下桥匝道。

与唐河路—安顺路(瑞昌路—仙山路)相交道路汇总如表 4.1-1 所示。

表 4.1-1 与唐河路—安顺路(瑞昌路—仙山路)相交道路汇总

相交道路	规划等级	规划红线(m)	有无现状	有无实现规划
万安二路	支路	12	无	无
兴隆一路	支路	16	无	无

续表

相交道路	规划等级	规划红线（m）	有无现状	是否实现规划
瑞安路	支路	14	有	无
19号路	支路	14	无	无
17号路	支路	14	无	无
16号路	支路	14	无	无
金沙二支路	支路	14	无	无
镇平路	次干路	24	有	否
规划路	支路	12	无	否
跨海大桥连接线	快速路	31.5	有	是
长治路	支路	15	有	否
四流中支路	支路	24	有	否
太原路	主干路	40	有	是
衡阳路	次干路	20	有	无
规划十五号线	次干路	24	无	无
规划三号线	次干路	22	无	无
规划十二号线	主干路	34	无	无
规划六号线	次干路	26	无	无
遵义路	主干路	40	有	无
印江路	支路	16	有	无
横九路	次干路	34	无	无
横七路	支路	16	无	无
横六路	支路	16	无	无
创业路	次干路	26	无	无
横四路	支路	16	无	无
瑞金路	主干路	40	有	无
横三路	支路	18	无	无
横二路	次干路	26	无	无
兴海路	主干路	50	无	无
仙山路	主干路	40	有	无

二、横断面布置

横断面布设应在满足交通功能和需求的基础上，结合既有道路断面布置情况，工程实施代价及难易程度等综合确定。根据建设规模论证，唐河路—安顺路（瑞昌路—

金沙二支路）采用双向 6 车道建设规模，唐河路—安顺路（镇平路—仙山路）采用双向 8 车道建设规模，道路断面布置如下：

1. 唐河路—安顺路（瑞昌路—金沙二支路）

规划道路红线 30m，考虑整体景观效果，增设 3.5m 宽中央分隔带，实施道路红线宽 33.5m，双向六车道，道路标准横断面布置为 4m（人行道）＋11m（车行道）＋3.5m（中央分隔带）＋11m（车行道）＋4m（人行道）＝33.5m（图 4.1-1）。

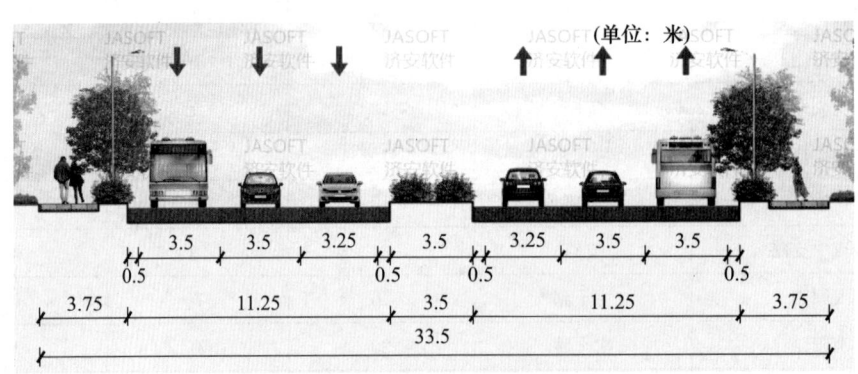

图 4.1-1　瑞昌路—金沙二支路段标准横断面

2. 唐河路—安顺路（镇平路—太原路）

道路红线宽 40m，绿线宽 50m，双向八车道，道路标准横断面布置为：3.75m（人行道）＋14.5m（车行道）＋3.5m（中央分隔带）＋14.5m（车行道）＋3.75m（人行道）＋10m（绿化带）＝50m（图 4.1-2）。

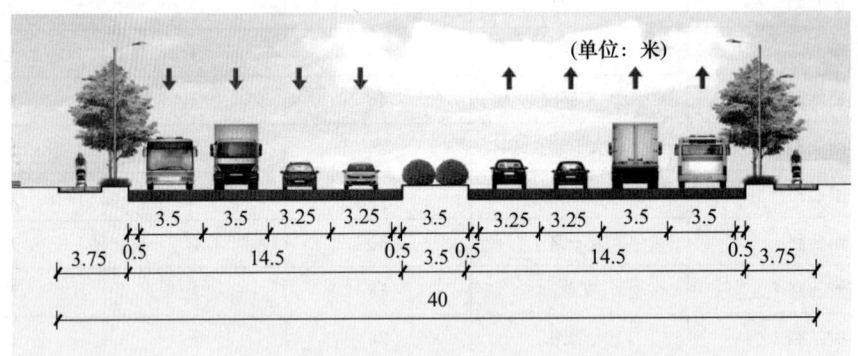

图 4.1-2　镇平路—太原路段标准横断面

3. 唐河路—安顺路（衡阳路—仙山路）

道路红线宽 41.5m，双向 8 车道，两侧各设置 10m 宽绿化带，道路标准横断面布置为：10m（绿化带）＋4m（人行道）＋15m（车行道）＋3.5m（中央分隔带）＋15m（车行道）＋4m（人行道）＋10m（绿化带）＝61.5m（图 4.1-3）。

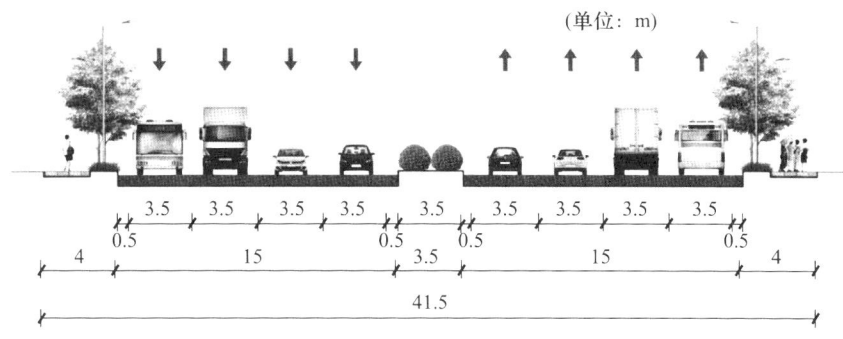

图 4.1-3　衡阳路—仙山路段标准横断面

第二节　涉铁节点总体方案

安顺路（衡阳路—仙山路段）多次下穿、上跨既有铁路，其中下穿胶济青盐青荣铁路为最具代表性的一处，也是条件最复杂的一处，本书选择此处节点为重点叙述对象，把项目重难点梳理清楚，供大家参考。

安顺路在娄山河位置连续下穿胶济铁路货线、青盐、青荣城际铁路，其中胶济铁路已预留四孔箱涵，青盐铁路与青荣城际为高架形式，青盐铁路下穿青荣城际，同时安顺路在下穿青荣城际位置需上跨娄山河。受到青盐、青荣桥墩位置的限制，规划线位分为东西两幅采用"S"形曲线下穿铁路（图 4.2-1）。

下穿青盐铁路节点受桥下净空限制，道路下挖采用桩板桥下穿青盐铁路（跨娄山河特大桥），在附近修建机排泵站一处。

受下挖后线路纵坡限制，跨越现状娄山河河道不满足洪水位设防要求，因此娄山河道向北侧扩宽改建，高速铁路安全影响区范围内河道改移及防护工程纳入本次涉铁工程。

同时有市政配套综合管廊、电力排管、雨水暗渠、海淡管道、浓盐水管道、碱厂排渣管道、热力管道下穿铁路。

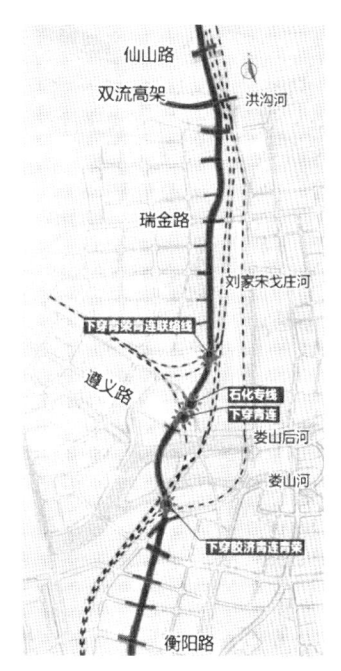

图 4.2-1　区域铁路与安顺路位置

一、现状情况简介

唐河路—安顺路在娄山河位置连续下穿胶济铁路货线、青盐、青荣城际铁路，胶济铁路已预留四孔箱涵，青盐铁路与青荣铁路为高架形式，青盐铁路下穿青荣城际铁路，同时安顺路在下穿青荣铁路位置需上跨娄山河。受到青盐、青荣桥墩位置的限制,规划线位分为东西两幅采用"S"形曲线下穿铁路(图4.2-2)。

图 4.2-2　下穿位置胶济青盐青荣现状

二、主要限制因素

1. 胶济货线

唐河路—安顺路下穿胶济货线,胶济铁路已预留四孔箱涵,道路规划线位下穿预留好的四孔箱涵,铁路涵尺寸为 1.67m(壁厚)10.26m(人行)＋1.67m(壁厚)＋20.51m(车行)＋1.67m(壁厚)＋20.51m(车行)＋1.67m(壁厚)＋10.26m(人行)＋1.67m(壁厚)＝69.89m,顶板标高 8.16m,底板标高 1.66m,净高 6.5m(图4.2-3)。

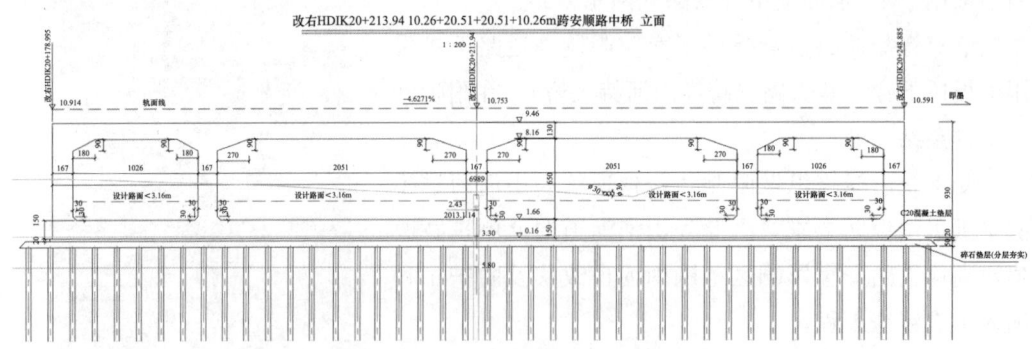

图 4.2-3　胶济货线安顺路桥立面

2. 青盐铁路

本路段唐河路—安顺路规划线位按照双向八车道建设标准下穿此节点,车行道边与青盐铁路承台投影存在冲突,同时为满足道路4.5m净高要求,在高程上同样存在和道路标高存在冲突的风险,安顺路下穿青盐铁路位置,青盐铁路梁底标高为 7.65m,①号墩下承台顶标高 1.582m,②号墩下承台顶标高 2.09m,③号墩下承台顶标高

1.598m。根据《公路与市政工程下穿高速铁路技术规程》(2018年4月执行)第3.0.8条规定,公路和市政道路应与高速铁路桥墩保持必要的距离。除桥梁外,其他下穿工程结构边缘线投影不应侵入高速铁路桥梁承台。桥梁、桩板结构、路基护栏外侧与高速铁路桥墩的净距不宜小于2.5m(图4.2-4)。

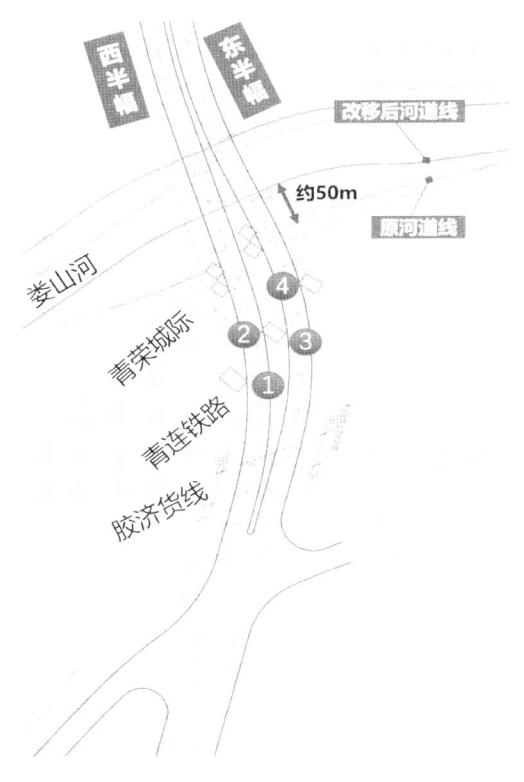

图4.2-4 青盐铁路墩号

3. 娄山河

唐河路—安顺路在下穿青盐青荣的同时,需要上跨楼上河,需要满足娄山后河防洪水位,根据《青岛市李沧区娄山(后)河(重庆路—入海口段)防洪规划》,娄山河防洪标准确定为50年一遇,排涝标准为20年一遇,入海口防风暴潮标准为100年一遇。娄山河在安顺路桥位置50年一遇设计水位为3.74m(表4.2-1)。

表4.2-1 娄山河规划水面线成果

河道桩号	设计20年水位(m)	设计50年水位(m)	设计100年水位(m)	计算堤顶高程(m)	备注
楼0+550	3.45	3.64	3.80	4.57	规划安顺路桥
楼0+550	3.55	3.74	3.90	4.67	
楼0+600	3.55	3.75	3.90	4.68	青荣铁路
楼0+600	3.57	3.77	3.93	4.70	
楼0+650	3.58	3.78	3.94	4.71	青盐铁路
楼0+650	3.59	3.80	3.96	4.73	

三、设计方案

为满足规范要求,充分考虑现状情况,在技术可行的前提下,提出主线双向8车道,以桥梁形式下穿铁路的方案:

根据《公路与市政工程下穿高速铁路技术规程》(2018年4月执行)第3.0.8条规定,公路和市政道路应与高速铁路桥墩保持必要的距离。除桥梁外,其他下穿工程结构边缘线投影不应侵入高速铁路桥梁承台。

为满足本条规范要求,方案采用双八桥梁的形式穿越铁路限制路段,道路分为东西两幅采用"S"形曲线下穿铁路,西半幅采用缓和曲线45m+圆曲线R=250m+缓和曲线45m,东半幅采用缓和曲线45m+圆曲线R=200m+缓和曲线45m,满足50km/h设计时速,同时做到以下几点:

➢ 道路车行道投影与青盐铁路承台存在冲突,但采用桥梁的形式上跨承台,高程上避开冲突。

➢ 青盐铁路梁底标高只有7.65m,下承台标高为1.582m或2.09m,要保证安顺路4.5m净高需求。

➢ 安顺路跨越娄山河处,需满足娄山河50年一遇水位标高,而娄山河南侧河岸距离青盐③号墩只有38m,而娄山河桥面标高至少为5.41m,青盐③号墩满足4.5m净高的最小标高为3.15m,两者高差达2.26m,需向北改移河道,道路最大纵坡按4%控制。

四、横断面布置

充分考虑铁路桥墩的布局,横断面布置在满足规范的前提下,尽量压缩断面尺寸,降低对既有铁路的影响,下穿此节点标准断面形式为

3m-4m人行道+1.5~8m绿化带+0.5m防撞体+14.5m车行道+0.5m防撞体+3.5~10m中央分隔带+0.5m防撞体+14.5m车行道+0.5m防撞体+4m人行道(图4.2-5)。

五、道路纵断面设计

在充分考虑胶济货线净高、青盐铁路下承台标高及净高、娄山河桥梁标高等多方因素,安顺路此路段设计方案如下:

娄山河河道北移,最不利位置向北移28m,下穿此节点纵断最大纵坡为4%,坡长184m,满足50km/h设计时速,按照《城市道路路线设计规范》第7.2.4条规定:特大桥、大桥、中桥的桥面纵坡不宜大于4.0%,桥头引道纵坡不宜大于5.0%。4%的纵坡满足规范要求(图4.2-6、图4.2-7)。

第四章 总体方案

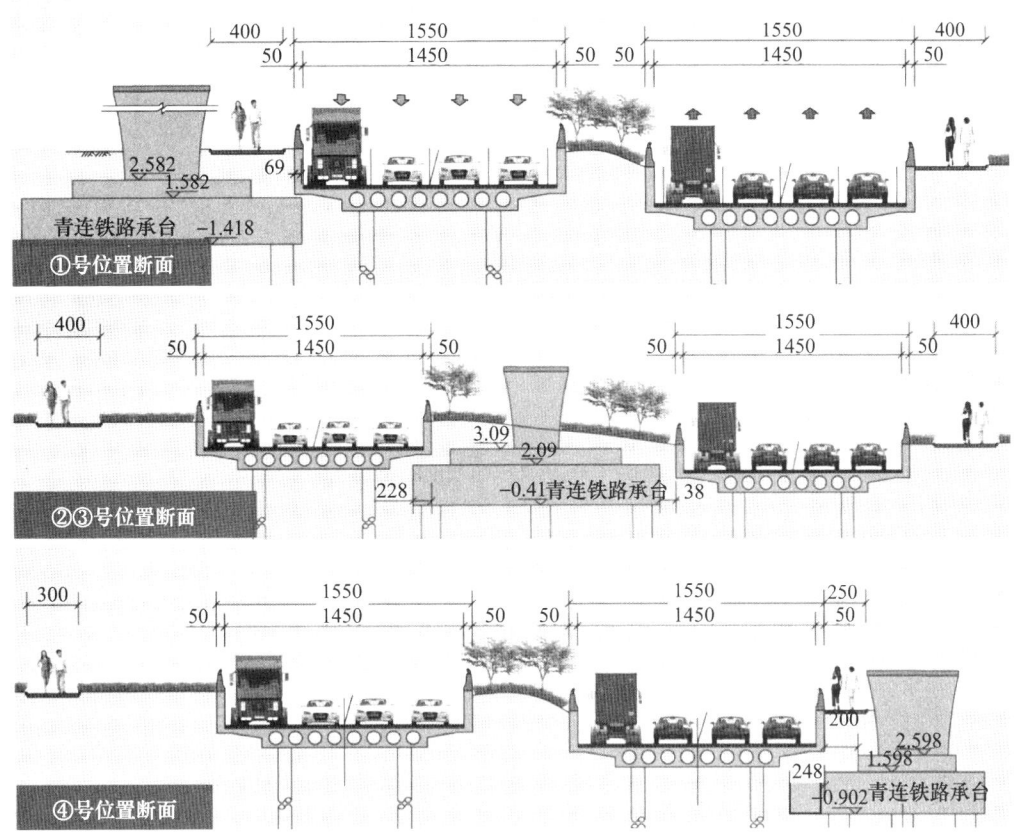

图 4.2-5 青盐铁路墩位置横断面布置

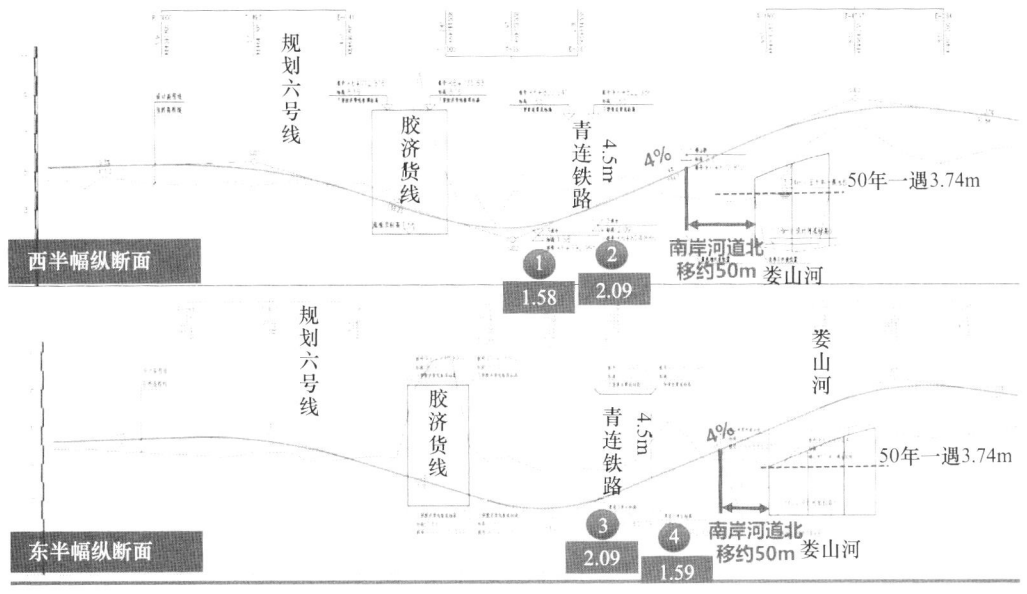

图 4.2-6 道路纵断面设计

图 4.2-7 下穿胶济青盐青荣铁路方案效果

第五章 涉铁节点详细方案

第一节 工程建设条件

一、建设位置与自然条件

1. 地形地貌

青岛地处胶东半岛西南部,东南濒临黄海,为海滨丘陵城市,总面积为10654km²,其中市区1102km²。全市地形特征呈东高西低,南北两侧隆起,中间凹陷。现代地貌轮廓是在漫长的地质历史发展中经过复杂的内外营力综合作用而成,其主要地貌单元为侵蚀构造地貌—低山、构造剥蚀地貌—丘陵、剥蚀堆积地貌—准平原、堆积地貌—洼地。

青岛属于华北暖温带沿海湿润季风区气候,受海洋调节的影响,冬无严寒,夏无酷暑,气候宜人。青岛气候温和,四季分明,具有春迟、夏凉、秋爽、冬长的气候特征。据团岛20年统计资料,青岛风向以 SE、N、NNW 向频率最高,分别占10%~12%。年平均风速5.5m/s,最大风速38m/s(ENE)。年平均受台风侵袭或受台风外围影响达13次。

青岛累年平均降水量为714mm,年最大降水量为1225.2mm,最小降水量347.4mm,73%的降水集中在6月至9月。按日降水量≥0.1mm/日计算,年平均降雨日为82天,最多116天,最少56天。累年平均暴雨日(即日降水量≥50mm)为2.9天,最多为7天。年最大降雪量270mm。

青岛年平均气温为12.3℃,累年各月平均气温,8月最高,1月最低,分别为25℃、-0.4℃。极端最高气温38.9℃,极端最低气温-20.5℃。青岛寒潮一般发生于11月至次年2月,平均每年发生4.9次,年均结冰日82天。青岛地区季节性冻土深度0.5米。青岛多年年平均相对湿度75%,以7月最大,达92%,11月最小,为64%。陆上水面蒸发量为1398.90mm,陆面蒸发量为521.70mm。

2. 水文地质

(1) 地表水

勘察期间,场区沿线的地表水系主要为穿越的东西向的几条河流(表5.1-1)。

表 5.1-1 场区沿线的地表水系河流信息

河流名称	穿越段河流宽度（m）	河道断面形式	河底现状	现状水位标高（m）	设计河底标高（m）	现状50年水位（m）	现状100年水位（m）
娄山河	60	矩形五滩地	河底堆满淤泥	1.40	1.08	4.24	4.44
娄山后河	120	矩形五滩地	河底堆满淤泥	1.50	1.17	4.05	4.28

（2）地下水

线路沿线所属地貌为滨海浅滩地貌，地下水主要赋存在第四系松散砂土层。场区地下水主要类型为第四系孔隙潜水、承压水。

沿线地下水主要为第四系孔隙潜水，主要分布于填土、第④层含淤泥粗～砾砂、第⑤层粗砂、第⑨层砾砂中，勘察期间钻孔测得稳定水位埋深0.10～7.00m，标高0.73～3.27m。本工程场区地下水主要接受大气降水和河流补给。

承压水主要分布于第⑪层砾砂和第⑫层砾砂中，第⑪层黏土为隔水层，勘察期间对部分钻孔的承压水水位进行了测量，G46号孔第⑪层承压水位2.7m，G48号孔第⑪层承压水位2.2m。第四系孔隙潜水和承压水存在一定的水力联系。

根据青岛地区经验，地下水季节性变幅不超过2米。由于场区线路总长约1.8km，且线路经过地地形变化大，造成场区沿线地下水水位标高变化大，下面将根据地下水类型和沿线周边环境按里程分段表示历年最高水位（表5.1-2、表5.1-3）。

表 5.1-2 场区沿线历年最高水位统计

项目	最高水位				
	起点—娄山河	娄山河	娄山河—娄山后河	娄山后河	娄山后河—终点
历年最高水位/m	4.00	4.44	4.00（出现在G25钻孔附近）	4.28	3.50

表 5.1-3 各岩土层水文地质特征及渗透系数建议值

层号和岩土名称	简要水文地质特征	渗透系数建议值（m/d）	透水性分级
第①层杂填土	分布广泛，孔隙度大，透水性较强	20	强透水
第①₁层、第①₂层、第①₃层素填土	第①₁层分布广泛，第①₂层和第①₃层分布局限，孔隙度大，透水性强	15	强透水
第④层含淤泥粗～砾砂	主要分布在滨海浅滩地貌单元，厚度不均，透水性中等	5	中等透水
第⑥层含有机质黏土	零星分布，主要分布于滨海浅滩地貌单元，厚度不均，透水性差	0.02	弱透水
第⑨层粗砂-砾砂	分布局限，颗粒分选较差，透水性强	30	强透水
第⑨₁层黏土	零星分布，厚度不均，透水性差	0.01	弱透水
第⑩层粉质黏土	分布局限，厚度不均，透水性差	0.01	弱透水
第⑪层黏土	分布较广泛，厚度不均，透水性差	0.01	弱透水

续表

层号和岩土名称	简要水文地质特征	渗透系数建议值（m/d）	透水性分级
第⑪$_1$层粗砂	零星分布，厚度不均，透水性强	30	强透水
第⑫层粗砂	分布广泛，厚度不均，透水性强	30	强透水
第⑫x$_1$层粉质黏土	零星分布，透水性差	0.01	弱透水
第⑬层黏土	分布广泛，透水性差	0.01	弱透水
第⑭层砾砂	分布广泛，厚度不均，透水性强	30	强透水
第⑯$_{-38-31}$层火山角砾岩强风化	分布局限，裂隙发育，赋水性和透水性稍好	0.3	弱透水
第⑰$_{-38-31}$层火山角砾岩中风化	分布广泛，裂隙较发育，赋水性和透水性弱	0.1	弱透水
第⑯$_{-38-13}$层泥质砂岩强风化	裂隙发育，赋水性和透水性稍好	0.1	弱透水
第⑰$_{-38-13}$层泥质砂岩中风化	裂隙较发育，赋水性和透水性弱	0.05	弱透水

3. 工程地质条件

根据钻探揭露，场区沿线第四系主要由全新统人工填土层（Q_4^{ml}）、全新统海相沉积层（Q_4^{mh}）、全新统洪冲积层（Q_4^{al+pl}）、上更新统海相沉积层（Q_3^{h}）、上更新统洪冲积层（Q_3^{al+pl}）组成，地层结构比较简单，层序清晰；下伏基岩主要为青山群八亩地组火山角砾岩（K1Q）和泥质砂岩（K1Q）。

本报告采用青岛市建委推广的《青岛市区第四系层序划分》标准地层划分原则，进行标准层序划分。本次勘察共揭示了13个标准层，6个亚层，评价以层为单位。现将各岩土层分布特征及其物理力学性质按地质年代由新到老、标准地层层序自上而下分述如下：

（1）第四系全新统人工填土层（Q_4^{ml}）

第①层 杂填土

广泛分布于整个场区。

揭露厚度：1.00～9.00m，层底高程：－4.46～4.06m。

灰褐色～黄褐色，松散～稍密，稍湿；顶部多为混凝土路面及碎石垫层，见大量回填建筑垃圾、粉煤灰、白泥等，见黏性土及粗砂、碎石，偶见生活垃圾。该层填土据了解回填时间均大于10年，由于其强度较低，均匀性较差，未发现湿陷性，未经处理不宜直接作为基础持力层使用。

第①$_1$层 素填土

该层广泛分布，厚度不均。

揭露厚度：0.70～4.50m，层底高程：－3.78～2.22m。

黄褐色，干燥，松散～稍密，回填黏性土、粗砂为主，混少量碎石、砖块等建筑垃圾，粒径为3～8cm。

经现场调查了解，沿线除局部为新近回填土外，其余地段回填年限5～15年。该层土厚度分布差异性大，成分极不均匀，结构性差，未发现湿陷性，不经处理不能作为持力层使用。

第①$_2$层 素填土

该层在场区仅在 G18、G20、G50 号孔揭露。

揭露厚度：2.00~3.00m，层底高程：-0.26~2.40m。

灰色，稍湿，松散，以回填粉煤灰为主，夹少量建筑垃圾、块石、碎石。该层填土据了解回填时间均大于 10 年，由于其强度较低，均匀性较差，未发现湿陷性，未经处理不宜直接作为基础持力层使用。

第①$_3$层 素填土

该层在场区娄山河以南多揭露。

揭露厚度 0.90~4.20m，层底高程-2.42~1.27m。

乳白色，饱和，以回填白色碱泥为主，夹有少量碎石、块石。

该层填土据了解回填时间均大于 10 年，该层土为 1965 年—1986 年回填，由于其强度较低，均匀性较差，未发现湿陷性，未经处理不宜直接作为基础持力层使用。

第①$_4$层 素填土

该层多在场区娄山后河处揭露。

揭露厚度：0.30~1.20m，层底高程：-1.94~1.60m。

黑灰色，饱和，流塑，以回填海相沉积的淤泥为主，嗅有腥味，夹有建筑垃圾、碎石。该层进行了标准贯入试验 6 次，贯入技术平均值为 4 击。

该层填土据了解回填时间均大于 10 年，由于其强度较低，均匀性较差，未发现湿陷性，未经处理不宜直接作为基础持力层使用。

综上，场区未见压实填土，除第①$_3$层素填土（1965 年—1986 年回填）外，其他层填土回填年限 5~15 年，填土强度低，均匀性差，未发现湿陷性，未经处理不宜直接作为基础持力层使用。

（2）第四系全新统海相沉积层（Q_4^{mh}）

第④层 含淤泥粗~砾砂

该层在场区滨海浅滩地貌单元广泛揭露。

揭露层厚：0.50~7.00m，层底标高：-6.52~0.16m。

灰褐色~灰黑色，饱和，松散；以长石、石英为主要矿物成分，含 10% 有机质土，颗粒部分胶结，略有腥臭味，未见贝壳，局部见淤泥夹层。

该层地基承载力特征值 $f_{ak}=70$kPa，变形模量 $E_0=4.0$MPa。

第⑥层 含有机质黏土

该层仅在场区 G60、G64、G66、Q17、Q22 中揭露。

揭露层厚：0.40~1.00m，层底标高：-4.74~-1.44m。

灰色，软塑；韧性差，刀切面较光滑，黏滞力强，干强度较低。有机质含量较高，有腥臭味。

该层地基承载力特征值 $f_{ak}=70$ kPa，压缩模量 $E_{S1-2}=4.47$ MPa。

（3）第四系全新统洪冲积层（Q_4^{al+pl}）

第⑨层 砾砂

该层在娄山河及娄山后河周边多有揭露。

揭露层厚：0.70～4.80m，层底标高：－5.88～－2.33m。

黄褐色，饱和，稍密—中密；以长石、石英为主要矿物成分，分选较差，磨圆一般，胶结较差，黏性土含量约为10%，未见贝壳，局部见黏性土夹层。

该层地基承载力特征值 $f_{ak}=200$ kPa，变形模量 $E_0=10.0$ MPa。

第⑨$_1$层 黏土

分布局限，该层仅在G43、L12号钻孔揭露。

揭露层厚：1.10～3.30m，层底标高：－4.88～－4.80m。

褐黄色，可塑，切面较光滑，韧性好，干强度中等，见铁锰氧化物结核，含少量粗砂及风化碎屑，具有中压缩性。该层进行标准贯入试验2次，分别为9击和12击。

该层地基承载力特征值 $f_{ak}=200$ kPa，变形模量 $E_{S1-2}=6.0$ MPa。

（4）第四系上更新统海相沉积层（Q_3^m）

第⑩层 粉质黏土

该层在场区南段广泛揭露，约30个孔揭露该层。

揭露层厚：0.50～3.80m，层底标高：－9.23～－3.33m。

黄绿色，可塑，含锈黄色铁锰氧化物，韧性好，刀切面光滑，夹有姜石，粒径为2～5cm，干强度中等。

该层地基承载力特征值 $f_{ak}=220$ kPa，压缩模量 $E_{S1-2}=5.9$ MPa。

（5）第四系上更新统洪冲积层（Q_3^{al+pl}）

第⑪层 黏土

该层在场区内广泛分布。

揭露层厚：0.40～14.40m，层底标高：－18.95～－3.69m。

黄褐色，可塑，切面较光滑，韧性高，干强度高，见铁锰氧化物结核，夹灰白色高岭土条带，含少量粗砂及风化碎屑，具有中压缩性。

该层地基承载力特征值 $f_{ak}=250$ kPa，压缩模量 $E_{S1-2}=8.56$ MPa。

第⑪$_1$层 砾砂

该层在场区内零星分布，主要以夹层的形式分布在第⑪层中。

揭露层厚：0.40～2.30m，层底标高：－9.75～－4.48m。

黄褐色，饱和，中密；以长石、石英为主要矿物成分，分选较差，磨圆一般，含较多黏性土。

该层地基承载力特征值 $f_{ak}=320$ kPa，变形模量 $E_0=25.0$ MPa。

第⑫层 砾砂

该层在场区内广泛分布。

揭露层厚：0.50~9.00m，层底标高：-17.84~-5.09m。

黄褐色，饱和，中密—密实；以长石、石英为主要矿物成分，分选较差，磨圆一般，含较多黏性土。

该层地基承载力特征值 $f_{ak}=350$kPa，变形模量 $E_0=30.0$MPa。

第⑫$_1$层 粉质黏土

该层在场区内零星分布，主要以夹层的形式分布在第⑫层中，仅在Q4号孔揭露。

揭露层厚：1.00m，层底标高：-11.18m。

黄褐色，可塑，切面较光滑，韧性高，干强度高，见铁锰氧化物结核，夹灰白色高岭土条带，含少量粗砂及风化碎屑，具有中压缩性。

该层地基承载力特征值 $f_{ak}=250$kPa，压缩模量 $E_{S1-2}=4.93$MPa。

第⑬层 黏土

该层在场区内广泛分布。

揭露层厚：0.90~7.50m，层底标高：-19.26~-5.99m。

黄褐色，可塑—硬塑，切面较光滑，韧性高，干强度高，见铁锰氧化物结核，夹灰白色高岭土条带，含少量粗砂及风化碎屑，具有中压缩性。

该层地基承载力特征值 $f_{ak}=280$kPa，压缩模量 $E_{S1-2}=9.80$MPa。

第⑭层 砾砂

该层在场区内广泛分布。

揭露层厚：1.00~6.70m，层底标高：-23.55~-15.23m。

黄褐色，饱和，密实；以长石、石英为主要矿物成分，分选较差，磨圆一般，含较多黏性土。

该层地基承载力特征值 $f_{ak}=400$kPa，变形模量 $E_0=30.0$MPa。

(6) 基岩

仅在桥梁段揭露岩石；道路沿线基岩主要为青山群八亩地组火山角砾岩和泥质砂岩。由于长期受内外地质营力作用，道路沿线岩体物理力学性质在空间上发生了不同程度的变化，自上而下形成了性状各异的风化带。现将道路沿线基岩按不同岩性、不同风化带分述如下：

1) 火山角砾岩（K_1Q）

第⑯$_{-38-31}$层强风化火山角砾岩

本次勘察由于钻探深度限制，仅在小里程段和桥梁位置揭露该层。

揭露厚度：0.20~9.00m，层顶高程：-31.18~-7.96m。

浅紫色，角砾结构，块状构造；以角闪石、辉石为其主要矿物成分，矿物蚀变强烈，岩芯手搓呈砂土状~角砾状。该层共进行标准贯入试验6次，50击贯入深度15~25cm。

该层岩体属极破碎的软岩，岩体基本质量等级Ⅴ级。

地基承载力特征值 $f_{ak}=600$kPa，变形模量 $E_0=40$MPa。

第⑰$_{-38-31}$层中等风化火山角砾岩

本次勘察由于钻探深度限制，仅在小里程段和桥梁位置揭露该层。

揭露厚度：2.00～9.00m，层顶高程：－26.33～－8.67m。

浅紫色，角砾结构，块状构造；以角闪石、辉石为其主要矿物成分，矿物蚀变中等，岩芯呈短柱状—块状，柱长10～20cm，块径3～5cm。该层岩芯点荷载试验结果如下（表5.1-4）。

表5.1-4　岩芯点荷载试验结果

项目	特征值						
	平均值 f_m	最大值 max	最小值 min	标准差 σ	变异系数 δ	统计个数 n	标准值
单轴抗压强度 f_r/MPa	32.0	43.4	19.1	10.203	0.279	6	23.6

揭露段岩体完整指数 k_v 一般为0.30～0.40，属较破碎～破碎的较软岩～较硬岩，岩体基本质量等级Ⅳ～Ⅴ级。

地基承载力特征值 $f_{ak}=2000$kPa，弹性模量 $E=5\times10^3$MPa。

2）泥质砂岩（K1Q）

第⑯$_{-38-13}$层强风化泥质砂岩

本次勘察由于钻探深度限制，仅在小里程段和桥梁位置揭露该层。

揭露厚度：0.60～6.80m，层顶高程：－28.78～21.38m。

砖红色，砂质结构，层状构造，具水平层理，发育裂隙，矿物成分主要为长石、石英，胶结物为黏土矿物，矿物蚀变强烈，岩芯手搓呈土状。

该层岩体属极破碎的软岩，岩体基本质量等级Ⅴ级。

地基承载力特征值 $f_{ak}=500$kPa，变形模量 $E_0=40$MPa

第⑰$_{-38-13}$层中等风化泥质砂岩

本次勘察由于钻探深度限制，仅在小里程段和桥梁位置揭露该层。

揭露厚度：0.50～3.70m，层顶高程：－30.68～－22.42m。

砖红色，砂质结构，层状构造，具水平层理，发育裂隙，矿物成分主要为长石、石英，胶结物为黏土矿物，矿物蚀变中等，岩芯呈块状为主，敲击易断，声音暗哑。

揭露段岩体完整指数 k_v 一般为0.30～0.40，属较破碎～破碎的较软岩～软岩，岩体基本质量等级Ⅳ～Ⅴ级。

地基承载力特征值 $f_{ak}=1000$kPa，弹性模量 $E=5\times10^3$MPa。

4. 各岩土层物理力学特征参数

各土层地基承载力特征值 f_{a0}（kPa）根据有关规范规定，按土层物理指标、强度指标，结合标准贯入试验击数 N，以及地区工程经验综合确定，物理力学指标及土、石工程分级汇总如表5.1-5所示。

表 5.1-5　物理力学指标及土、石工程分级汇总

层号	岩土层名称	f_a/f_{ak}/(kPa)	$E_{s1\sim2}/E_0$/(MPa)	Γ(kN/m³)	CkPa	ϕ度	土石等级	土石类别
1	杂填土	/	/	19.0	/	*18	Ⅱ	普通土
1-1	素填土	/	/	19.0	/	*20	Ⅱ	普通土
1-2	素填土	/	/	19.0	/	*18	Ⅱ	普通土
1-3	素填土	/	/	18.0	/	/	Ⅰ	松土
1-4	素填土	/	/	18.0	/	/	Ⅰ	松土
4	含淤泥粗~砾砂	70	4.0	19.2	/	*25	Ⅰ	松土
5	粗砂	160	8.0	20.0	/	*30	Ⅰ	松土
6	含有机质黏土	70	4.47	18.0	11.2	6.5	Ⅰ	松土
9	砾砂	200	10	20.0	/	*33	Ⅰ	松土
9-1	黏土	200	10.33	19.4	37.6	18.4	Ⅱ	普通土
10	粉质黏土	220	5.90	19.7	24.9	12.2	Ⅱ	普通土
11	黏土	250	8.56	19.6	37.5	16.1	Ⅱ	普通土
11-1	砾砂	320	25	20.0	/	*33	Ⅲ	硬土
12	砾砂	350	30	20.0	/	*35	Ⅲ	硬土
12-1	粉质黏土	250	4.93	19.7	14.6	5.6	Ⅱ	普通土
13	黏土	250	9.80	19.6	41.3	17.4	Ⅲ	硬土
14	砾砂	400	30	20.0	/	*36	Ⅲ	硬土
16-38-31	强风化火山角砾岩	600	40	/	/	/	Ⅴ	软石
16-38-13	强风化泥质砂岩	500	40	/	/	/	Ⅴ	软石
17-38-31	中风化火山角砾岩	2000	5×10^3	/	/	/	Ⅵ	次软石
17-38-13	中风化泥质砂岩	1000	5×10^3	/	/	/	Ⅵ	次软石

注：f_a/f_{ak}：地基承载力特征值；$E_{s1\sim2}$：压缩模量，E_0：变形模量，E：弹性模量；γ：重力密度；直剪试验 C：黏聚力；ϕ：内摩擦角（带*为等效内摩擦角）。

5. 地质构造

从现有地质资料分析，场区不存在直接影响拟建工程施工及运营稳定性的活动断裂，尚未发现有较大的区域性断裂于场地内通过，从区域地质构造特征、新构造运动、历史地震背景等条件分析，区域性场地相对稳定。

6. 不良地质作用与特殊岩土性

勘察期间，根据现场勘察资料分析，本场地范围内对工程有不利影响的特殊性岩土，除人工填土、软土、风化岩外，未发现膨胀土及残积土等其他特殊性岩土分布。场区未见滑坡、崩塌、震陷、泥石流等影响场地稳定性的不良地质作用，场区内未见地下暗河、防空洞、孤石等对工程不利的埋藏物。

（1）人工填土

本段普遍分布有人工填土层，包括素填土、杂填土。第①₁层杂填土以回填砂土、碎石、粉煤灰、砖屑、建筑垃圾为主，成分杂乱；第①₁层素填土以回填砂土、黏性土

为主；第①$_2$层素填土以回填粉煤灰为主；第①$_3$层素填土以回填白泥为主；第①$_1$层素填土以回填海相沉积的淤泥为主。人工填土层土质不均，工程性质差，回填年限不一，属于欠固结土。该层整体强度较低，力学性质差异较大，稳定性差。

以上地层对拟建工程的主要影响：若作为拟建物地基，其状态松散，成份不均匀，地基承载力不能满足要求，且部分地段填土垂直变异性大，易产生不均匀沉降；作为基坑边坡，其稳定性差，在支护措施不完善且不及时的情况下，易坍塌；在桩基施工过程中，由于人工填土在局部范围不同深度处回填有大块碎石，较易产生沉桩困难或桩身弯曲现象；同时桩身在穿越呈欠固结状态的人工填土时，应考虑桩侧负摩阻力对桩基承载力及沉降的影响。

（2）软土

本段的软土主要为第⑥层含有机质黏土。

第⑥层含有机质黏土：灰黑色，流塑～软塑，夹贝壳碎屑及有机质、腐殖质，有腥臭味。该层属高压缩性土、具触变性及中等灵敏性，透水性差。

以上土层对拟建工程的主要影响：若作为拟建物地基，上述土层属于软弱地基，压缩性大，地基承载力不能满足要求；若其上覆土层作为拟建物地基，则其属于软弱下卧层，易产生基础沉降；作为基坑边坡，其稳定性差，在支护措施不完善且不及时的情况下，其上覆土层易产生整体滑塌；在桩基施工过程中，由于上述土层具流动性且透水性差，在成桩时应适当安排好施工顺序，务必不要在基坑周边堆土且及时做好防雨措施，以防止产生侧向土压力或超孔隙水压力造成桩身弯曲；桩身在穿越该层时，应考虑桩侧负摩阻力对桩基承载力及沉降的影响；成桩过程中容易缩颈、塌孔。

（3）风化岩

本场区揭露的具有特殊性岩土性状的风化岩为强风化火山角砾岩、泥质砂岩，风化带多沿节理发育，并受区域构造和地形地貌的影响，风化厚度变化较大，风化不均匀，未发现孤石和软弱夹层，局部缺失，局部富水。场区的风化岩具有遇水易软化，长时间暴露易加速风化，对于本工程桩基础地基均匀性有一定影响。

不良地质作用及不利埋藏物：沿线地貌类型简单，地层结构清晰，勘察期间，拟建场地及其附近未发现大的活动性断裂及新构造运动迹象，基底地质构造背景稳定。拟建场地未见岩溶、滑坡、崩塌、泥石流、采空区、地面沉降、地裂缝、地震液化土层等不良地质作用。勘察过程中未发现埋藏的河道、沟浜、墓穴、防空洞、孤石等对工程不利的埋藏物。

7. 抗震设计参数

根据《建筑抗震设计规范》（GB 50011—2010）（2016年版）、《中国地震动参数区划图》（GB 18306—2015），拟建场地位于青岛市李沧区、城阳区，抗震设防烈度为7度，设计基本地震加速度值为0.10g，特征周期0.40s（Ⅱ类场地），属设计地震第二组。

8. 场地土类型及场地类别

场地覆盖层等效剪切波速 $V_{se}=162.6\sim215.3$m/秒，结合规划道路标高，场地覆盖层厚度为 23.7～28.0m，场地类别为Ⅱ类。

9. 水土腐蚀性评价

（1）地下水腐蚀评价

依据《岩土工程勘察规范》（GB 50021—2001）（2009 年版）规定，拟建场区属Ⅱ类环境类型，按 A 类透水层的条件不利因素综合判定：场区地下水对混凝土结构在有干湿交替作用时为强腐蚀性，无干湿交替作用时为中腐蚀性，按地层渗透性水对混凝土结构具中腐蚀性；对钢筋混凝土结构中的钢筋在干湿交替环境下具强腐蚀性，对钢筋混凝土结构中的钢筋在长期浸水环境下的腐蚀性需要专门研究。

（2）岩土腐蚀评价

依据《岩土工程勘察规范》（GB 50021—2001）（2009 版）规定，场区按Ⅲ类环境类型考虑，场地土对混凝土结构具有弱腐蚀性，按地层渗透性 A 对混凝土结构具有微腐蚀性，对钢筋混凝土结构中钢筋具有强腐蚀性。

10. 结论及建议

（1）拟建道路场区自南向北整体平缓，仅在里程 K7＋304～K7＋450 段位于石料场中，场区内堆放了大量的碎石渣。勘察期间，钻孔孔口标高为 1.44～10.81m。场区地貌类型为滨海浅滩—侵蚀堆积地貌，后经人工开挖回填改造。

根据钻探揭露，场区沿线第四系主要由全新统人工填土层（Q_4^{ml}）、全新统海相沉积层（Q_4^{mh}）、全新统洪冲积层（Q_4^{al+pl}），上更新统海相沉积层（Q_3^{h}）、上更新统洪冲积层（Q_3^{al+pl}）组成，地层结构比较简单，层序清晰；下伏基岩主要为青山群八亩地组火山角砾岩（K_1^Q）和泥质砂岩（K_1^Q）。

（2）线路沿线所属地貌为滨海浅滩～侵蚀堆积地貌，地下水主要赋存在第四系松散砂土层及基岩的裂隙中。场区地下水主要类型为第四系孔隙潜水、承压水及基岩裂隙水。勘察期间钻孔测得第四系孔隙潜水稳定水位埋深 0.10～7.00m，标高 0.73～4.75m。

（3）里程 K5＋600～K7＋500 场区地下水对混凝土结构在有干湿交替作用时为强腐蚀性，无干湿交替作用时为中腐蚀性，按地层渗透性水对混凝土结构具中腐蚀性；对钢筋混凝土结构中的钢筋在干湿交替环境下具有强腐蚀性，对钢筋混凝土结构中的钢筋在长期浸水环境下的腐蚀性需要专门研究。

（4）勘察期间，根据现场勘察资料分析，本场地范围内对工程有不利影响的特殊性岩土除人工填土、软土、风化岩外，未发现膨胀土及残积土等其他特殊性岩土分布。未见滑坡、崩塌、泥石流等不良地质作用及暗埋的河道、沟浜、湖泊、墓穴等对建筑不利的埋藏物。场地稳定性及建筑适宜性一般，属对建筑抗震不利地段，抗震设计时应该采取有效措施确保拟建工程的安全。

（5）拟建场地抗震设防烈度为 7 度，设计基本地震加速度值为 0.10g，场地类别为

Ⅱ类,特征周期0.40s,属设计地震第二组。

(6) 本场区揭露的第④层含淤泥粗~砾砂根据液化判别结果显示该层为液化土层,液化等级为中等—严重。

(7) 沿线路基土干湿类型为干燥类型。

(8) 青岛地区场地土的标准冻结深度为0.50m。

二、工程现状

1. 既有铁路现状

本项目设计范围内涉铁的既有铁路有胶济铁路、青盐铁路、青荣城际、胶济客专,既有铁路概况及技术标准如表5.1-6所示。

表5.1-6 既有铁路概况及技术标准

序号	铁路名称	类别	线路等级	设计时速(km/h)	轨道类型	铁路区间	设计时速(km/h)
1	胶济铁路	国铁Ⅰ级	干线	160	有砟	青岛北—娄山	120
2	青盐铁路	高速铁路	高速铁路	200	有砟	青岛北—石家村(线路所)	100
3	青荣城际	高速铁路	高速铁路	250	有砟	青岛北—刘家(线路所)	120
4	胶济客专	高速铁路	高速铁路	200	有砟	青岛北—城阳	200

2. 交叉位置既有铁路桥涵构筑物概况

(1) 胶济铁路

规划安顺路在胶济铁路改右 HDIK20+213.941-(10.26+20.51+20.51+10.26) m 框构下穿。此工程为青荣城际引入青岛枢纽青岛北开通应急配套工程,于2014年开通运营。既有设备台账信息:桥045A,运营中心里程胶济K20+219.07(图5.1-1至图5.1-4)。

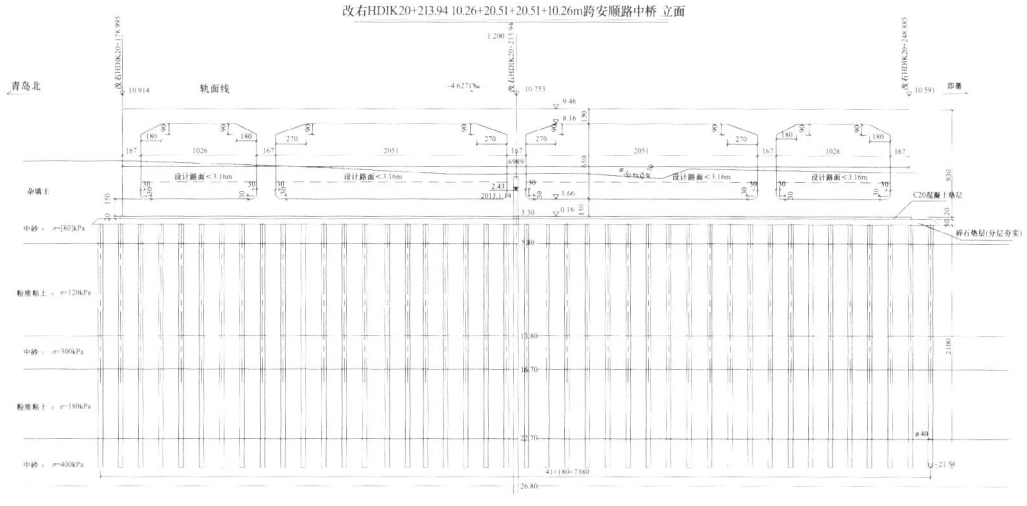

图5.1-1 胶济铁路跨规划安顺路框构桥断面

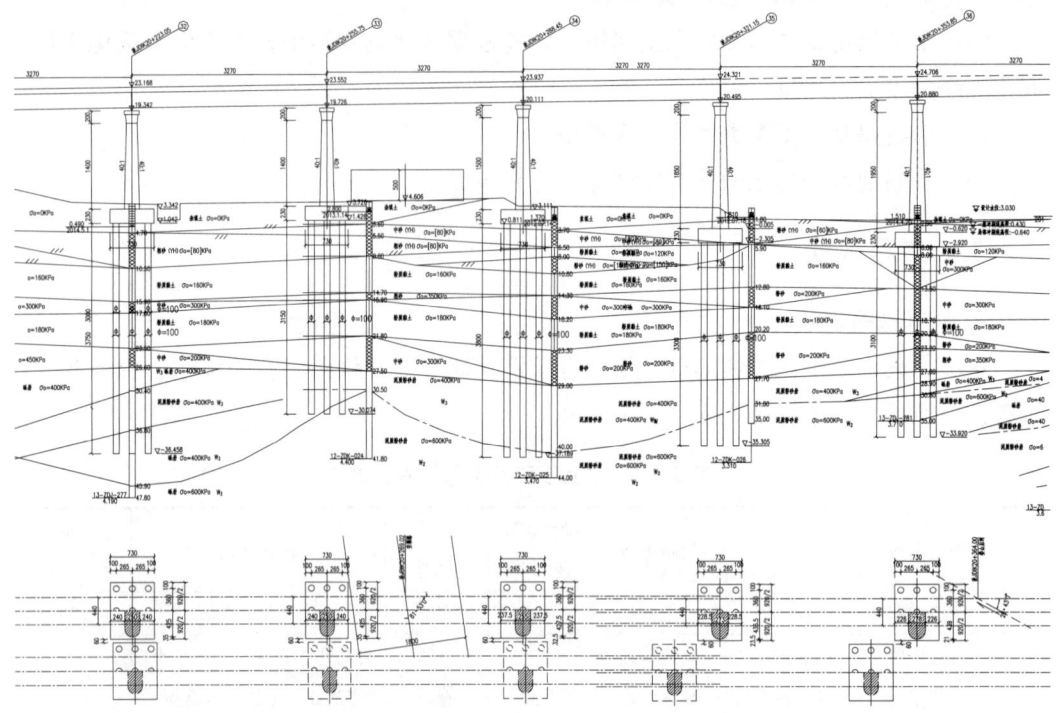

图 5.1-2　胶济客线娄山河特大桥 32～36 号桥墩立面布置

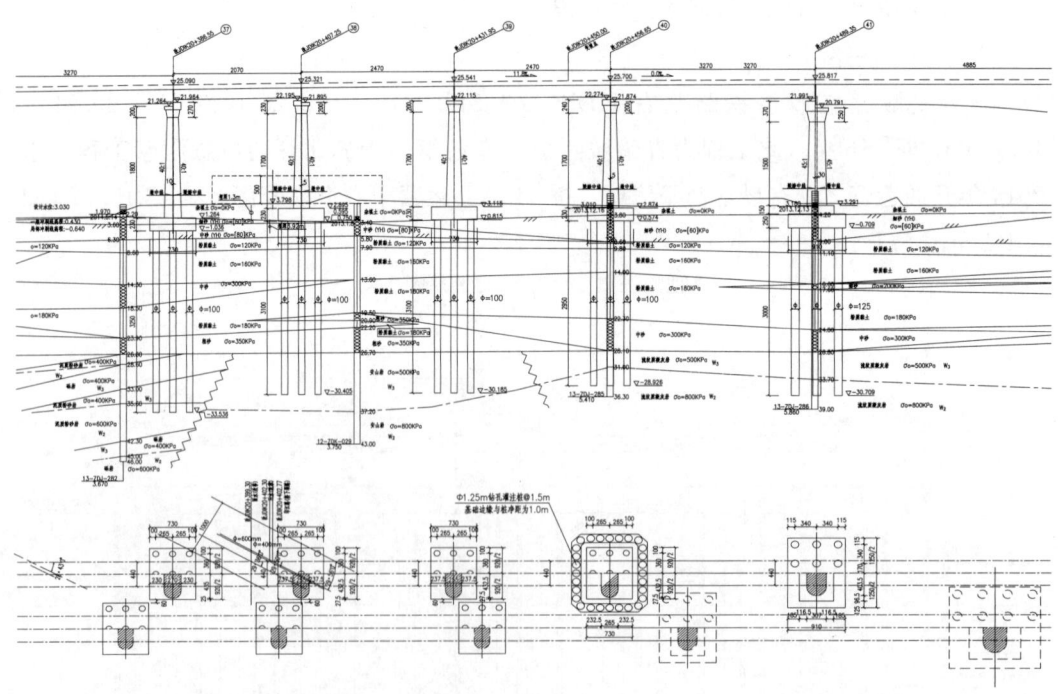

图 5.1-3　胶济客线娄山河特大桥 37～41 号桥墩立面布置

图 5.1-4 胶济铁路跨规划安顺路框构桥现场实景

（2）青盐铁路

规划安顺路道路及相关配套市政管线、管廊工程在青盐铁路青跨娄山河特大桥青方台～9号墩范围下穿。青岛至连云港铁路工程跨娄山河特大桥，线路等级为客货共线，此段设计速度目标值：200km/h，轨道标准为有砟轨道。下穿范围青盐铁路为 1－(30.9＋40＋40＋30.9)m 预应力混凝土连续箱梁＋3-32m＋1-24m＋1-32m 简支箱梁，桥台为一字型桥台，桥墩为圆端形桥墩，桥梁基础为群桩基础，青方台、0～1、4号墩桩基础为摩擦桩设计，2～3号、5～9号墩墩为柱桩设计（表 5.1-7、图 5.1-5 至图 5.1-7）。

表 5.1-7 青盐铁路跨娄山河特大桥设计参数

墩台号	桥梁跨度	梁型	墩台类型	基础类型	桩基布置	承台尺寸（下承台）	承台尺寸（上承台）	桩底持力层岩土类别/承载力/Kpa
青方台	31.05	连续箱梁	一字台	摩擦桩	12×1m	7.6×10.4×2m		角砾凝灰岩/400
0	40	连续箱梁	圆端形桥墩	摩擦桩	10×1.25m	8.1×12.5×2.5m	4.5×9.3×1m	角砾凝灰岩/400
1	40	连续箱梁	圆端形桥墩	摩擦桩	10×1.5m	9.6×14.4×3m	5.6×10.6×1m	流纹质凝灰岩/800
2	40	连续箱梁	圆端形桥墩	柱桩	10×1.25m	8.1×12.5×2.5m	4.5×9.3×1m	流纹质凝灰岩/800
3	31	连续箱梁	圆端形桥墩	柱桩	10×1.25m	8.1×12.5×2.5m	4.5×9.3×1m	流纹质凝灰岩/800
4	32.86	简支箱梁	圆端形桥墩	摩擦桩	10×1m	7.0×10.4×2m	3.6×9.0×1m	角砾凝灰岩/600
5	32.86	简支箱梁	圆端形桥墩	柱桩	9×1m	6.4×9.6×2m	3.0×6.7×0.6m	流纹质凝灰岩/800
6	32.85	简支箱梁	圆端形桥墩	柱桩	9×1m	6.4×9.6×2m	3.0×6.7×0.6m	流纹质凝灰岩/800
7	24.84	简支箱梁	圆端形桥墩	柱桩	8×1m	4.2×8.6×2m		流纹质凝灰岩/800

续表

墩台号	桥梁跨度	梁型	墩台类型	基础类型	桩基布置	承台尺寸（下承台）	承台尺寸（上承台）	桩底持力层岩土类别/承载力/Kpa
8	32.84	简支箱梁	圆端形桥墩	柱桩	8×1m	4.2×8.6×2m		流纹质凝灰岩/800
9			圆端形桥墩	柱桩		6.4×9.6×2m	3.0×6.7×0.6m	流纹质凝灰岩/800

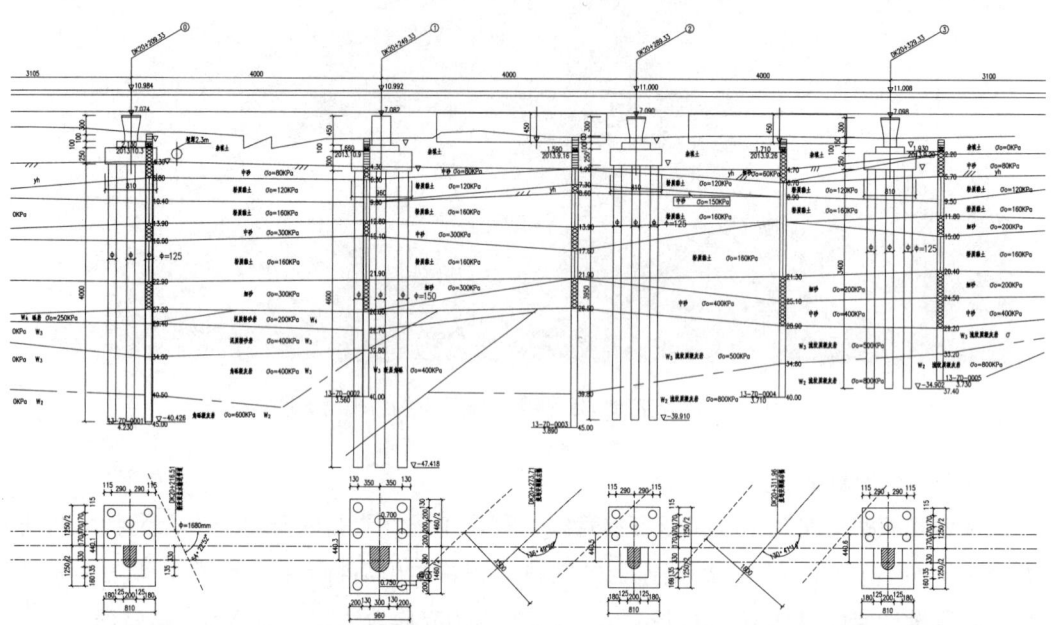

图 5.1-5 青盐铁路跨娄山河特大桥 0~3 号桥墩立面布置

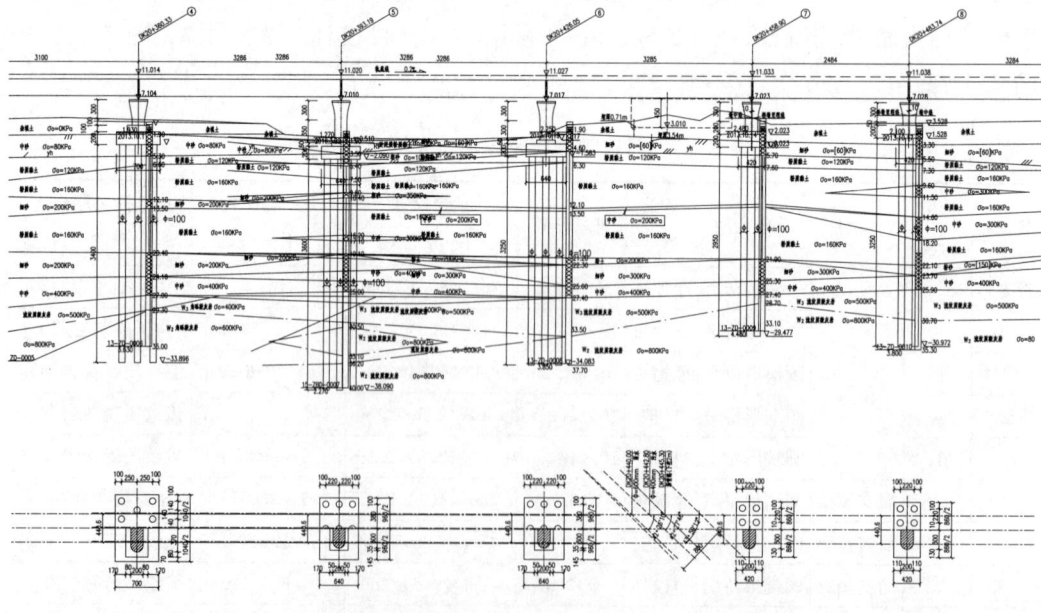

图 5.1-6 青盐铁路跨娄山河特大桥 4~8 号桥墩立面布置

第五章 涉铁节点详细方案

图 5.1-7 青盐铁路跨娄山河特大桥现场实景

(3) 青荣城际

规划安顺路道路及相关配套市政管线、管廊工程在青荣城际娄山特大桥 31～41 号墩范围下穿。青岛至荣成城际铁路工程青荣正线娄山特大桥，其主要技术标准如下：线路等级为城际铁路，此段设计速度目标值：250km/h，轨道标准：有砟轨道，设计荷载：ZK 活载。

下穿范围青荣城际孔跨布置：3-32m＋1-24m＋2-32m＋1-24m＋2-32m 简支 T 梁＋1－（48＋80＋48）m 连续箱梁，桥墩为圆端形桥墩，桥梁基础为群桩基础，桥梁基础为摩擦（柱桩）基础（表 5.1-8，图 5.1-8 至图 5.1-10）。

表 5.1-8 青荣城际娄山特大桥设计参数

墩台号	桥梁跨度	梁型	墩台类型	基础类型	桩基布置	承台尺寸（下承台）	承台尺寸（上承台）	桩底持力层岩土类别/承载力/Kpa
31	32.7	简支 T 梁	圆端形桥墩	摩擦桩	9×1m	7.3×9.2×2.3m		砾岩/400
32	32.7	简支 T 梁	圆端形桥墩	摩擦桩	9×1m	7.3×9.2×2.3m		砾岩/400
33	32.7	简支 T 梁	圆端形桥墩	摩擦桩	9×1m	7.3×9.2×2.3m		砾岩/400
34	24.7	简支 T 梁	圆端形桥墩	摩擦桩	9×1m	7.3×9.2×2.3m		泥质粉砂岩/600
35	32.7	简支 T 梁	圆端形桥墩	摩擦桩	9×1m	7.3×9.2×2.3m		泥质粉砂岩/600
36	32.7	简支 T 梁	圆端形桥墩	摩擦桩	9×1m	7.3×9.2×2.3m		砾岩/400
37	24.7	简支 T 梁	圆端形桥墩	摩擦桩	9×1m	7.3×9.2×2.3m		安山岩/500
38	32.7	简支 T 梁	圆端形桥墩	摩擦桩	9×1m	7.3×9.2×2.3m		安山岩/500
39	32.7	简支 T 梁	圆端形桥墩	柱桩	9×1m	7.3×9.2×2.3m		流纹质凝灰岩/800

续表

墩台号	桥梁跨度	梁型	墩台类型	基础类型	桩基布置	承台尺寸（下承台）	承台尺寸（上承台）	桩底持力层岩土类别/承载力/Kpa
40	48.85	连续箱梁	圆端形桥墩	柱桩	12×1.25m	9.1×12.5×2.5m	5.4×10×1.5m	流纹质凝灰岩/800
41	80		圆端形桥墩	柱桩	16×1.5m	14.6×14.6×3m	8.2×11.3×2.5m	流纹质凝灰岩/800
42	48.85		圆端形桥墩	柱桩	16×1.5m	14.6×14.6×3m	8.2×11.3×2.5m	流纹质凝灰岩/800
43			圆端形桥墩	柱桩	12×1.25m	9.1×12.5×2.5m	5.4×10×1.5m	安山岩/800

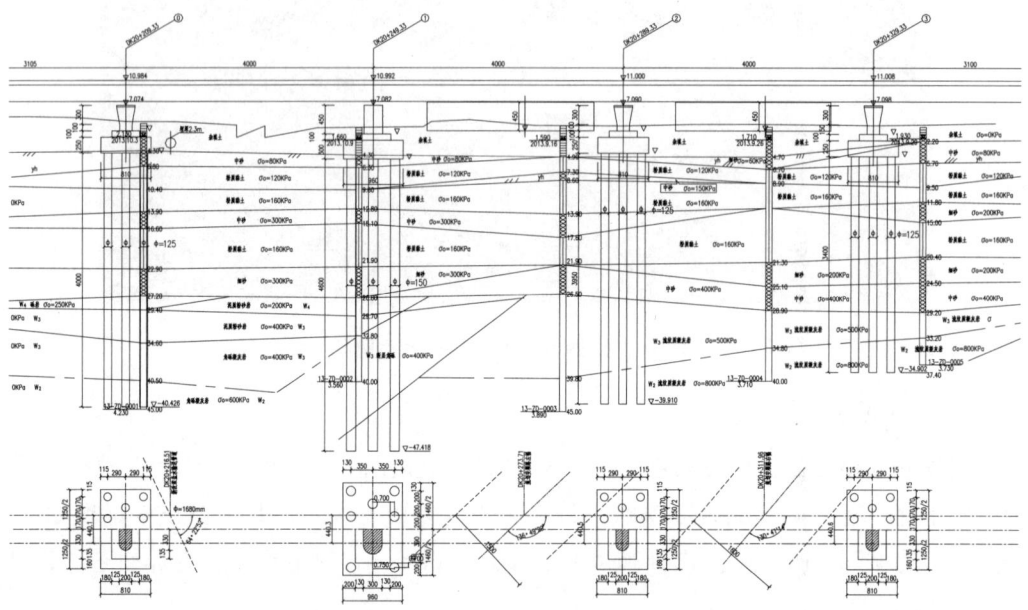

图 5.1-8　青荣正线娄山特大桥 32 号墩～36 号墩立面布置

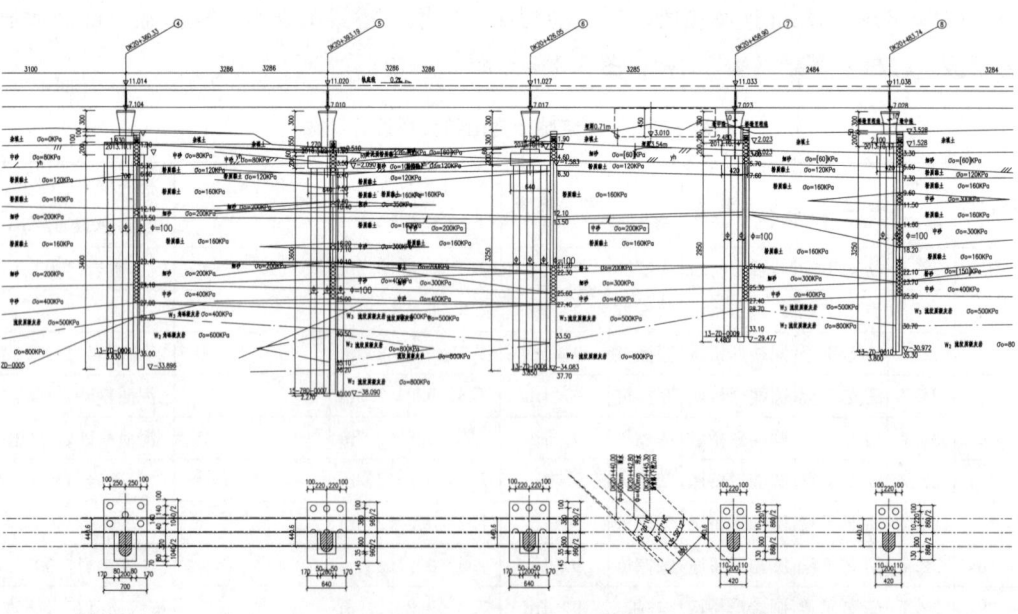

图 5.1-9　青荣正线娄山特大桥 37 号墩～41 号墩立面布置

图 5.1-10 青荣城际娄山特大桥现场实景

(4) 胶济客专

规划安顺路道路及相关配套市政管线、管廊工程在胶济客专娄山特大桥 31～41 号墩范围下穿。青荣城际铁路引入青岛枢纽相关工程胶济客线娄山特大桥,其主要技术标准如下:线路等级:客运专线,此段设计速度目标值:200km/h,轨道标准:有砟轨道,设计荷载:ZK 活载。

下穿范围青荣城际孔跨布置:7-32m＋1－20m＋2－24m 简支 T 梁＋1－(48＋80＋48) m 连续箱梁,桥墩为圆端形桥墩,桥梁基础为群桩基础,桥梁基础为摩擦(柱桩)基础(表 5.1-9、图 5.1-11 至图 5.1-13)。

表 5.1-9 胶济客专娄山特大桥设计参数

墩台号	桥梁跨度	梁型	墩台类型	基础类型	桩基布置	承台尺寸（下承台）	承台尺寸（上承台）	桩底持力层岩土类别/承载力/Kpa
31	32.7	简支 T 梁	圆端形桥墩	摩擦桩	9×1m	7.3×9.2×2.3m		砾岩/400
32	32.7	简支 T 梁	圆端形桥墩	摩擦桩	9×1m	7.3×9.2×2.3m		砾岩/400
33	32.7	简支 T 梁	圆端形桥墩	摩擦桩	9×1m	7.3×9.2×2.3m		砾岩/400
34	32.7	简支 T 梁	圆端形桥墩	摩擦桩	9×1m	7.3×9.2×2.3m		泥质粉砂岩/600
35	32.7	简支 T 梁	圆端形桥墩	摩擦桩	9×1m	7.3×9.2×2.3m		泥质粉砂岩/600
36	32.7	简支 T 梁	圆端形桥墩	摩擦桩	9×1m	7.3×9.2×2.3m		泥质粉砂岩/600
37	32.7	简支 T 梁	圆端形桥墩	摩擦桩	9×1m	7.3×9.2×2.3m		泥质粉砂岩/600
38	20.7	简支 T 梁	圆端形桥墩	摩擦桩	9×1m	7.3×9.2×2.3m		安山岩/500
39	24.7	简支 T 梁	圆端形桥墩	柱桩	9×1m	7.3×9.2×2.3m		安山岩/500

续表

墩台号	桥梁跨度	梁型	墩台类型	基础类型	桩基布置	承台尺寸（下承台）	承台尺寸（上承台）	桩底持力层岩土类别/承载力/Kpa
40	24.7	简支T梁	圆端形桥墩	柱桩	9×1m	7.3×9.2×2.3m		流纹质凝灰岩/800
41	48.85	连续箱梁	圆端形桥墩	柱桩	12×1.25m	9.1×12.5×2.5m	5.4×10×1.5m	流纹质凝灰岩/800
42	80		圆端形桥墩	柱桩	16×1.5m	14.6×14.6×3m	8.2×11.3×2.5m	流纹质凝灰岩/800
43	48.85		圆端形桥墩	柱桩	16×1.5m	14.6×14.6×3m	8.2×11.3×2.5m	流纹质凝灰岩/800
34			圆端形桥墩	摩擦桩	12×1.25m	9.1×12.5×2.5m	5.4×10×1.5m	安山岩/800

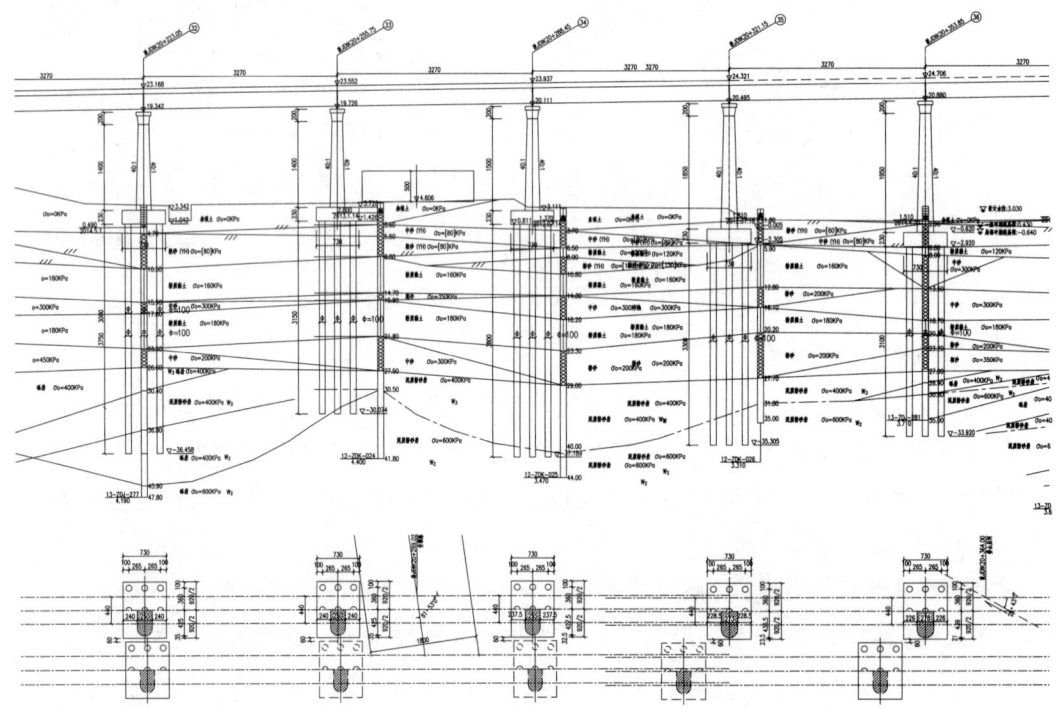

图 5.1-11　胶济客线娄山河特大桥 32～36 号桥墩立面布置

3. 既有河道（娄山河）现状

娄山河流域是青岛市主要流域之一，主要由刘家宋哥庄河、娄山后河、娄山河组成。娄山后河河道全长约5000m，汇水面积为18.2km²，河道宽度80～120m，娄山河河道全长约3000m，汇水面积为4.7km²，宽度20～30m。根据《青岛市李沧区娄山（后）河（重庆路-入海口段）防洪规划》，娄山河及娄山后河规划防洪重现期为50年，排涝设计重现期为20年。规划安顺路与娄山河交汇处，现状河道宽度约25m，现状护岸高程约3.6m，现状河道流水底高程1.7m。规划安顺路与娄山后河交汇处，现状河道宽约70m，现状护岸高程约3.5m，现状河道流水底高程1.8m。

现状北岸青盐铁路、青荣城际、胶济客专安全保护区范围河道排桩挡墙，高铁安全保护区范围以外为浆砌片石挡墙（图 5.1-14）。

第五章 涉铁节点详细方案

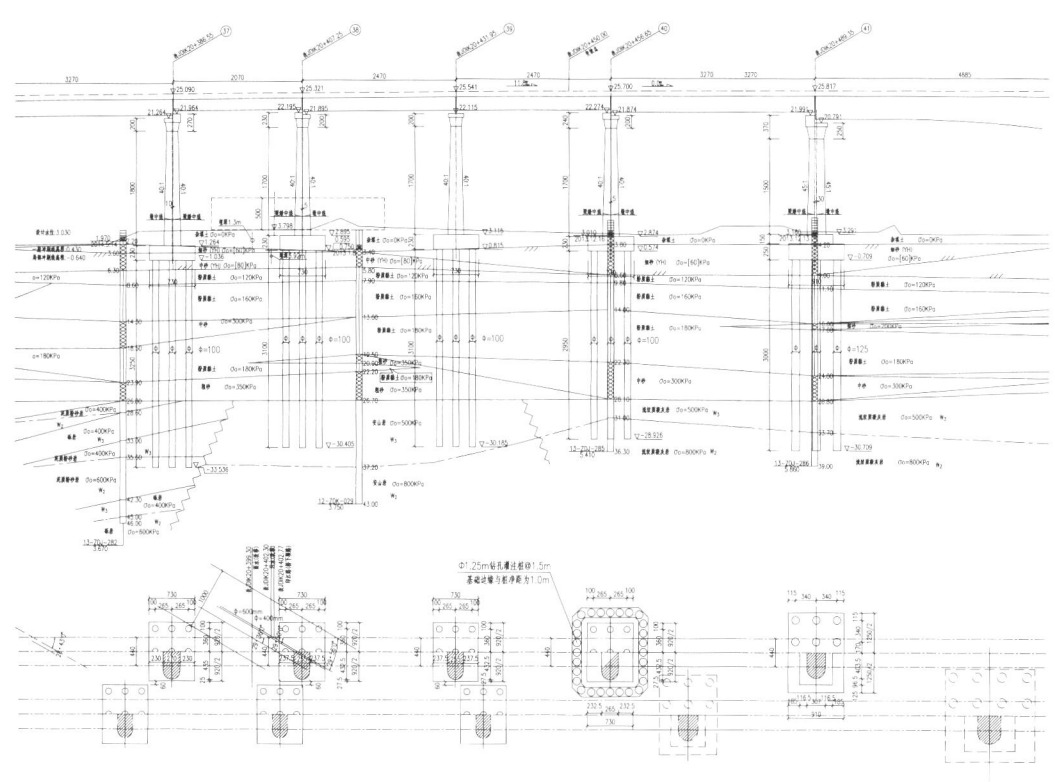

图 5.1-12　胶济客线娄山河特大桥 37～41 号桥墩立面布置

图 5.1-13　胶济客专娄山特大桥现场实景

图 5.1-14 娄山河现场实景

4. 既有管线

本工程交叉范围有现状地方海淡管（1 根 DN400 百发海水淡化厂）、排渣管（3 根 DN320 排渣管，青岛碱厂）、浓盐管（DN1600 百发海水淡化厂），下穿胶济铁路处为 2～10.45m 框构中桥。既有设备台账信息：桥 045A，运营中心里程胶济 K20+297（图 5.1-15）。

图 5.1-15 地方管线现场实景

三、道路及铁路规划

1. 道路规划

(1) 道路等级：城市主干路；

(2) 沥青路面结构设计使用年限：15 年；

(3) 设计车速：50km/h；

(4) 道路限界：净高不小于 4.5m；

(5) 车道宽度：大型车或混行车道 3.5m，小客车专用车道 3.25m；

(6) 路面结构计算荷载：标准轴载 BZZ-100KN。

2. 铁路规划

经与中国铁路设计集团有限公司线站院沟通，根据总图规划，交叉点处青盐铁路、青荣铁路和胶济客专暂无远期规划。道路与铁路立交工程除按现状条件穿跨越外，同时满足《铁路技术管理规程》等相关技术要求。

第二节 总体方案

一、技术标准

1. 道路工程技术标准

(1) 道路等级：城市主干路；

(2) 沥青路面结构设计使用年限：15 年；

(3) 设计车速：50km/h；

(4) 道路限界：净高不小于 4.5m；

(5) 车道宽度：大型车或混行车道 3.5m，小客车专用车道 3.25m；

(6) 平面坐标系为青岛 96 坐标系，高程系为国家 1985 高程。

2. 桥梁主要技术标准

(1) 设计基准期：设计基准期为 100 年；

(2) 设计使用年限：桥梁主体结构 100 年；栏杆、伸缩装置、支座等可更换部件 15 年；

(3) 结构设计安全等级：结构安全等级为一级，重要性系数 1.1；

(4) 设计荷载：汽车荷载：城-A 级；人群荷载：4.5kPa；

(5) 环境类别：Ⅲ-C 类环境；

(6) 抗震设防标准：基本烈度为 7 度，地震动加速度峰值为 0.10g，设计地震分组为第二组。抗震设防类别为丙类。抗震设防措施等级为 8 级。抗震设计方法 A 类。Ⅱ类场地，地震动反应谱特征周期为 0.4s；

(7) 桥涵设计洪水频率（娄山河桥）：50年一遇；

(8) 桥面防水等级：Ⅰ级。

3. 管廊工程

(1) 结构设计基准期：100年；

(2) 设计使用年限：100年；

(3) 结构安全等级：一级；

(4) 工程防水等级：二级；

(5) 混凝土抗渗等级：P8；

(6) 环境类别：Ⅲ-C类；

(7) 抗浮稳定抗力系数＞1.1；

(8) 裂缝控值＜0.15mm。

4. 排水工程

(1) 设计暴雨重现期 p（年）：地面道路排水 $p=5$ 年，暗渠排水 $p=20$ 年，泵站排水 $p=50$ 年；

(2) 径流系数：综合径流系数：$\Psi=0.65$，道路路面径流系数：$\Psi=0.95$；

(3) 地面集水时间：$t_1=5\sim15$min；

(4) 管道粗糙系数：钢筋混凝土管（满流），$n=0.013$；钢筋混凝土管（非满流），$n=0.014$。

二、总体设计

1. 项目总体概况

下穿胶济货线青盐青荣涉铁项目节点里程 DK6+680～DK6+980.23（以东半幅里程为准）、起讫里程 XK6+680～XK6+964.65（以西半幅里程为准）。

安顺路在预留框构桥内下穿胶济铁路后，以桩板桥形式分幅下穿青盐铁路（跨娄山河特大桥）、青荣城际（娄山特大桥）、胶济客专（娄山特大桥），以桥梁形式跨越改建拓宽后的娄山河河道。受到青盐、青荣桥墩位置的限制，规划线位分为东西两幅采用"S"型曲线下穿铁路。

下穿青盐铁路节点受桥下净空限制，道路下挖采用桩板桥下穿青盐铁路（跨娄山河特大桥），在附近修建机排泵站一处。

受下挖后线路纵坡限制，跨越现状娄山河河道不满足洪水位设防要求，因此娄山河河道向北侧扩宽改建，高速铁路安全影响区范围内河道改移及防护工程纳入本次涉铁工程。

同时有市政配套综合管廊、电力排管、雨水暗渠、海淡管道、浓盐水管道、碱厂排渣管道、热力管道下穿铁路（图5.2-1、图5.2-2）。

2. 桩板桥工程设计

拟建唐河路—安顺路（不含先期实施段380m），全长约4.95km，规划绿线

图 5.2-1 安顺路下穿胶济铁路、青盐铁路、青荣城际、胶济客专现场实景

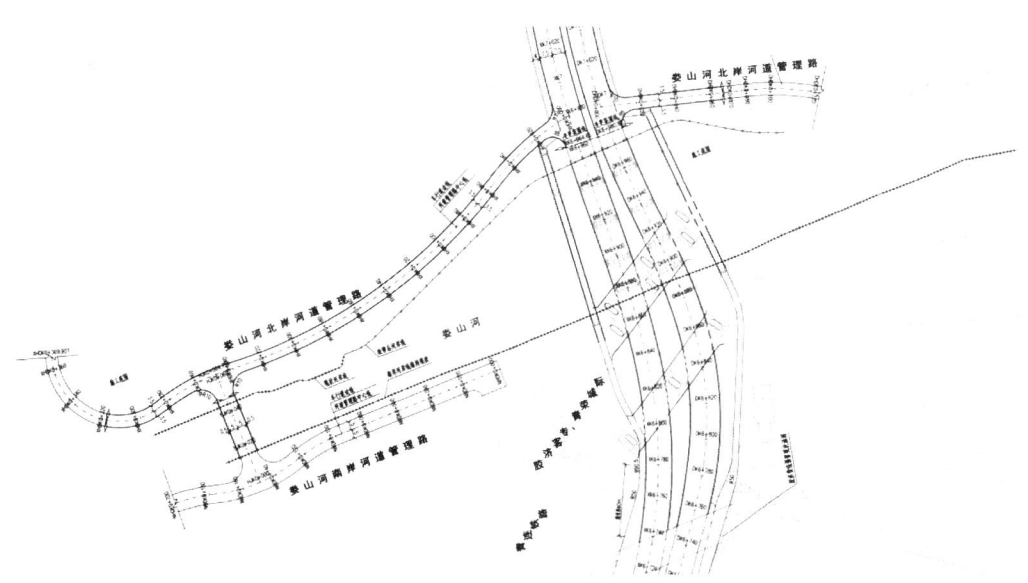

图 5.2-2 安顺路涉铁节点总平面

61.5m，红线宽度41.5m，双向8车道，全线采用地面道路方案，沿线穿越胶济货线、青荣城际、青盐等铁路线路。受胶济货线预留涵洞及下穿青盐铁路净空影响，西半幅XK6+740～XK6+864.6（124.6m），东半幅DK6+754.48～DK6+882.2（127.72m），均用桩板桥结构，与胶济货线铁路预留涵洞和跨娄山河的桥梁顺接。

桩板桥西半幅XK6+740～XK6+815.272位于曲线半径251m的左偏圆曲线上，其余段均位于缓和曲线段上。桩板桥东半幅DK6+785.477～DK6+874.697位于曲线半径185m的左偏圆曲线上，其余段均位于缓和曲线段上。东、西幅桩板桥最大横坡2%。

桩板桥纵断面设计为以－3％、4％两个坡段形成凹形线型下穿青莲铁路、青荣城际、胶济客专右线，最小填挖高－1.039m，最大填挖高－2.626m。

桩板桥纵断面共设置1个竖曲线，XK6＋735.007～XK6＋840.007段设竖曲线半径$R=1500m$，$T=52.5m$的凹形竖曲线。DK6＋763～XK6＋854段设竖曲线半径$R=1300m$，$T=45.5m$的凹型曲线。

本节点安顺路桩板桥平、纵断面如图5.2-3至图5.2-6所示。

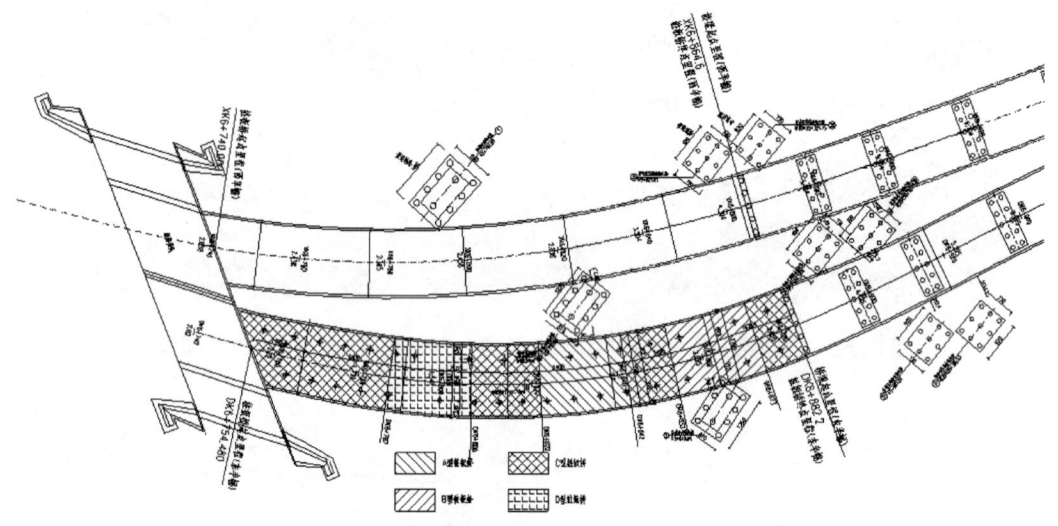

图5.2-3 安顺路东半幅与既有铁路平面位置关系

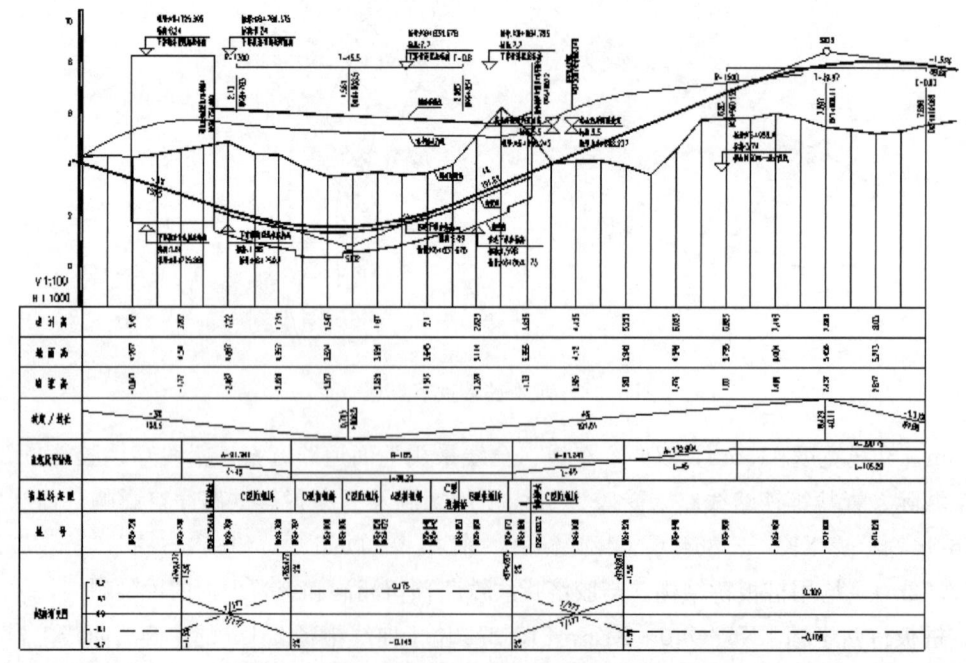

图5.2-4 安顺路东半幅纵断面

第五章 涉铁节点详细方案

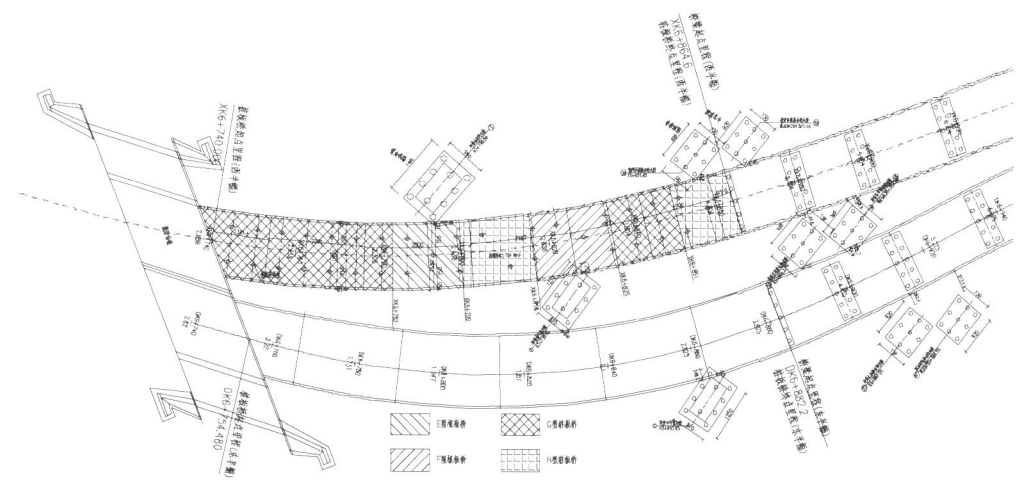

图 5.2-5 安顺路西半幅与既有铁路平面位置关系

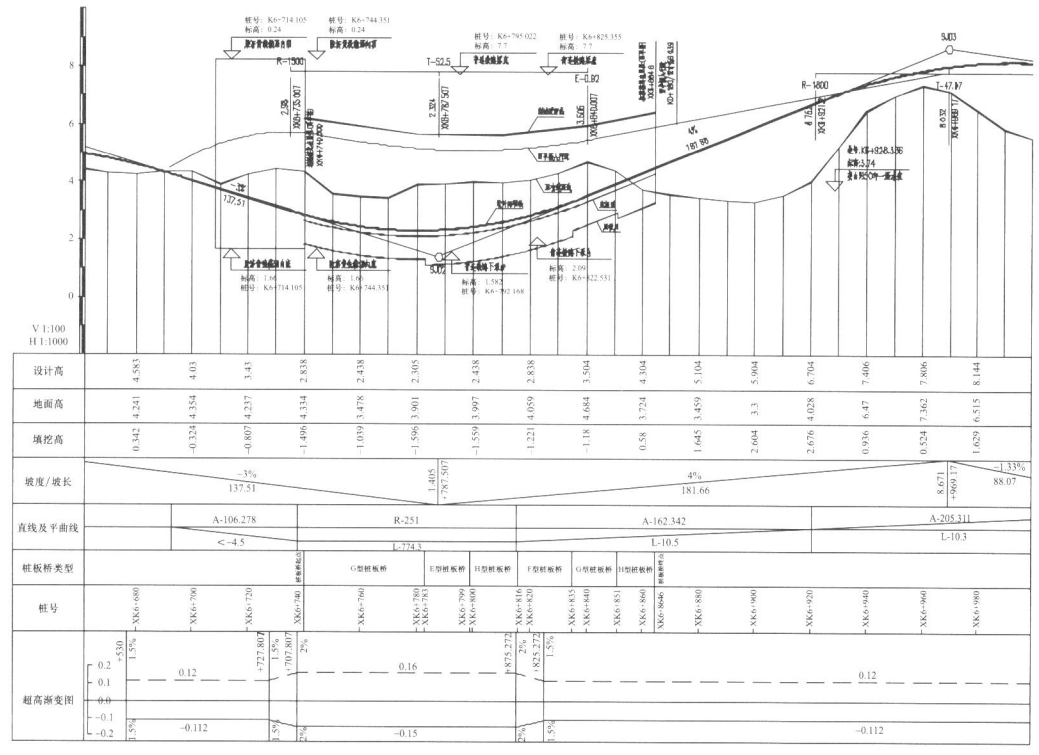

图 5.2-6 安顺路东半幅纵断面

3. 跨娄山河车行桥设计

规拟建跨娄山河桥跨越娄山河，分东、西两个半幅，东半幅桥中心桩号为 DK6＋928.5，桥梁全长 92.6m，桥梁采用正交布置，孔跨布置为 16.23＋16.05＋22.05＋22.05＋16.23（刚架桥）。

西半幅桥中心桩号 XK6＋910.9，桥梁全长 92.6m，桥梁采用正交布置，孔跨布置为 16.23＋16.05＋22.05＋22.05＋16.23（刚架桥）。

净跨 14 米刚架桥顶板厚 0.8m，侧墙厚 1m；净跨 20m 刚架桥顶板厚 1.0m，侧墙厚 1m；标准段桥面净宽：14.5m，DK6＋882.2～DK6＋919.697 段桥面净宽：（15.9～14.5）m。刚架桥下部采用承台和桩基础。

本节点安顺路跨娄山河车行桥平、纵断面如图 5.2-7 至图 5.2-9 所示。

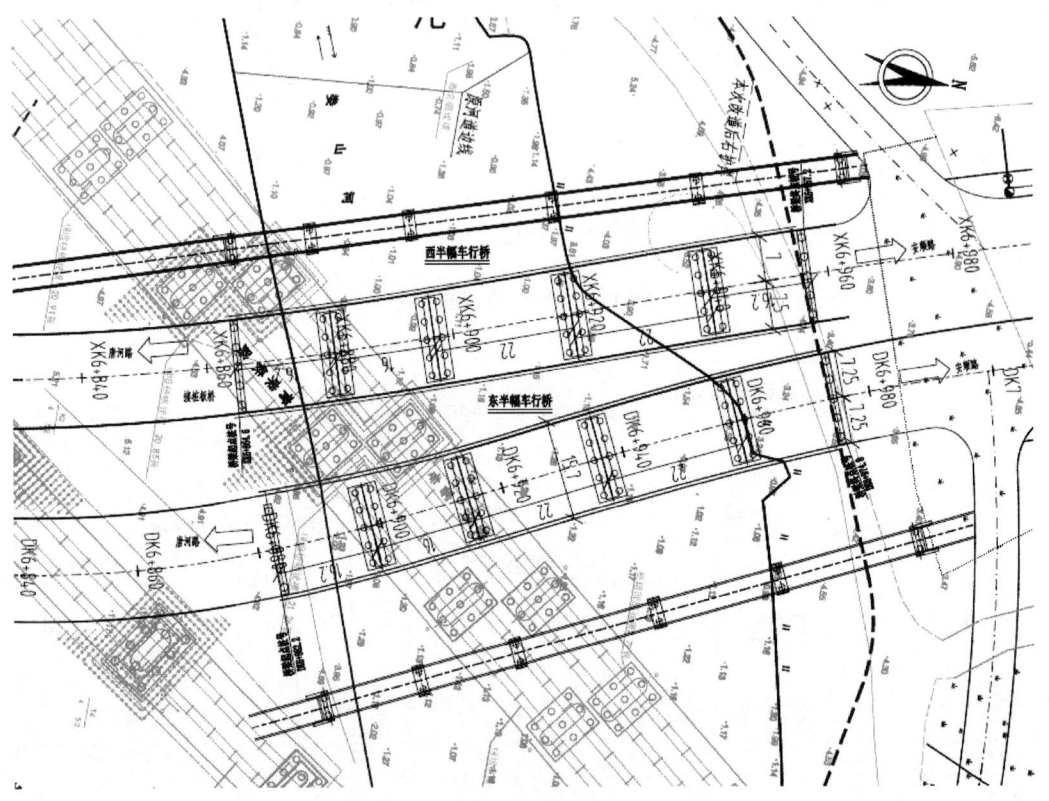

图 5.2-7　安顺路跨娄山河车行桥平面

4. 跨娄山河人行桥设计

拟建东半幅人行桥、西半幅人行桥跨越娄山河，分东、西两个半幅，东幅桥中心桩号为 K0＋234.47，桥梁全长 103.12m，西幅桥中心桩号 K0＋223.20，桥梁全长 103.12m，桥梁采用正交布置，孔跨布置：东幅为 16×2＋20＋23×2，采用装配式预应力砼简支空心板；西幅为 13＋16＋23×3，采用装配式预应力砼简支空心板。东西两幅桥桥面布置均为：0.25m 人行护栏＋3.5m 人行道＋0.25m 人行护栏。桥面横坡采用 1.0％双向坡。

本桥上部结构采用预应力混凝土简支空心板梁，两幅桥合计共用 30 片空心板梁。空心板：中梁宽 1.24m，边梁宽 1.37m，板间采用 1cm 铰缝连接。

桥梁墩台均采用桩柱式，其中盖梁厚度为 1m、1.3m，采用 C35 混凝土。桩径为 1m，采用 C35 混凝土。

本节点安顺路跨娄山河人行桥平、纵断面如图 5.2-10 至图 5.2-12 所示。

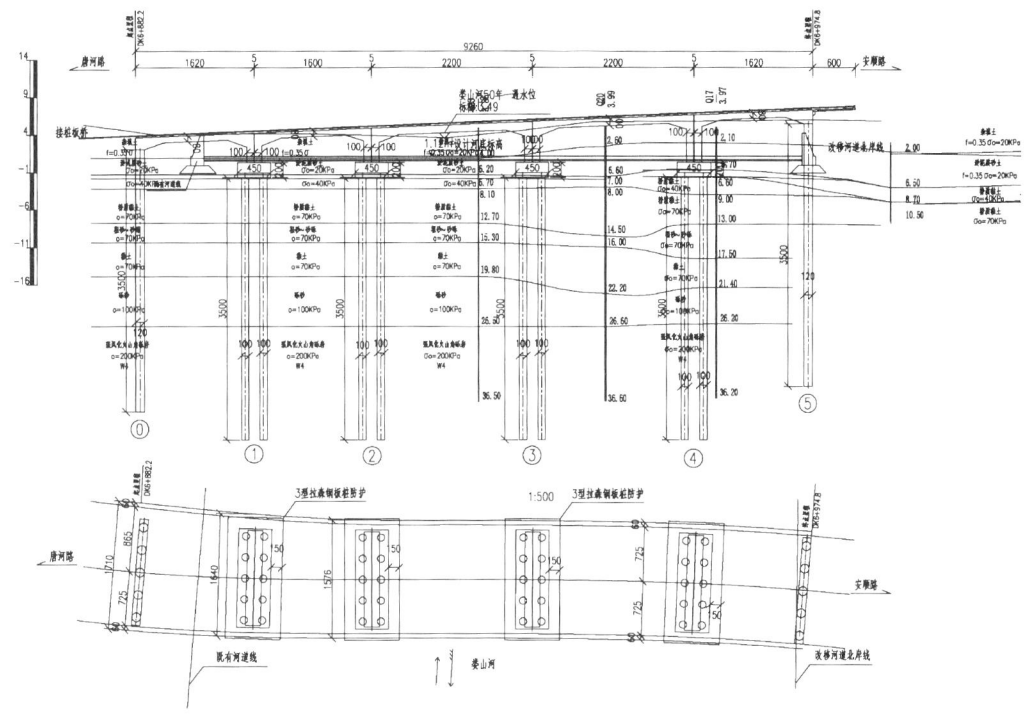

图 5.2-8　安顺路跨娄山河车行桥东半幅桥型布置

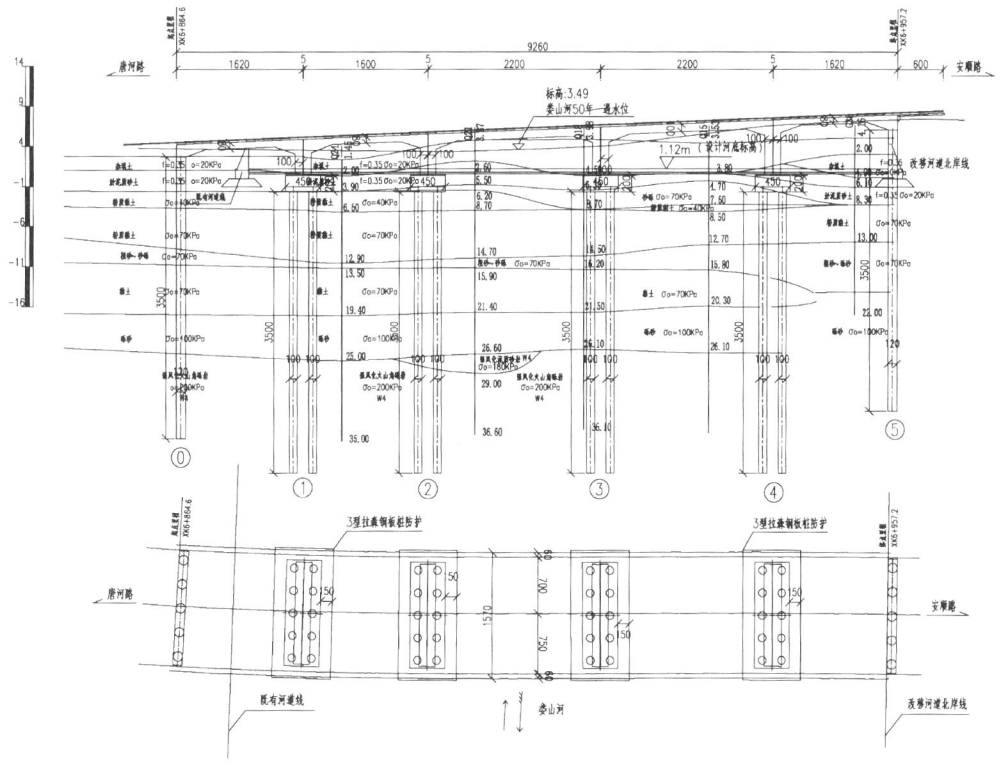

图 5.2-9　安顺路跨娄山河车行桥西半幅桥型布置

图 5.2-10 安顺路跨娄山河人行桥平面

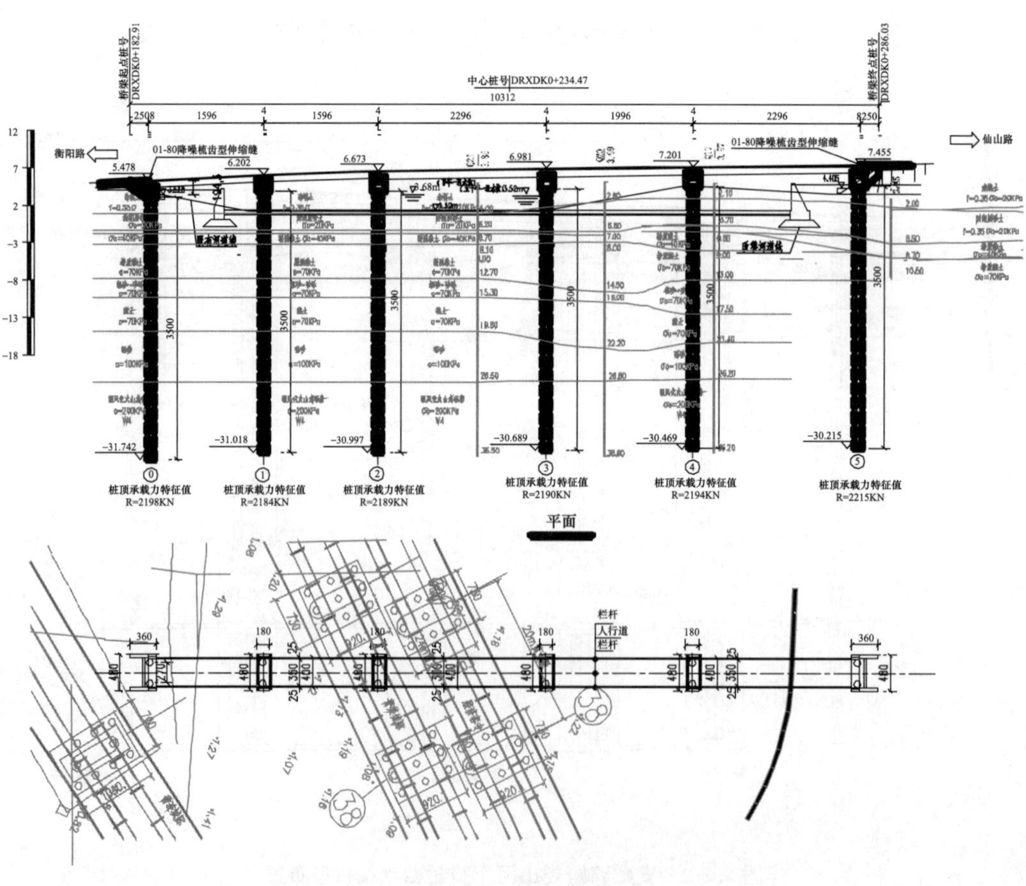

图 5.2-11 安顺路跨娄山河人行桥东半幅桥型布置

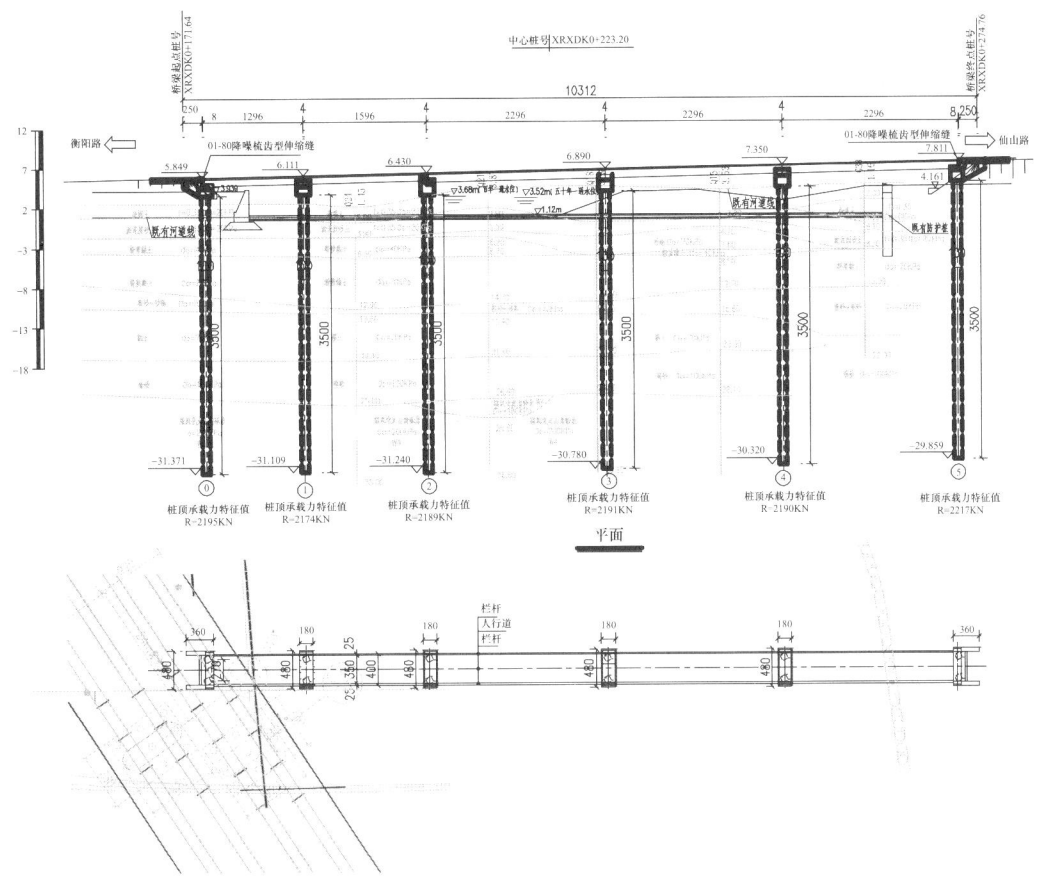

图 5.2-12 安顺路跨娄山河人行桥西半幅桥型布置

5. 管廊、管线设计

拟建安顺路（唐河路—安顺路段）管廊由南向北分别依次经过胶济货线（预留框架管廊）、青盐铁路高架桥、胶济客专、青荣城际铁路高架桥，随后下穿娄山河，最后回到主线道路西侧绿化带附近（图 5.2-13）。

（1）综合管廊

该段综合管廊均位于道路西侧，采用双舱结构形式，下穿胶济货线段：受既有框架管廊净空的影响，管廊结构断面采用 $B \times H = 7m \times 2.6m$（内尺寸）（双舱）；穿娄山河段管廊结构断面调整为 $B \times H = 6m \times 3.3m$（内尺寸）（双舱）。其余拟建综合管线均位于道路东侧，下穿铁路桥墩处，采用平面垂直通过。

（2）暗渠

主线道路通过胶济铁路预留框构桥后下挖设置桩板桥下穿青盐铁路，现状排水明渠被截断，根据总体院排水专业提供上序资料，新暗渠为 175m，暗渠断面尺寸为 $B \times H = 4m \times 1.8m$，覆土按 2m 左右控制。

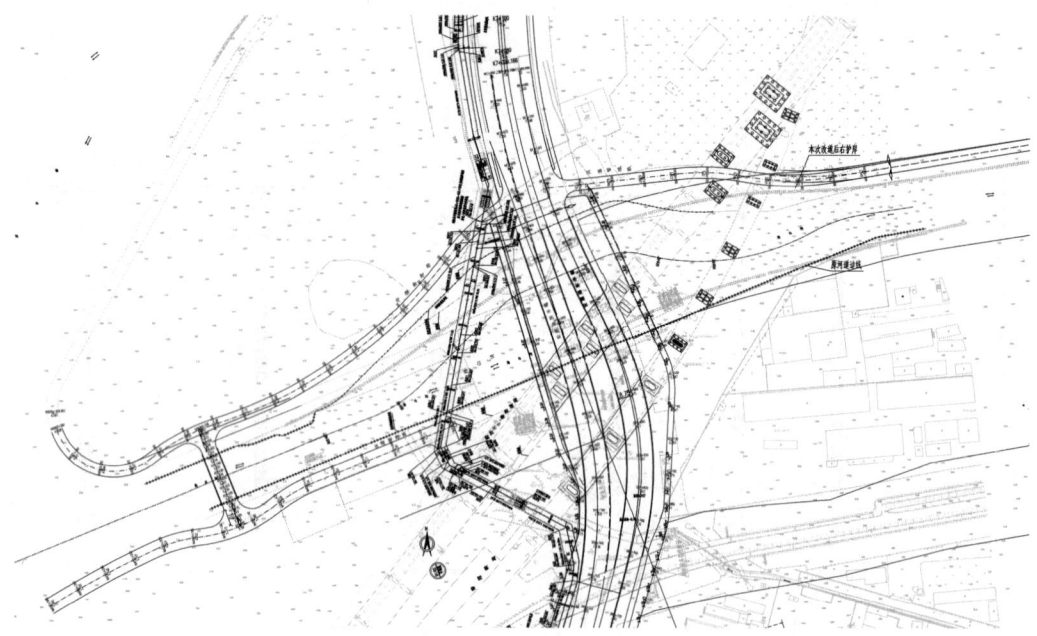

图 5.2-13 管廊、管线与既有铁路平面关系

（3）综合管线

K6+680～K6+980 段新增或改迁的管线分布如下：

① 道路东侧新增一条暗渠（断面净空尺寸 4.8m×1.8m）。

② 规划 1 根 DN1600 浓盐管（DN2000 套管）、1 根 DN400 海淡管（DN600 套管）、1 根 DN1200 海淡管（套管）、3 根 3 根 DN320 排渣管（DN1200 套管）和 4 孔电力（DN600 套管）分别与既有铁路高架桥地面层斜交。

③ 沿道路两侧新增的雨水、污水管道，其设计内容见总体单位排水专业相关设计图。

6. 改河设计概况

安顺路于娄山河左岸连续下穿青荣城际铁路、青盐铁路。现状青盐铁路桥底标高限制了安顺路桥梁底标高。即使下穿青盐铁路后，立即抬升桥面纵坡，达规范要求的最高限值时，桥梁底高程仍低于 50 年一遇洪水位加净空 0.5m 的要求。此时设计桥梁左岸桥面高程为 3.825～4.464m，右岸桥面高程为 7.545～7.886m。为满足河道行洪，总体单位提出娄山河右岸岸线向北拓挖，以河道右河槽为主要行洪断面，并提出了河道岸线改移设计。

由于河道左岸处桥梁底高程不满足行洪要求，原设计对娄山河该处岸线适当北移，并以河道右半河槽（宽为 40m）为主行洪断面（有效行洪断面），对水位并进行了复核，其过流能力及桥下净空满足 50 年一遇防洪标准。考虑到回填河道占用河道断面，对水力条件不利；并且根据铁路要求现状河道中的铁路桥墩周围不允许进行填土，以免改变桥墩荷载情况。因此对该段河道不予回填，河道左岸护岸仍采用现状护岸，设计对河道右岸护岸按设计岸线进行拓挖改移。桥梁建设宜在河道岸线改移后实施。

娄山河河道中心桩号0+370~0+650段右岸岸线向北改移,改移前该段河道右岸岸线长302m,改移后该段河道右岸岸线长297m。

为方便施工在河道改移北岸设置北岸里程,BAK0+46.55~BAK0+279.274(对应河道中泓线里程0+370~0+633)设置排桩挡墙和浆砌块石挡墙。

对桩号0+420~0+650段河道河底采用格宾石笼护底,采用2.0m×2.5m×0.3m格宾网箱装块石,块石粒径大于网孔的1~2倍。笼下铺设0.15m厚碎石垫层,碎石垫层下为350g/m² 土工布一层。

护岸挡墙工程邻近既有雨水管道侧基坑采用拉森钢板桩防护。高铁安全保护区范围排桩挡墙邻近高铁桥梁侧设置封闭止水帷幕,避免护岸施工过程引起地下水位变化影响高速铁路安全运营。高压旋喷桩桩底进入不透水土层深度不小于1m。

7. 涉铁工程与既有铁路限界关系汇总

(1) 道路工程

公铁交叉位置限界关系(道路与胶济铁路交叉)如表5.2-1所示。

表5.2-1　公铁交叉位置限界关系(道路与胶济铁路交叉)

序号	阶段	项目	距离(cm)	
			西幅道路	东幅道路
1	施工阶段	框构桥内填方高度(人行道)	373	381
2		框构桥内填方高度(机动车)	180	138
3		管廊(套管保护涵)至框构内边墙净距	10	313
4	运营阶段	道路限界至框构边墙最小距离	0	0
5		铁路桥下最小净空(机动车/人行道)	470/254	512/256

注:框架内顶设计标高8.16m,实际测量标高8.26m,净空按实测标高计算。

(2) 桥梁工程

公铁交叉位置限界关系(主线与青盐铁路交叉)如表5.2-2所示。

表5.2-2　公铁交叉位置限界关系(主线与青盐铁路交叉)

序号	阶段	项目	距离(cm)	
			西幅道路	东幅道路
1	施工阶段	桩板桥结构边缘至青盐铁路1#桥墩下承台净距(水平/竖向)	−69/14	/
2		桩板桥结构边缘至青盐铁路1#桥墩上承台净距(水平/竖向)	213/86	/
3		桩板桥支撑桩至1#桥墩桩中心距	714	/
4		桩板桥结构边缘至青盐铁路2#桥墩下承台净距(水平/竖向)	−228/51	38/−86
5		桩板桥结构边缘至青盐铁路2#桥墩上承台净距(水平/竖向)	12/−44	279/−186
6		桩板桥支撑桩至2#桥墩桩中心距	814	614
7		桩板桥结构边缘至青盐铁路3#桥墩下承台净距(水平/竖向)	/	−248/53
8		桩板桥结构边缘至青盐铁路3#桥墩上承台净距(水平/竖向)	/	−8/8

续表

序号	阶段	项目	距离（cm）	
			西幅道路	东幅道路
9	施工阶段	桩板桥支撑桩至3#桥墩桩中心距	/	737
10		防护桩至既有铁路桥墩桩中心距（最小）	550	408
12		桩板桥最大挖深	331	363
13	运营阶段	桩板桥边墙至青盐铁路1#桥墩净距	407	/
14		桩板桥边墙至青盐铁路2#桥墩净距	144	447
15		桩板桥边墙至青盐铁路3#桥墩净距	/	155
15		铁路桥下最小净空	457	456

公铁交叉位置限界关系（主线与青荣城际交叉）如表5.2-3所示。

表5.2-3 公铁交叉位置限界关系（主线与青荣城际交叉）

序号	阶段	项目	距离（cm）	
			西幅道路	东幅道路
1	施工阶段	桩板桥结构边缘至青荣城际35#桥墩承台净距（水平/竖向）	−48/126	/
2		桩板桥支撑桩至35#桥墩桩中心距	672	/
3		框架（刚构）桥结构边缘至青荣城际36#桥墩承台净距（水平/竖向）	53/966	−41/390
4		刚构桥支撑桩至36#桥墩桩中心距	410	592
5		刚构桥结构边缘至青荣城际37#桥墩承台净距（水平/竖向）	/	242/349
6		刚构桥支撑桩至37#桥墩桩中心距	/	644
7		防护桩至既有铁路桥墩桩中心距（最小）	608	/
8		框架（刚构）桥最大挖深/填方	105	/
9	运营阶段	桩板桥边墙至青荣城际35#桥墩净距	213	/
10		刚构桥边墙至青荣城际36#桥墩净距	314	228
11		刚构桥边墙至青荣城际37#桥墩净距	/	508
12		铁路桥下最小净空	1629	1648

公铁交叉位置限界关系（主线与胶济客专交叉）如表5.2-4所示。

表5.2-4 公铁交叉位置限界关系（主线与胶济客专交叉）

序号	阶段	项目	距离（cm）	
			西幅道路	东幅道路
1	施工阶段	刚构桥结构边缘至胶济客专35#桥墩承台净距（水平/竖向）	−107/392	/
2		刚构桥支撑桩至35#桥墩桩中心净距	528	/
		刚构桥支撑桩至36#桥墩桩中心净距	673	514
3		刚构桥结构边缘至胶济客专35#桥墩承台净距（水平/竖向）	−107	/
4		刚构桥结构边缘至胶济客专36#桥墩承台净距（水平/竖向）	148	−216/473
5		刚构桥最大挖深/填方	170	/

续表

序号	阶段	项目	距离（cm）	
			西幅道路	东幅道路
6	运营阶段	刚构桥边墙至胶济客专35#桥墩净距	153	/
7		刚构桥边墙至胶济客专36#桥墩净距	411	54
8		刚构桥边墙至胶济客专37#桥墩净距	/	773
9		铁路桥下最小净空	1619	1676

公铁交叉位置限界关系（人行（道）桥与铁路交叉）如表5.2-5所示。

表5.2-5 公铁交叉位置限界关系（人行（道）桥与铁路交叉）

序号	阶段	项目	距离（cm）	
			西幅道路	东幅道路
1	施工阶段	人行桥桩基至青盐铁路既有桥桩中心距	/	851
2		人行桥桩基至青荣城际既有桥桩中心距	765	814
3		人行桥桩基至胶济客专既有桥桩中心距	792	375
4	运营阶段	人行桥（道）边缘至青盐铁路既有桥墩净距	112	644
5		人行桥（道）边缘至青荣城际既有桥墩净距	502	530
6		人行桥（道）边缘至胶济客专既有桥墩净距	580	279
7		铁路桥下最小净空	269	262

（3）管线工程

管廊与铁路交叉位置限界关系如表5.2-6所示。

表5.2-6 管廊与铁路交叉位置限界关系

序号	线别	项目	距离（cm）
1	青盐铁路	防护桩与0号墩承台净距	687
2		防护桩与0号墩桩中心距	870
3		管廊（管线）结构外缘至0号墩承台净距	767
4		防护桩与1号墩承台净距	1197
5		防护桩与1号墩桩中心距	1394
6		管廊（管线）结构外缘至1号墩承台净距	1276
		管廊基坑最大挖深	381
7	青荣城际	防护桩与32号墩承台净距	693
8		防护桩与32号墩桩中心距	851
9		管廊（管线）结构外缘至32号墩承台净距	772
10		防护桩与33号墩承台净距	775
11		防护桩与33号墩桩中心距	934
12		管廊（管线）结构外缘至33号墩承台净距	855

续表

序号	线别	项目	距离（cm）
13	青荣城际	管廊基坑最大挖深	558
14	胶济客专	防护桩与32号墩承台净距	547
15		防护桩与32号墩桩中心距	705
16		管廊（管线）结构外缘至32号墩承台净距	626
17		防护桩与33号墩承台净距	921
18		防护桩与33号墩桩中心距	1078
19		管廊（管线）结构外缘至33号墩承台净距	1001
20		管廊基坑最大挖深	601

综合管线与铁路交叉位置限界关系如表5.2-7所示。

表5.2-7 综合管线与铁路交叉位置限界关系

序号	线别	项目	距离（cm）
1	青盐铁路	防护桩与1号墩承台净距	915
2		防护桩与1号墩桩中心距	1103
3		管廊（管线）结构外缘至1号墩承台净距	811
4		防护桩与2号墩承台净距	270
5		防护桩与2号墩桩中心距	425
6		管廊（管线）结构外缘至2号墩承台净距	420
7		管线基坑最大挖深	785
8		排水箱涵基坑防护结构距离青盐铁路承台最小净距	2616
9		排水箱涵距离青盐铁路桥梁边缘净距	2785
10		排水箱涵基坑最大挖深	335
11	青荣城际	防护桩与34号墩承台净距	663
12		防护桩与34号墩桩中心距	800
13		管廊（管线）结构外缘至34号墩承台净距	812
14		防护桩与35号墩承台净距	503
15		防护桩与35号墩桩中心距	771
16		管廊（管线）结构外缘至35号墩承台净距	783
17		管线基坑最大挖深	510
18	胶济客专	防护桩与34号墩承台净距	201
19		防护桩与34号墩桩中心距	443
20		管廊（管线）结构外缘至34号墩承台净距	401
21		防护桩与35号墩承台净距	1399
22		防护桩与35号墩桩中心距	1542
23		管廊（管线）结构外缘至35号墩承台净距	1579
24		管线基坑最大挖深	497

（4）河道改移工程

改移河道堤岸（北岸）防护桩（挡墙）与铁路交叉位置限界关系如表5.2-8所示。

表 5.2-8　改移河道堤岸（北岸）防护桩（挡墙）与铁路交叉位置限界关系

序号	线别	项目	距离（cm）
1	青荣城际	河道北岸防护桩（挡墙）至39号墩承台净距	716
2		河道北岸防护桩（挡墙）至39号墩桩中心距	918
3	胶济客专	河道北岸防护桩（挡墙）至40号墩承台净距	392
4		河道北岸防护桩（挡墙）至40号墩桩中心距	545

（5）泵站基坑工程

泵站相关数据如表5.2-9所示。

表 5.2-9　泵站相关数据

序号	项目	距离（cm）
1	泵站防护桩至胶济货线路基坡脚净距	3146
2	泵站防护桩至青盐铁路桥梁边缘净距	4060
3	泵站基坑最大挖深	1795

三、涉铁工程防护及相关附属

1. 防护工程

（1）防撞设施

为保证行车安全，本次设计范围主线地面以上及跨河桥梁外侧设置HA级钢筋混凝土防撞护栏。下挖路段桩板桥范围边墙顶设置SA级防撞护栏，边墙高出天然地面不小于0.5m。

下穿胶济铁路框构桥中桥中墙出入口端部增设防撞墩，框架内设置防撞护栏，顺接出入口桩板墙。

（2）限高防护架

为防止超高货车撞击高铁桥梁，根据要求，在机动车道迎车方向和背车方向均设置限高防护架，防护架设置位置一般为高铁两侧道路纵坡最高点附近，具体根据现场情况确定，机动车道限高4.5m。限高防护架图纸参照《铁路桥限高防护架》（图号：专桥设（05）8184）执行，采用桁架式结构，所有钢构件需进行防腐处理，防腐体系不低于《铁路桥梁钢结构及构件保护涂装与涂料》（Q/CR 749.3—2020）规定的第3涂装体系。限高防护架的结构形式、材料的技术要求及检验方法详见《高速铁路桥涵防公路车辆撞击装置》（TB/T 3513—2018）。

（3）防护栅栏

由于新建道路工程施工需拆除既有铁路桥下栅栏，施工完成后应征求铁路主管部门意见对其进行恢复和封闭。恢复标准按《高速铁路桥下防护栅栏》(通线〔2012〕8002)、《铁路线路防护栅栏》(通线〔2012〕8001)(2014年局部修订版)执行。

(4) 防抛网

为防止本线铁路桥上落物危及桥下公路行人及行车安全,需将安顺路下穿段落对应公路上方的铁路桥梁整孔范围,桥面两侧设置防抛网(表5.2.10)。防抛网网眼尺寸不大于1cm×1cm,防抛网设置高度与栏杆等高;钢栏杆、金属防抛网及其连接件均进行防腐渗锌处理。

表 5.2-10　铁路桥上防抛网设置范围一览

序号	线别	桥梁名称	设置范围	是否新增	备注
1	胶济铁路	安顺路框构中桥	全桥范围	是	改造新增
2	青连铁路	跨娄山河特大桥	1～4号墩\8～9号墩	否	利用\新增
3	青荣城际	娄山特大桥	34～38号墩\40～41号墩	是	改造新增
4	胶济客专	娄山特大桥	34～38号墩\40～41号墩	是	改造新增

2. 交通工程

为最大限度发挥道路通行能力,需在下穿高铁范围内设置醒目、直观、齐全、正确的交通辅助设施,并采取必要的安全措施。此部分设计由道路总体设计单位完成。为确保高铁运营安全,提出以下几点建议:

(1) 标志、标线设置

按照国标《道路交通标志和标线》的规定进行标志、标线设计。

① 标志设置

在限高防护架上设置限制高度标志,限高4.5m;限高架上设附着式下穿高铁提醒标志。各种标志板均采用铝合金材料,版面选用高强级反光薄膜,白色图案,文字及辅助标志上白底均反光。

② 标线设置

桥墩防撞装置表面需涂刷黑黄相间警示条纹(采用水性反光材料),条纹宽20cm,垂直于桥墩轴线。

限高防护架的立柱和横梁需涂刷黑黄相间警示条纹(采用水性反光材料),条纹宽20cm,与轴线垂直。

(2) 安全措施

道路涉铁全路段范围设置禁止跨越同向车行道分界线和禁止跨越对向车行道分界线,并在路侧设置禁止超车标志。

(3) 监控系统

道路涉铁全路段设置超速视频及违规并线视频监控系统。

3. 排水工程

（1）道路自身排水

根据设计单位提供纵断面图施工时应按设计要求调整道路横坡，在保证路面横坡平顺过渡的前提下，将路面最低点设置于铁路桥梁投影范围以外，并将道路汇水引入道路排水泵站内排出，详见相关设计图纸及说明。

（2）铁路桥梁排水

道路投影范围上方，铁路桥上泄水管建议征得铁路主管部门同意后进行封堵，其余部分进行集中排水改造，通过桥墩引至桥下。

4. 基坑防护

桩板桥下挖路段及管廊、管线基坑工程安全等级按一级控制，采用混凝土灌注桩防护，外侧设置高压旋喷桩止水帷幕，局部范围高铁承台顶以上采用注浆加固，固化土体及封闭地下水，确保施工过程中无水作业。同时在基坑外侧一定范围设置水位监测井及回灌井，施工过程地下水位变幅严格控制在工程允许范围内，确保高速铁路既有线运营安全。

第三节　涉铁立交工程安全评估

一、危险性较大工程安全措施

根据本桥特点及住房城乡建设部《危险性较大的分部分项工程安全管理规定》和工程经验，本桥相应危险性较大工程应对措施要求如下：

（1）施工单位在编制施工组织方案基础上，专门编制危险性较大的分部分项工程安全专项施工方案，施工单位应当组织专家对专项方案进行论证，论证会需邀请建设单位、监理单位、勘察单位、设计单位项目技术负责人参加，论证通过后方可组织实施。

（2）施工单位应当严格按照专项方案组织施工，不得擅自修改、调整专项方案。如因设计、结构、外部环境等因素发生变化确需修改的，修改后的专项方案应当按《危险性较大的分部分项工程安全管理规定》第八条重新审核。对于超过一定规模的危险性较大工程的专项方案，施工单位应当重新组织专家进行论证。

（3）对于按规定需要验收的危险性较大的分部分项工程，施工单位、监理单位应当组织有关人员进行验收。验收合格的工程，经施工单位项目技术负责人及项目总监理工程师签字后，方可进入下一道工序。

（4）监理单位应当对专项方案实施情况进行现场监理；对不按专项方案实施的，应当责令整改，施工单位拒不整改的，应当及时向建设单位报告；建设单位接到监理单位报告后，应当立即责令施工单位停工整改；施工单位仍不停工整改的，建设单位应当及时向安监局进行报告。

（5）危险性较大工程范围：基坑工程、模板工程及支撑体系、起重吊装及起重机械安装拆卸工程、脚手架及钢管支架工程、转体工程等，具体适用范围见《危险性较大的分部分项工程安全管理规定》。

（6）重点强调的措施如下：

① 钻机应进行可靠的处理，钻机固定牢靠。尽量减少施工临近营业线施工设备高度，大型高耸机械设备设施应采用可靠的防倾覆侵限措施。

② 合理确定泥浆比重、施工钻进速度等，避免清孔时间或清孔后停顿时间过长。

③ 基坑施工方案应进行专项设计，并组织专项审查，同时做好相关应急预案。桩基灌注过程中应做好相应防护措施，防止施工人员坠落。

④ 严格检查模板安装质量，灌注混凝土时控制灌注高度及速度，防止侧压力超限。

⑤ 施工支架应进行专项设计，并组织专项审查，同时做好应急预案。支架周围及顶部施工平台应做好相关防护措施，防止施工人员坠落。

⑥ 桥面系施工应严格按设计及相关施工规范执行，并做好相关防护措施，防止施工人员坠落。

⑦ 本桥所有吊装设备均需通过严格的质量检验，否则严禁投入施工。

⑧ 梁部及支架等高空施工应做好严格的安全措施，防止施工过程中出现意外情况导致施工人员或者周边人员的伤亡。

⑨ 邻近既有线施工应做好接地措施及支架防倾倒措施，不得干扰铁路正常运营。施工前应详细探明地下管线的位置、分布，铁路设备的迁改应积极配合铁路部门完成。

二、大型机械设备使用注意事项

（1）大型施工机械进场必须填写"大型机械设备登记卡"，并严格执行现场一机一人专职防护，作业时现场必须有专人防护盯控。

（2）施工现场安装、拆卸大型施工机械时，必须由具有相应资质的单位承担，施工单位负责人、安质部长、安全（设备）主管工程师到场把关。

（3）机械设备在铁路营业线或邻近营业线施工时，必须遵守大型设备操作规程和有关铁路施工安全规章制度、相关作业标准，执行制定的技术交底，落实安全保证措施等，严禁违章操作，确保不发生任何铁路行车事故。

（4）作业人员进入施工现场必须穿戴相应劳动保护用品。作业前应按设备的操作规程进行检查，作业中严格遵守劳动纪律，服从指挥，不得酒后上岗或连续疲劳作业，应当严格执行相应操作规程和有关的安全规章制度，并做好设备使用、维护、保养记录。

（5）强化大型施工机械安全过程控制，日常检查应结合使用特点进行全面检查。对起重设备主要检查设备预防倾覆措施，防止限位、制动设备失灵，以及重要的受力构件和钢丝绳断裂等措施的落实。对自轮运转等轨道运行设备主要检查"三项"设备使用情况及防颠覆、防溜逸、防侵限以及防止擅自上道的卡控措施的落实。

(6) 大型施工机械施工现场必须做到五个"严禁"。

①严禁使用没有制造资质的企业生产的设备。

②严禁使用没有经过专业培训的低素质人员进行大型机械操作。

③严禁施工现场大型机械施工违章作业。

④严禁大型机械带故障作业。

⑤严禁自轮运转等轨道运行设备没有经过专业部门批准擅自上道运行。

(7) 机械操作人员必须身体健康，无高血压、低血压、心脏病、癫痫病等影响操作机械设备的病症。

(8) 严禁违章指挥、作业；严禁酒后操作；严禁吸烟，严禁操作时接打电话，严禁随意离岗；机械作业时，操作人员不准擅自离开工作岗位或将机械交给非本机操作人员操作。

(9) 机械操作人员要求着装整齐，严禁穿拖鞋、短裤操作设备。

(10) 机械操作人员必须经过安全培训及考核，合格后方可上岗作业。也必须熟知项目下发的各项安全、技术交底、安全措施，不得违规、违章。

(11) 大型设备的安全操作规程、安全注意事项和警示标志应置于使用者易看到的显著位置。

(12) 施工时、作业时，机械作业半径周围必须设置明显的安全警示标志，严禁机械伤人。

(13) 进入施工现场必须严格遵守安全生产纪律、项目安全文明工地管理办法和机械设备操作规程、安全注意事项。

(14) 每台机械设备进场时上报的设备和操作手必须分配好班组，若操作人员有事不在岗，负责人必须提前与项目安质部说明，并再安排好经过项目培训的合格人员进场操作，严禁未经培训交底、无证上岗。

(15) 操作人员必须熟练掌握机械设备的机械性能，遇到突发事件应具备独立解决问题的能力。

(16) 机械设备驾驶员、操作员要具有相应资质的驾驶证、操作证，并随身携带，严禁无证驾驶；机械设备的合格证、检验证必须在有效期内，并且相关证件（或复印件）必须随机，以备检查。

(17) 各种大型机械设备遇雷、雨、雪及大风等不良天气和夜间照明不充足的条件下，严禁进行作业。

(18) 操作人员每天在作业交班前，必须检查一遍设备的各项机械性能和安全性能，也实行交接班制度，相应的记录均填在交接班记录表上，放置在操作室内，以备随时检查。

(19) 大型设备的装拆、修理必须由具备相应资质和能力的专业队伍完成，签订书面合同，装拆、修理完毕，有关方共同组织验收合格，技术负责人、主管领导签字后方可投入试运行。

第四节 施工阶段监测控制

文件提及监测方案为指导性监测原则，具体要求详见第三方监测报告。

一、基坑监测

该工程为大面积深基坑工程，为了及时掌握基坑维护结构的安全性，了解基坑开挖对周围环境的影响，需进行施工监测。

1. 基坑监测应严格按照《建筑基坑工程监测技术标准》（GB 50497—2019）有关规定进行，由具备相应资质的单位根据规范要求出具详细监测方案，并在土方开挖前开始监测，取得相应的初始值，在基坑回填完之前不得停止监测，及时反馈监控结果，做到动态设计、信息化施工，并要求现场检测数据能够起到验证设计，指导施工的作用。

2. 监测方式以巡视结合仪器检测。

巡视检查内容：防护结构有无破坏迹象；防护结构后面土体有无裂缝、沉陷现象；周边道路（地面）有无裂缝、沉陷；冠梁有无变形和连接破损；开挖后土质情况与岩土勘察报告有无差异；基坑开挖顺序与设计是否一致；基坑周边地表水管理情况及基坑周边有无堆载及超载现象；邻近构筑物（既有铁路）的变形及开裂情况；地下水位变化等。

现场仪器监测范围应包括防护桩顶部水平位移、既有铁路路基沉降、防护桩顶部竖向位移、基坑周边地面沉降、防护桩深部水平位移、地下水位等内容。

3. 监测频度

（1）根据《建筑基坑工程监测技术标准》（GB 50497—2019）及《建筑基坑支护技术规程》（JGJ 120—2012）有关要求，基坑周边环境沉降监测在基坑工程开工前应测得初始值，其他监测项目在基坑开挖前应测得初始值，取连续3次稳定值的平均值作为初始值（表5.4-1）。

表 5.4-1 监测数据

施工工况	基坑开挖至下承台垫层施工完成前	下承台垫层施工完成后至下承台完成前	下承台完成后至基坑回填完成前
防护桩顶部水平位移	1次/天	1次/3天	1次/15天
既有铁路路基沉降	*	*	*
防护桩顶部竖向位移	1次/天	1次/3天	1次/15天
基坑周边地面沉降	1次/天	1次/3天	1次/15天
防护桩深部水平位移	1次/4天	1次/10天	1次/30天
地下水位	1次/天	1次/3天	1次/15天

* 数据详见相关规定。

(2) 当出现下列情况之一时，应提高监测频率：

① 监测数据达到报警值；

② 监测数据变化较大或速率加快；

③ 存在勘察未发现的不良地质现象；

④ 出现超挖等违反设计工况的施工情况；

⑤ 长时间降雨，基坑周边积水出现泄漏；

⑥ 基坑附近地面荷载突然加大或超过设计限值；

⑦ 基坑周边出现较大沉降或出现严重开裂；

⑧ 周边建筑物出现较大沉降、不均匀沉降或出现严重开裂。

4. 特殊情况

出现下列情况之一时，应立即报警，并加大监测频率，若情况比较严重，应立即停止施工，并对基坑防护结构和周围环境中的保护对象采取应急措施：

（1）超过报警值，基坑监测报警值须满足《建筑基坑工程监测技术标准》（GB 50497—2019）以及《建筑基坑支护技术规程》（JGJ 120—2012）有关规定；

（2）防护结构位移速率增加且不收敛；

（3）基坑防护结构出现断裂、松弛等影响整体结构安全性损坏情况；

（4）基坑出现局部坍塌；

（5）基坑周边出现大于 10mm 裂缝，并持续发展；

（6）存在勘察未发现的不良地质；

（7）出现土方超挖、周边超载等违反设计要求的情况；

（8）周边地面突发较大沉降或出现严重开裂；

（9）出现其他影响基坑及周边环境的异常情况。

5. 设置 3 个稳定、可靠的基准点，工作基点应选在相对稳定和方便使用的位置，监测期间应定期检查工作基点和基准点的稳定性。

6. 监测点应设置在坡顶易于保护处，埋置深度不小于 1.5 米。

7. 应急预案

（1）在基坑开挖过程中，监测值达到报警值、基坑周边突然出现较大沉降或裂缝、防护结构开裂，应立即停止开挖，必要时采取坡底堆载反压等措施，待设计人员查明原因，出具设计变更并落实后，方可继续开挖。

（2）基坑开挖及试用期间，生活及施工用水不得随意排放，防止浸泡基坑周边土体。

（3）若基坑开挖过程中，实际地层状况及周边环境与设计条件出现较大变化时，应及时与设计人员联系，设计人员应进行验算，必要时进行设计变更。

（4）在施工过程中基坑仪器监测同时应加强现场巡视，特别是在土方开挖期间，如出现沉降位移较大情况，应及时通知设计人员，分析原因，以采取相应的加固措施。

（5）基坑防护施工时，应制定季节性施工措施，保证防护施工质量。

(6) 如施工现场不能保证连续供电，应配备发电设备，以防突然停电水位上升浸泡基坑。

8. 关键工序应有日报表制度，每天上报监控、监测数据，形成结论意见并对下一步施工给出建议。建立三级预警机制，形成各方有效的联动机制，切实确保施工过程安全可控。

二、铁路施工监测

(1) 监测范围：公铁交叉位置沿铁路方向外延50m。

(2) 监测项目见表5.4-2至表5.4-4。

表 5.4-2 监测项目一览

监测区段	必测项目	选测项目
路基段	轨道竖向位移及水平位移、路基竖向位移及水平位移、接触网支柱竖向位移、接触网支柱倾斜	挡墙顶水平及竖向位移、结构裂缝
桥涵段	墩台竖向及水平位移、框架桥竖向及水平位移、墩台倾斜、箱涵竖向位移	接触网支柱竖向位移、接触网支柱倾斜、桥涵过渡段差异竖向位移、箱涵错台、结构裂缝

表 5.4-3 基坑工程邻近施工影响区

铁路等级	临近施工影响区	区域范围
普速铁路	主要影响区	基坑周边 0.7H 范围内
	一般影响区	基坑周边 0.7H 至 (2.0~3.0) H 范围内
	轻微影响区	基坑周边 (2.0~3.0) H 至 (3.0~4.0) H 范围内
高速铁路	主要影响区	基坑周边 0.7H 范围内
	一般影响区	基坑周边 0.7H 至 (3.0~4.0) H 范围内
	轻微影响区	基坑周边 (3.0~4.0) H 至 (4.0~5.0) H 范围内

表 5.4-4 监测等级划分

临近施工影响区	监测区域			
	高速铁路		普速铁路	
	重点监测区的监测对象	一般监测区的监测对象	重点监测区的监测对象	一般监测区的监测对象
主要影响区	一等	三等	一等	三等
一般影响区	一等	三等	二等	三等
轻微影响区	二等	三等	三等	三等

在施工过程中，对铁路轨道、路基进行监测，并在轨道、路基上布置测点，间距为10m。

(3) 测点布置

路基段轨道、路基监测点布置按照《邻近铁路营业线施工安全监测技术规程》4.3节相关要求执行，接触网支柱应设置单独位移监测点。

(4) 监测方法

采用人工监测与自动监测相结合的方式，具体方法根据第三方监测方案要求执行。

(5) 监测频率、预警值、报警值和控制值

① 监测频率：应根据铁路营业线等级、监测等级及工程实施阶段确定。

② 监测周期：应包括施工期和竣工后至少一个月的数据稳定期（表5.4-5）。

表5.4-5 监测周期

监测周期及监测等级		铁路营业线等级	
		高速铁路	普速铁路
施工期间	一等	1次/2小时	1次/2小时
	二等	8次/天	4次/天
	三等	4次/天	1~2次/天
竣工一个月内	一等	4次/天	1次/2天
	二等	2次/天	1次/4天
	三等	1次/天	1次/2周
竣工一个月后		根据是否达到停测标准确定是否继续监测	

③ 预警值、报警值、控制值（表5.4-6至表5.4-8）：

表5.4-6 轨道位移变形监测预警值、报警值和控制值（单位：mm）

监测项目		控制标准		
		累计量预警值	累计量报警值	控制值
高速铁路	轨道竖向位移	±1.2mm	±1.6mm	±2mm
	轨道水平位移	±1.2mm	±1.6mm	±2mm
普速铁路	轨道竖向位移	+1.8mm −4.8mm	+2.4mm −6.4mm	+3mm −8mm
	轨道水平位移	±4.2mm	±5.6mm	±7mm

表5.4-7 铁路路基变形监测预警值、报警值和控制值

监测项目			控制标准		
			累计量预警值	累计量报警值	控制值
高速铁路	无砟轨道	路基竖向位移	+1.2mm −3mm	+1.6mm −4mm	+2mm −5mm
	有砟轨道	路基竖向位移	+1.8mm −4.8mm	+2.4mm −6.4mm	+3mm −8mm

续表

监测项目		控制标准		
		累计量预警值	累计量报警值	控制值
普速铁路	路基竖向位移	±6mm	±8mm	±10mm
	路基水平位移	±4.2mm	±5.6mm	±7mm
	接触网支柱竖向位移	±3mm	±4mm	±5mm
	接触网支柱倾斜	0.3%	0.4%	0.5%

注：1 接触网杆不得向线路侧和受力方向倾斜。

2 在限速条件下进行邻近施工时，预警值、报警值和控制值可根据线路情况结合安全审查、评估意见确定。

表5.4-8 铁路桥梁变形监测预警值、报警值和控制值

监测项目			控制标准		
			累计量预警值	累计量报警值	控制值
高速铁路	桥墩监测（有砟轨道）	竖向位移	±1.8mm	±2.4mm	±3mm
		顶部、底部横线路水平位移	±1.8mm	±2.4mm	±3mm
		顶部、底部顺线路水平位移	±1.8mm	±2.4mm	±3mm
普速铁路		桥墩竖向位移	+1.8mm −4.8mm	+2.4mm −6.4mm	+3mm −8mm
		顶部、底部横向水平位移	±4.2mm	±5.6mm	±7mm
		顶部、底部纵向水平位移	±4.2mm	±5.6mm	±7mm

第六章 施工期间对既有铁路桥梁影响安全性评估

第一节 安全评估工作概述

一、评估对象

针对本工程的特殊性,以及青盐铁路安全的重要性,应针对唐河路—安顺路打通工程[DK6+680~DK6+980.73(XK6+963.73)]下穿铁路工程施工期间对既有铁路桥梁影响进行安全评估。

二、评估目的

本工程施工期间会引起地层移动和变形,导致既有铁路桥梁随之发生移动和变形,进而引起桥梁受力的变化。通过对铁路桥梁沉降变形及结构安全进行计算,从设计层面给出优化建议,确保青盐铁路的运营安全。

三、评估内容

依据相关规范、规程的要求,结合本工程特点而拟定的主要专项评估内容包括以下几个方面(表6.1-1)。主要依据以下分析内容要求独立开展相关安全风险分析工作。

表6.1-1 本项目安全评估内容汇总

序号	评估内容	评估软件
1	唐河路—安顺路打通工程[DK6+680~DK6+980.73(XK6+963.73)]下穿铁路工程施工及运营引起的青盐铁路桥梁基础变形评估	Midas GTS-NX
2	唐河路—安顺路打通工程[DK6+680~DK6+980.73(XK6+963.73)]下穿铁路工程施工及运营引起的青盐铁路桥梁基础强度验算	Midas GTS-NX RBCAD

四、评估方法

采用理论计算和有限元模型相结合的方法开展数值模拟计算,对照评估标准开展定量安全评估。

岩土工程中存在的开挖问题主要是指基坑、隧道等的开挖。这些开挖的施工过程通常较为复杂,如分步骤开挖、支挡结构的施工等,常规的分析方法处理起来十分困难,往往需要通过有限元对支护结构的内力和变形、周围土体的位移、邻近既有建筑物的变位等进行分析。针对唐河路—安顺路打通工程[DK6+680~DK6+980.73

(XK6+963.73)〕下穿铁路工程施工问题,国内外应用较多的研究方法是有限元法,该方法可以用于求解非线性问题,可在计算过程中模拟各种复杂的材料本构关系,易于处理非均匀介质问题、模拟各向异性材料,适用于各种复杂的边界条件。采用的软件是成熟的大型岩土工程通用软件 Midas GTS-NX。

第二节 安全评估标准

既有铁路的安全评估一般从结构及附属设施变形、结构强度及稳定性等方面来考虑,且一般采用变形作为主要控制指标。根据既有铁路运营现状及周边设施,参考国内类似工程经验并结合理论计算分析,制定了本工程变形控制指标及标准。

一、高速铁路构筑物(桥梁)变形评估标准

1. 沉降评估标准

《铁路桥涵设计规范》(TB 10002—2017)规定:

墩台基础的沉降应按恒载计算,其工后沉降量不应超过规定的限值(表6.2-1)。超静定结构相邻墩台沉降量除应满足表6.2-1 的规定外,尚应根据沉降差对结构产生的附加应力的影响而定。墩台基础沉降计算不含区域沉降。

表 6.2-1 静定结构墩台基础工后沉降限值

设计速度	沉降类型	桥上轨道类型	限值
200km/h	墩台均匀沉降	有砟轨道	50mm
	相邻墩台沉降差	有砟轨道	20mm
250 km/h	墩台均匀沉降	有砟轨道	50mm
	相邻墩台沉降差	有砟轨道	20mm

2. 横桥向变形评估标准

墩台横向水平刚度应满足行车条件下列车安全性和旅客乘车舒适度要求,并应对最不利荷载作用下墩台顶横向弹性水平位移进行计算。在列车竖向静活载、横向摇摆力、离心力、风力和温度作用下,墩顶横向水平位移引起的桥面处梁端水平折角如图 6.2-1 所示,并应符合下列规定:

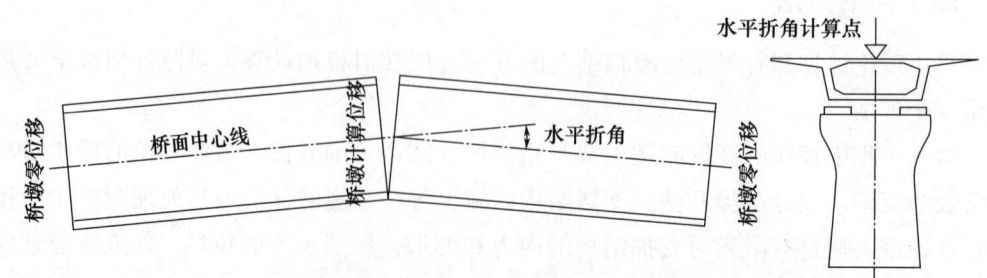

图 6.2-1 墩顶横向水平位移引起的桥面处梁端水平折角

1) 设计时速200km及以上铁路梁端水平折角不应大于1.0‰rad。
2) 设计时速160km及以下铁路，桥跨小于40m的梁端水平折角不应大于1.5‰rad。

3. 顺桥向变形评估标准

《铁路桥涵设计规范》(TB 10002—2017) 第5.4.4条给出简支梁桥墩台顶面顺桥方向的弹性水平位移应满足下式要求：

$$\Delta \leqslant 5\sqrt{L}$$

式中，L——桥梁跨度（m）；当L＜24m时，L按24m计算；当为不等跨时，L采用相邻跨度中较小的跨度；

Δ——墩台顶面处的水平位移（mm），包括由于墩台身和基础的弹性变形，以及基底土体弹性变形的影响。

二、公路与市政工程下穿高速铁路技术规程

受下穿工程影响的铁路桥梁墩台顶位移限值应符合下列规定：

(1) 不限速条件下，应符合表6.2-1的规定。
(2) 不满足表6.2-1的要求时，可进行专项论证，但轨道平顺性应符合表6.2-2的规定。

表6.2-2 墩台顶位移限值（单位：mm）

轨道类型	墩顶位移		
	横向水平位移	纵向水平位移	竖向位移
有砟轨道	3	3	3

三、结构安全性标准

工程设计方案施工或运营期间的外力对铁路桥梁桩基产生附加影响，检算其单桩设计承载力不得大于原设计单桩容许承载力。

四、本项目采用各项评估指标及安全评估标准限值汇总

本次项目需评价唐河路-安顺路打通工程［DK6+680～DK6+980.73（XK6+963.73)］下穿铁路工程施工期间安全性的影响，本次项目控制内容包括桥梁的沉降、差异沉降、横向水平变形和纵向水平变形等。经整理，本项目主要控制指标及限值见表6.2-3、表6.2-4。

表6.2-3 青盐铁路和胶济客专安全评估控制指标及限值

序号	类别	控制指标	采用限值	单位	对应规范	备注
1	差异沉降量	铁路相邻墩台累计差异沉降量（设计值+施工附加值）	20	mm	《铁路桥涵设计规范》(TB 10002—2017)	有砟轨道
2	横向水平变形量	铁路桥梁墩台顶横向水平变形量（附加值）	3	mm	《公路与市政工程下穿高速铁路技术规程》(TB 10182—2017)	有砟轨道

续表

序号	类别	控制指标	采用限值	单位	对应规范	备注
3	纵向水平变形量	铁路桥梁墩台顶纵向水平变形量（附加值）	3	mm	《公路与市政工程下穿高速铁路技术规程》（TB 10182—2017）	有砟轨道
4	竖向位移变形量	铁路桥梁墩台顶竖向位移变形量（附加值）	3	mm	《公路与市政工程下穿高速铁路技术规程》（TB 10182—2017）	有砟轨道
5	桩基承载力	铁路桥梁桩基单桩轴力值（设计值＋施工附加值）＜单桩承载力值	根据规范计算	KN	《铁路桥涵地基和基础设计规范》（TB 10093—2017）	$[P] = \frac{1}{2}(U\sum a_i f_i + \lambda A R_a)$

表 6.2-4　青荣城际安全评估控制指标及限值

序号	类别	控制指标	采用限值	单位	对应规范	备注
1	差异沉降量	铁路相邻墩台累计差异沉降量（设计值＋施工附加值）	15	mm	《铁路桥涵设计规范》（TB10002—2017）	有砟轨道
2	横向水平变形量	铁路桥梁墩台顶横向水平变形量（附加值）	3	mm	《公路与市政工程下穿高速铁路技术规程》（TB 10182—2017）	有砟轨道
3	纵向水平变形量	铁路桥梁墩台顶纵向水平变形量（附加值）	3	mm	《公路与市政工程下穿高速铁路技术规程》（TB 10182—2017）	有砟轨道
4	竖向位移变形量	铁路桥梁墩台顶竖向位移变形量（附加值）	3	mm	《公路与市政工程下穿高速铁路技术规程》（TB 10182—2017）	有砟轨道
5	桩基承载力	铁路桥梁桩基单桩轴力值（设计值＋施工附加值）＜单桩承载力值	根据规范计算	KN	《铁路桥涵地基和基础设计规范》（TB 10093—2017）	$[P] = \frac{1}{2} U\sum f_i l_i + m_0 A[\sigma]$

第三节　下穿铁路工程合规性评价

根据《公路与市政工程下穿高速铁路技术规程》（TB 10182—2017）和其他相关规范的规定，对唐河路-安顺路打通工程［DK6＋680～DK6＋980.73（XK6＋963.73）］下穿铁路工程进行评估，评估结果见表 6.3-1。

表 6.3-1　下穿铁路工程合规性评估

序号	评估内容	评估依据	评估结果	结论
1	第3.0.6条：公路与市政道路下穿高速铁路桥梁地段，净空应符合相关技术标准的规定，并按规定设置安全防护措施。	《公路与市政工程下穿高速铁路技术规程》（TB 10182—2017）《公路工程技术标准》（JTG B01—2014）	交叉处铁路桥下最小净高为4.56m＞4.5m。设计范围起终点位置设置限高防护架，限高4.5m	满足要求

续表

序号	评估内容	评估依据	评估结果	结论
2	第3.0.8条： 公路与市政道路应与高速铁路桥墩保持必要的距离。除桥梁外，其他下穿工程结构边缘线投影不应侵入高速铁路桥梁承台。桥梁、桩板结构、路基护栏外侧与高速铁路桥墩的净距不宜小于2.5m。	《公路与市政工程下穿高速铁路技术规程》（TB 10182—2017）	桩板结构边缘线多处侵入梁承台。桥梁边缘与桥墩的安全净距最小为0.54m<2.5m	建议调整优化道路横断面，加强路侧防撞措施设计
3	第3.0.11条： 下穿工程采用钻孔桩时，其与高速铁路桥梁基桩的中心距应符合下列规定："1.软黏土及饱和粉、细砂土层等不良土层，不宜小于6倍下穿工程桩径。2.其他良好土层，不宜小于4倍下穿工程桩径"	《公路与市政工程下穿高速铁路技术规程》（TB 10182—2017）	主线刚构桥支撑桩至高铁桥墩桩最小中心为4.10m>4×1.0m。人行桥桩基至高铁桥墩桩最小中心为3.75m<4×1.0m	部分钻孔桩建议优化设计
4	第3.0.16条： 公路与市政道路排水应采用集中排水方式，不得影响高速铁路地基稳定。	《公路与市政工程下穿高速铁路技术规程》（TB 10182—2017）	道路投影上方铁路桥梁泄水孔进行局部封堵，以外部分改为集中排水	满足要求
5	第10.0.5条： 管线与高速铁路桥梁承台边缘的水平净距不宜小于3m。	《公路与市政工程下穿高速铁路技术规程》（TB 10182—2017）	管线防护桩与高速铁路桥梁基础边缘的最小水平净距为2.01m<3m	部分防护桩不满足要求，建议优化设计
6	第10.0.6条： 管线在高速铁路影响区内可采用保护顶管的方式下穿，顶管与管线之间应充砂注浆填实；通信和电力电缆可采用钢筋混凝土封包保护直埋通过。	《公路与市政工程下穿高速铁路技术规程》（TB 10182—2017）	部分管线采用管廊下穿；其余管线均采用套管保护涵防护，管壁间隙填充细砂	满足要求

第四节 工程施工对铁路的影响分析

一、有限元模型建立

根据理论基础上，本次采用大型通用有限元分析软件 Midas GTS-NX 建立整体三维有限元模型进行计算分析。

二、土层参数取值

依照地质资料，本次安全性影响评估工作依据土层类型将施工场地的土层分别简化为如下若干个土层,并依据地质资料中的土工试验报告确定土层相关地质参数,穿越铁路处土层地质参数如表 6.4-1 所示。

表 6.4-1 穿越铁路处土层地质参数

土层编号	土层名称	土层厚度(m)	天然容重(KN/m³)	饱和容重(KN/m³)	内摩擦角度(°)	黏聚力(KN/m²)	压缩模量(Mpa)
1	粉质黏土	6.8	6.8	17	12.2	24.9	8.0
2	中砂	10.7	17.5	20.2	30.0	5.0	15.0
3	粗砂	8.3	25.8	20.5	33.0	5.0	25.0
4	砾岩	10.6	36.4	21	36.0	5.0	40.0
5	泥质粉砂岩	43.6	60	22	45.0	15.0	60.0

三、有限元模型

采用大型通用有限元分析软件 Midas GTS-NX 建立整体三维有限元模型进行计算分析,土体模型认为各土层均呈匀质水平层状分布且同一土层为各向同性采用岩土有限元分析软件 Midas GTS-NX 进行模拟。模型长度为 340m,宽度 185m,深度 60m,土体采用修正摩尔-库伦模型来模拟土的本构关系,桥梁的桩基、铁路围护桩采用 1D 梁单元模拟,管廊、桩板桥基坑防护桩、桩板桥结构、河道护坡及河底采用 2D 板单元模拟,其他结构均采用 3D 实体单元模拟,桥梁的上部结构均以荷载形式加载在桥墩上来模拟,土体水平四周边界采用水平约束,底边界采用竖向约束。土体三维模型如图 6.4-1 所示。

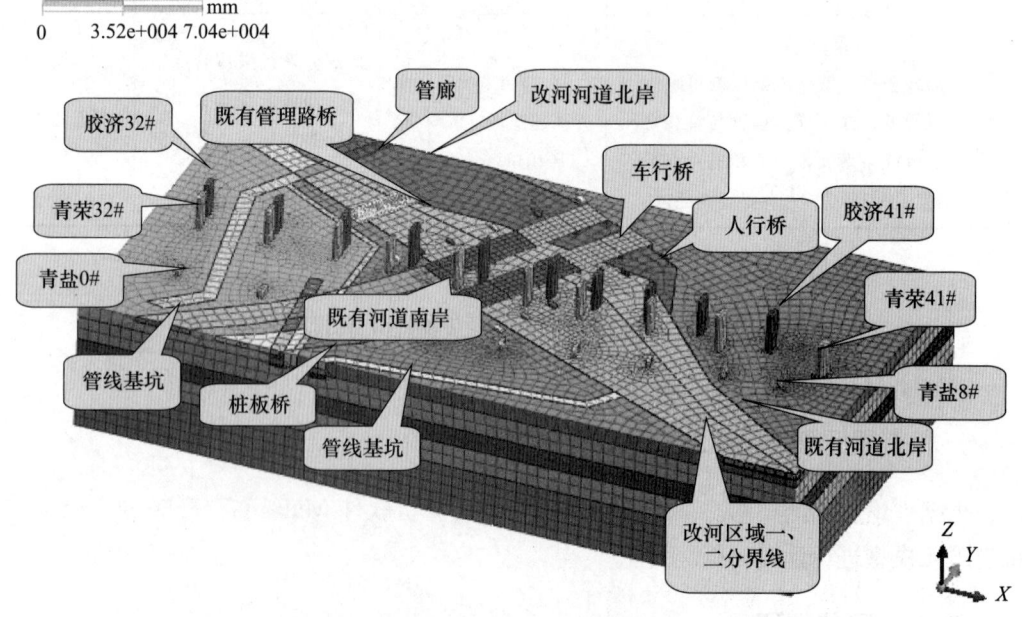

图 6.4-1 土体三维模型

四、施工过程模拟

本次评估均按铁路建设完成进行建模分析,对唐河路—安顺路打通工程[DK6+680~DK6+980.73(XK6+963.73)]下穿铁路工程的施工和运营来进行模拟(图6.4-2至图6.4-19),安全评估施工阶段及内容见表6.4-2。

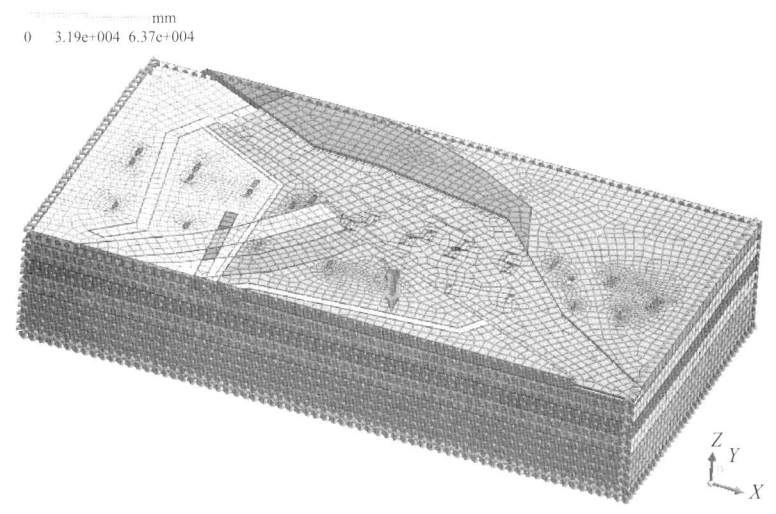

图 6.4-2　初始阶段加载模型

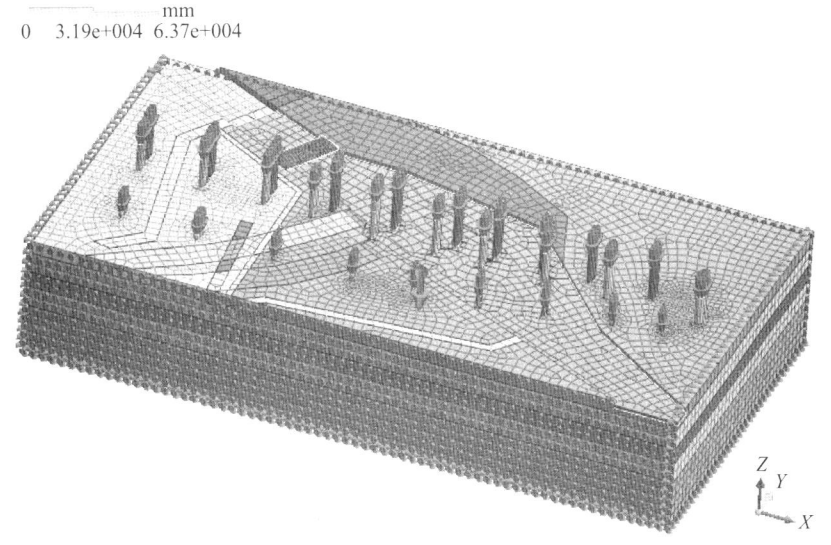

图 6.4-3　桥梁现状加载模型

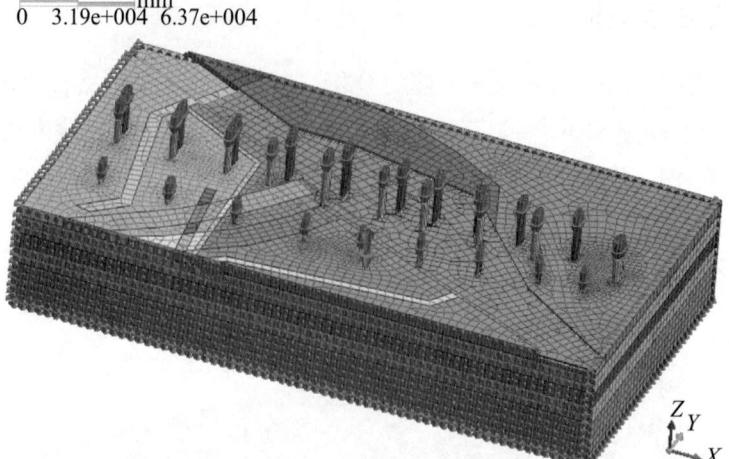

图 6.4-4　拆除既有管理路桥加载模型

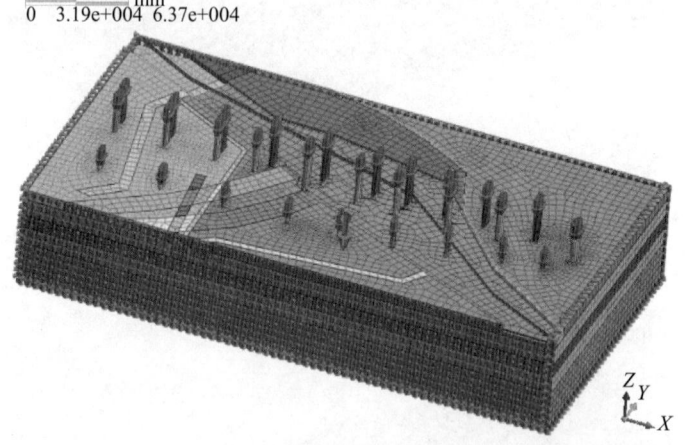

图 6.4-5　防护桩、钢板桩和止水帷幕施工加载模型

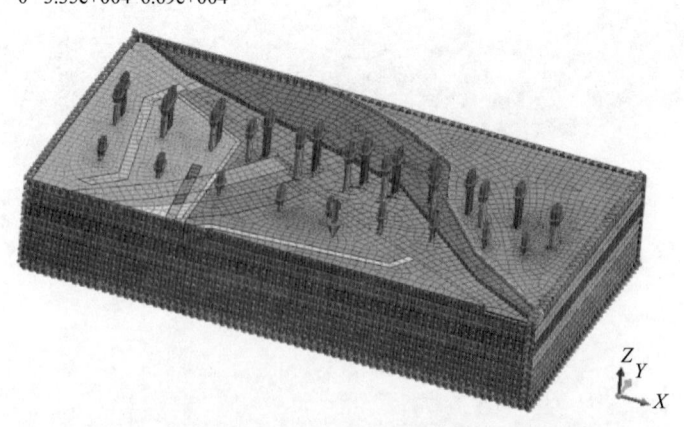

图 6.4-6　改河区域一封闭抽水、清底施工加载模型

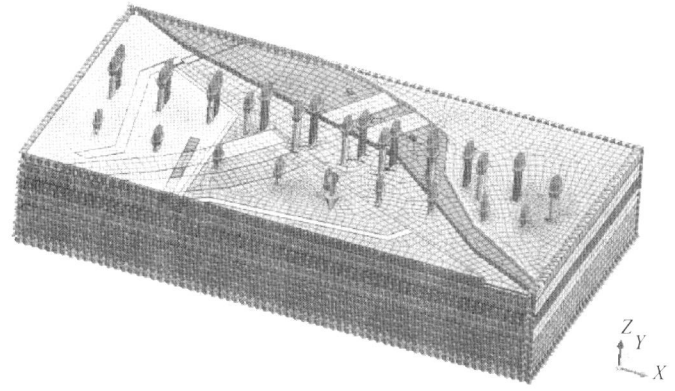

图 6.4-7 改河区域一管廊开挖、填筑围堰、人行和车行下部施工加载模型

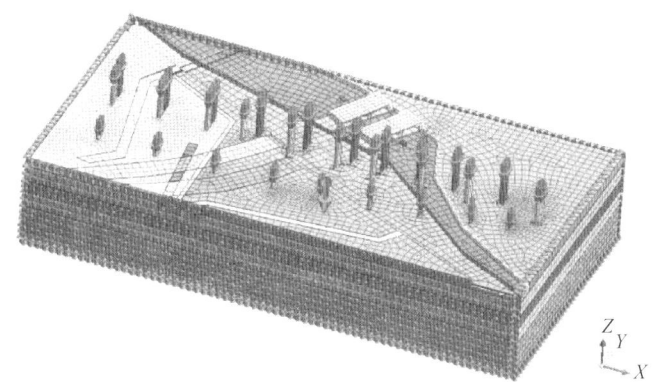

图 6.4-8 改河区域一管廊施工及回填、人行道及车行道上部结构施工加载模型

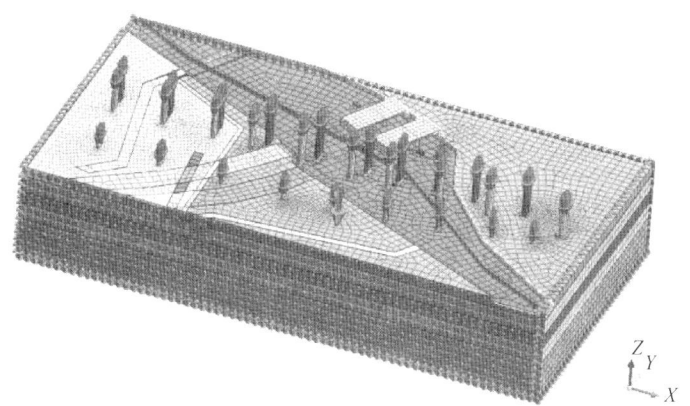

图 6.4-9 改河区域二封闭抽水、清底施工并拆除一区域填筑围堰加载模型

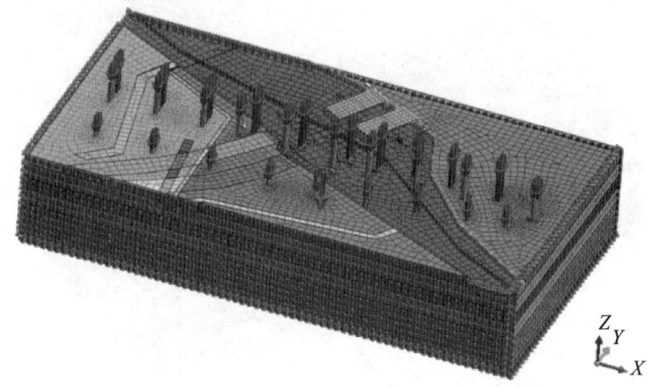

图 6.4-10 改河区域二管廊开挖、河内填筑、人行道和车行道下部施工加载模型

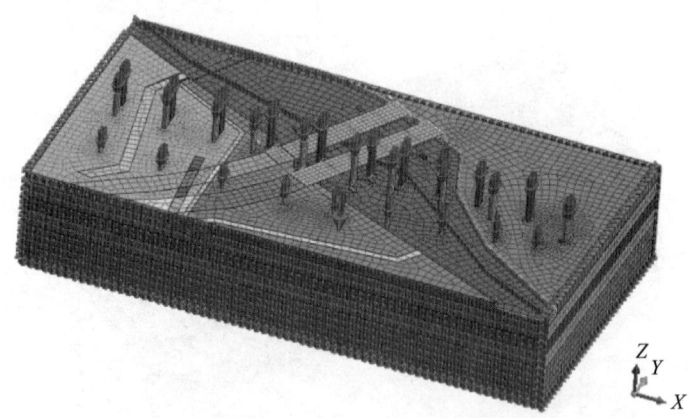

图 6.4-11 改河区域二管廊施工及回填、人行道及车行道上部结构施工加载模型

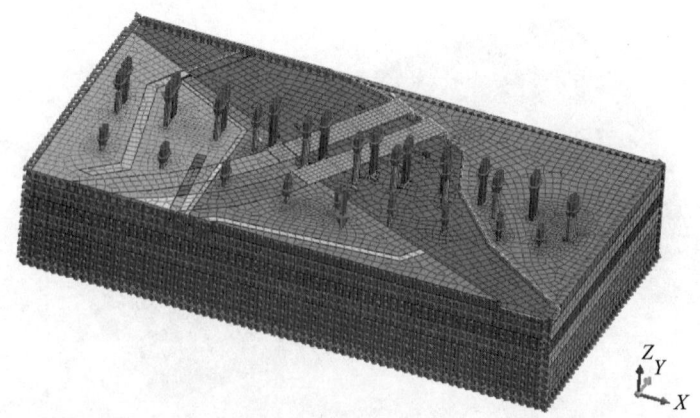

图 6.4-12 拆除钢板桩并恢复河道断面加载模型

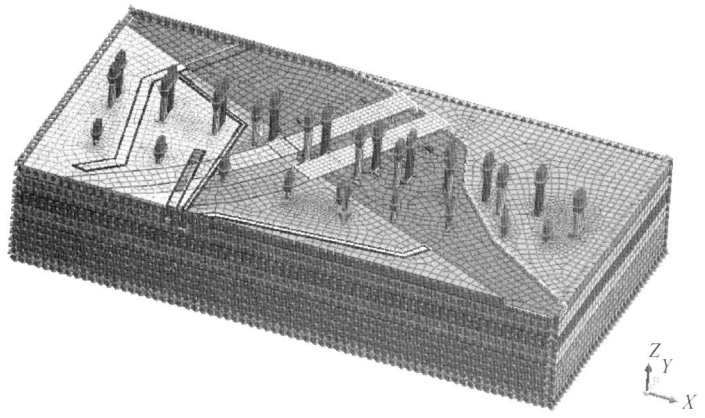

图 6.4-13 管廊管线基坑防护施工加载模型

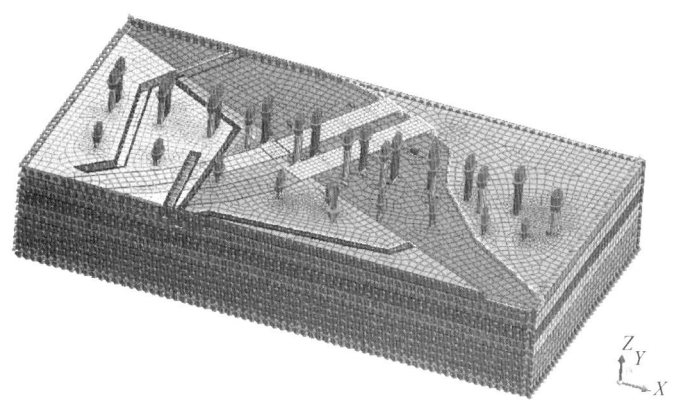

图 6.4-14 管廊管线基坑开挖施工加载模型

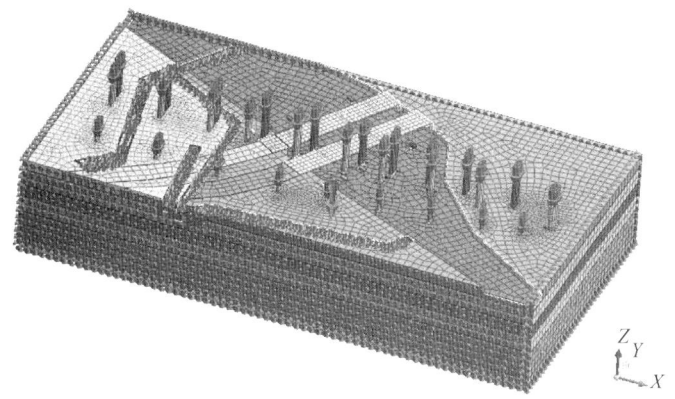

图 6.4-15 管廊管线施工及回填施工加载模型

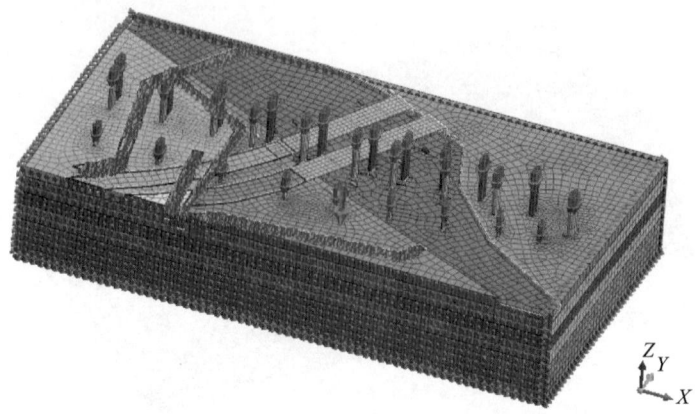

图 6.4-16　桩板桥桩基施工加载模型

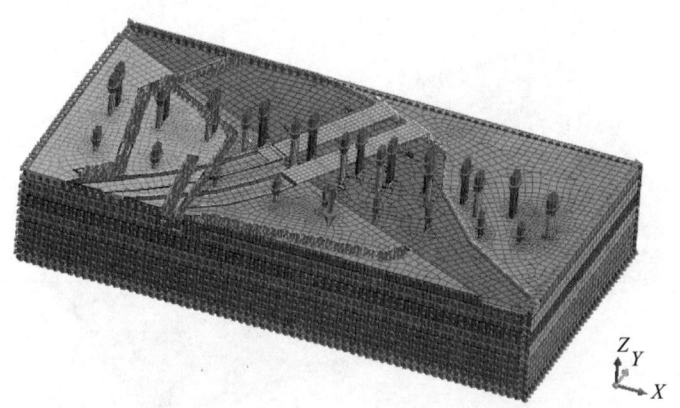

图 6.4-17　桩板桥基坑开挖施工加载模型

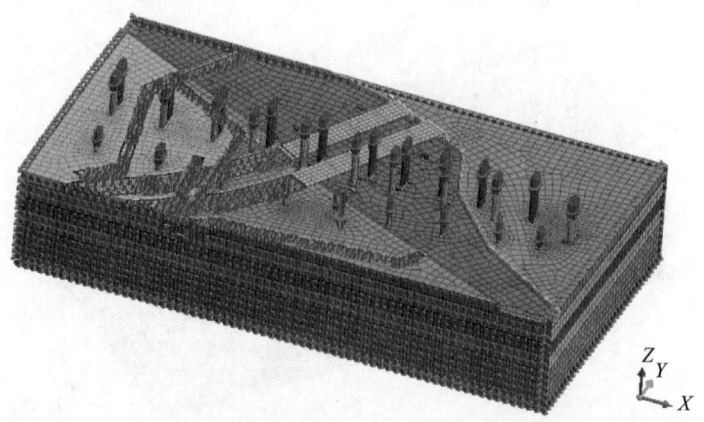

图 6.4-18　桩板桥桥板施工加载模型

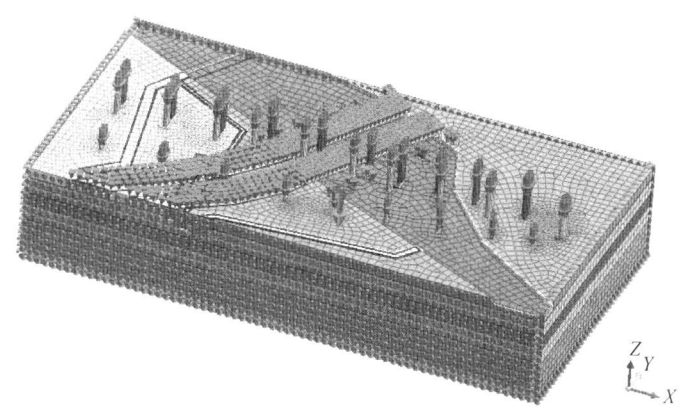

图 6.4-19　道路运营加载模型

表 6.4-2　安全评估施工阶段及内容

序号	阶段名称	内容
1	土层初始应力状态	激活土体，加载土体自重及边界条件，清除土体自重下位移
2	桥梁现状	激活既有铁路桥梁结构，并对结构位移清零
3	拆除既有管理路桥	钝化管理路桥结构
4	防护桩、钢板桩和止水帷幕施工	激活防护桩、钢板桩、止水帷幕单元，激活铁路桥桥墩注浆结构单元
5	改河区域一封闭抽水、清底施工	钝化改河区域一内水和河道底清底单元并激活河底铺砌单元
6	改河区域一管廊开挖、河内填筑围堰、人行道和车行道下部施工	钝化改河一区域管廊结构单元，激活一区域河内填筑的围堰便道荷载，激活一区域人行道和车行道下部结构单元
7	改河区域一管廊施工及回填、人行道及车行道上部结构施工	激活改河区域一管廊结构单元，激活人行道和车行道上部结构单元和上部结构恒载
8	改河区域二封闭抽水、清底施工并拆除一区域填筑围堰	钝化改河区域二内水和河道底清底单元并激活河底铺砌单元，同时拆除一区域内填筑的围堰便道
9	改河区域二管廊开挖、河内填筑、人行道和车行道下部施工	钝化改河二区域管廊结构单元，激活二区域河内填筑的围堰便道荷载，激活二区域人行道和车行道下部结构单元
10	改河区域二管廊施工及回填、人行道及车行道上部结构施工	激活改河区域二管廊结构单元，激活人行道和车行道上部结构单元和上部结构恒载
11	拆除钢板桩并恢复河道断面	拆除河道内钢板桩并恢复河道断面
12	管廊管线基坑防护	激活河道外管廊管线基坑防护单元
13	管廊管线基坑开挖	钝化河道外管廊管线基坑开挖土体单元
14	管廊管线施工及回填	激活管廊管线结构，并激活管廊管线基坑开挖土体
15	桩板桥桩基施工	激活桩板桥桩基结构单元
16	桩板桥基坑开挖	钝化桩板桥基坑开挖土体
17	桩板桥桥板施工	激活桩板桥桥板结构
18	道路运营	激活道路运营荷载

第五节 以青盐铁路为例计算结果分析

一、高铁桥梁沉降变形影响模拟分析

各阶段附加沉降汇总如表 6.5-1 所示。

表 6.5-1 各阶段附加沉降汇总（单位：mm）

施工步骤	墩号								
	0#	1#	2#	3#	4#	5#	6#	7#	8#
拆除既有管理路桥	0	0	0	0	0	0	0	0	0
防护桩、钢板桩和止水帷幕施工	0.001	0.002	0.002	−0.001	−0.092	−0.148	−0.094	−0.143	0.001
改河区域一封闭抽水、清底施工	−0.002	−0.003	−0.004	−0.004	−0.004	−0.007	−0.021	0.002	−0.001
改河区域一管廊开挖、河内填筑围堰、人行道和车行道下部施工	0.001	0.001	0.001	0.001	0.002	0.002	0.001	0.001	0.000
改河区域一管廊施工及回填、人行道及车行道上部结构施工	0.000	0.000	0.000	0.001	0.001	0.001	0.001	0.000	0.000
改河区域二封闭抽水、清底施工并拆除一区域填筑围堰	0.000	−0.001	−0.001	0.000	0.001	0.049	0.025	0.003	−0.001
改河区域二管廊开挖、河内填筑、人行道和车行道下部施工	0.000	0.000	0.001	−0.004	−0.008	0.001	0.000	0.000	0.000
改河区域二管廊施工及回填、人行道及车行道上部结构施工	0.000	0.000	0.001	−0.007	0.000	0.000	0.000	0.000	0.000
拆除钢板桩并恢复河道断面	0.000	0.000	0.000	0.000	−0.001	0.000	0.072	0.004	−0.001
管廊管线基坑防护	−0.100	−0.064	−0.192	0.005	0.005	0.004	0.001	0.002	0.001
管廊管线基坑开挖	0.186	0.109	0.162	−0.004	−0.005	−0.004	−0.002	−0.002	−0.001
管廊管线施工及回填	−0.144	−0.083	−0.131	0.005	0.005	0.004	0.001	0.002	0.001
桩板桥桩基施工	0.000	−0.048	−0.118	−0.056	0.000	0.001	0.000	0.000	0.000
桩板桥基坑开挖	−0.002	0.200	0.459	0.181	−0.002	−0.003	−0.001	0.000	0.000
桩板桥桥板施工	0.002	−0.159	−0.390	−0.153	0.002	0.002	0.001	0.000	0.000
道路运营	0.000	−0.027	−0.064	−0.021	0.000	0.001	0.000	0.000	0.000

注：附加沉降值负值为沉降，正值为隆起。

各阶段累计附加沉降汇总如表 6.5-2 所示。

第六章 施工期间对既有铁路桥梁影响安全性评估

表 6.5-2 各阶段累计附加沉降汇总（单位：mm）

施工步骤	墩号								
	0#	1#	2#	3#	4#	5#	6#	7#	8#
拆除既有管理路桥	0.000	0.000	0.000	0.000	0.000	0.000	0.000	0.000	0.000
防护桩、钢板桩和止水帷幕施工	0.001	0.001	0.002	−0.001	−0.092	−0.148	−0.094	−0.143	0.001
改河区域一封闭抽水、清底施工	−0.001	−0.001	−0.002	−0.005	−0.096	−0.156	−0.115	−0.141	0.000
改河区域一管廊开挖、河内填筑围堰、人行道和车行道下部施工	0.000	−0.001	−0.001	−0.004	−0.094	−0.154	−0.114	−0.141	0.001
改河区域一管廊施工及回填、人行道及车行道上部结构施工	0.000	−0.001	−0.001	−0.003	−0.093	−0.153	−0.113	−0.140	0.001
改河区域二封闭抽水、清底施工并拆除一区域填筑围堰	−0.001	−0.001	−0.002	−0.003	−0.092	−0.104	−0.088	−0.137	0.000
改河区域二管廊开挖、河内填筑、人行道和车行道下部施工	−0.001	−0.001	−0.001	−0.007	−0.100	−0.103	−0.088	−0.136	0.000
改河区域二管廊施工及回填、人行道及车行道上部结构施工	0.000	−0.001	−0.001	−0.014	−0.100	−0.103	−0.088	−0.136	0.000
拆除钢板桩并恢复河道断面	0.000	−0.001	−0.001	−0.015	−0.101	−0.103	−0.016	−0.132	0.000
管廊管线基坑防护	−0.100	−0.065	−0.192	−0.010	−0.099	−0.099	−0.015	−0.130	0.001
管廊管线基坑开挖	0.086	0.044	−0.030	−0.014	−0.101	−0.103	−0.016	−0.132	0.000
管廊管线施工及回填	−0.058	−0.039	−0.161	−0.014	−0.096	−0.099	−0.015	−0.131	0.001
桩板桥桩基施工	−0.058	−0.087	−0.279	−0.065	−0.096	−0.099	−0.015	−0.131	0.001
桩板桥基坑开挖	−0.060	0.113	0.180	0.116	−0.097	−0.102	−0.016	−0.131	0.001
桩板桥桥板施工	−0.058	−0.046	−0.211	−0.037	−0.096	−0.100	−0.015	−0.131	0.000
道路运营	−0.057	−0.073	−0.275	−0.058	−0.096	−0.099	−0.015	−0.131	0.001

注：附加沉降值负值为沉降，正值为隆起。

由表 6.5-2 可知，青盐铁路跨娄山河特大桥单阶段附加沉降量最大值为 0.459mm，累计附加沉降量最大值为 −0.279mm，根据《公路与市政工程下穿高速铁路技术规程》限值 3mm 的要求，本次评估结果在控制值范围之内，本次评估结果在控制值范围之内。

各阶段附加差异沉降汇总如表 6.5-3 所示。

表 6.5-3 各阶段附加差异沉降汇总（单位：mm）

施工步骤	墩号								
	0#	1#	2#	3#	4#	5#	6#	7#	8#
拆除既有管理路桥	0.000	0.000	0.000	0.000	0.000	0.000	0.000	0.000	0.000
防护桩、钢板桩和止水帷幕施工	0.000	0.000	0.003	0.091	0.091	0.056	0.054	0.144	0.144
改河区域一封闭抽水、清底施工	0.001	0.001	0.001	0.000	0.004	0.013	0.022	0.022	0.003
改河区域一管廊开挖、河内填筑围堰、人行道和车行道下部施工	0.000	0.000	0.000	0.000	0.000	0.001	0.001	0.000	0.000

续表

施工步骤	墩号								
	0#	1#	2#	3#	4#	5#	6#	7#	8#
改河区域一管廊施工及回填、人行道及车行道上部结构施工	0.000	0.000	0.000	0.000	0.000	0.000	0.000	0.000	0.000
改河区域二封闭抽水、清底施工并拆除一区域填筑围堰	0.000	0.001	0.001	0.001	0.048	0.048	0.024	0.021	0.004
改河区域二管廊开挖、河内填筑、人行道和车行道下部施工	0.000	0.000	0.005	0.005	0.009	0.009	0.000	0.000	0.000
改河区域二管廊施工及回填、人行道及车行道上部结构施工	0.000	0.000	0.008	0.008	0.007	0.001	0.000	0.000	0.000
拆除钢板桩并恢复河道断面	0.000	0.000	0.000	0.000	0.001	0.072	0.072	0.068	0.004
管廊管线基坑防护	0.036	0.128	0.196	0.196	0.001	0.002	0.002	0.001	0.001
管廊管线基坑开挖	0.078	0.078	0.166	0.166	0.001	0.002	0.002	0.002	0.001
管廊管线施工及回填	0.062	0.062	0.136	0.136	0.001	0.0Q2	0.001	0.001	0.001
桩板桥桩基施工	0.049	0.070	0.070	0.062	0.056	0.000	0.000	0.000	0.000
桩板桥基坑开挖	0.202	0.259	0.278	0.278	0.183	0.000	0.002	0.000	0.000
桩板桥桥板施工	0.161	0.231	0.237	0.237	0.155	0.001	0.001	0.000	0.000
道路运营	0.027	0.037	0.044	0.044	0.021	0.001	0.000	0.000	0.000

各阶段累计附加差异沉降汇总如表 6.5-4 所示。

表 6.5-4 各阶段累计附加差异沉降汇总（单位 mm）

施工步骤	墩号								
	0#	1#	2#	3#	4#	5#	6#	7#	8#
拆除既有管理路桥	0.000	0.000	0.000	0.000	0.000	0.000	0.000	0.000	0.000
防护桩、钢板桩和止水帷幕施工	0.000	0.000	0.003	0.091	0.091	0.056	0.054	0.144	0.144
改河区域一封闭抽水、清底施工	0.001	0.001	0.003	0.091	0.091	0.060	0.040	0.141	0.141
改河区域一管廊开挖、河内填筑围堰、人行道和车行道下部施工	0.001	0.001	0.003	0.090	0.090	0.060	0.040	0.141	0.141
改河区域一管廊施工及回填、人行道及车行道上部结构施工	0.001	0.001	0.002	0.090	0.090	0.060	0.039	0.141	0.141
改河区域二封闭抽水、清底施工并拆除一区域填筑围堰	0.001	0.001	0.001	0.089	0.089	0.015	0.048	0.137	0.137
改河区域二管廊开挖、河内填筑、人行道和车行道下部施工	0.001	0.001	0.006	0.093	0.093	0.015	0.049	0.137	0.137

第六章 施工期间对既有铁路桥梁影响安全性评估

续表

施工步骤	墩号								
	0#	1#	2#	3#	4#	5#	6#	7#	8#
改河区域二管廊施工及回填、人行道及车行道上部结构施工	0.000	0.000	0.014	0.086	0.086	0.015	0.049	0.137	0.137
拆除钢板桩并恢复河道断面	0.000	0.000	0.014	0.086	0.086	0.087	0.116	0.132	0.132
管廊管线基坑防护	0.035	0.128	0.182	0.182	0.086	0.084	0.116	0.131	0.131
管廊管线基坑开挖	0.042	0.074	0.074	0.087	0.087	0.087	0.116	0.132	0.132
管廊管线施工及回填	0.019	0.122	0.152	0.152	0.087	0.084	0.116	0.131	0.131
桩板桥桩基施工	0.029	0.192	0.214	0.214	0.030	0.084	0.116	0.131	0.131
桩板桥基坑开挖	0.173	0.173	0.066	0.213	0.213	0.086	0.115	0.131	0.131
桩板桥桥板施工	0.012	0.165	0.173	0.173	0.058	0.085	0.116	0.131	0.131
道路运营	0.015	0.202	0.217	0.217	0.038	0.084	0.116	0.131	0.131

由表6.5-4可知，青盐铁路跨娄山河特大桥单阶段附加差异沉降量最大值为0.278mm，累计附加差异沉降量最大值为0.217mm，根据《铁路桥涵设计规范》限值20mm的要求，本次评估结果在控制值范围之内。

各施工过程中桥梁墩顶沉降变形结果如图6.5-1至图6.5-16所示。

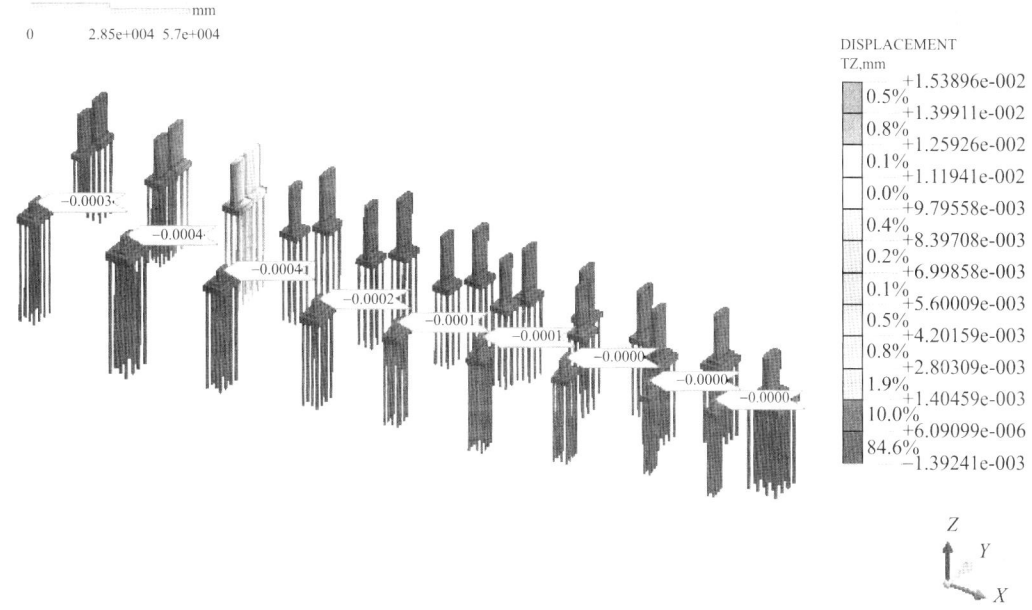

图6.5-1 拆除既有管理路桥阶段桥墩顶沉降变形云图

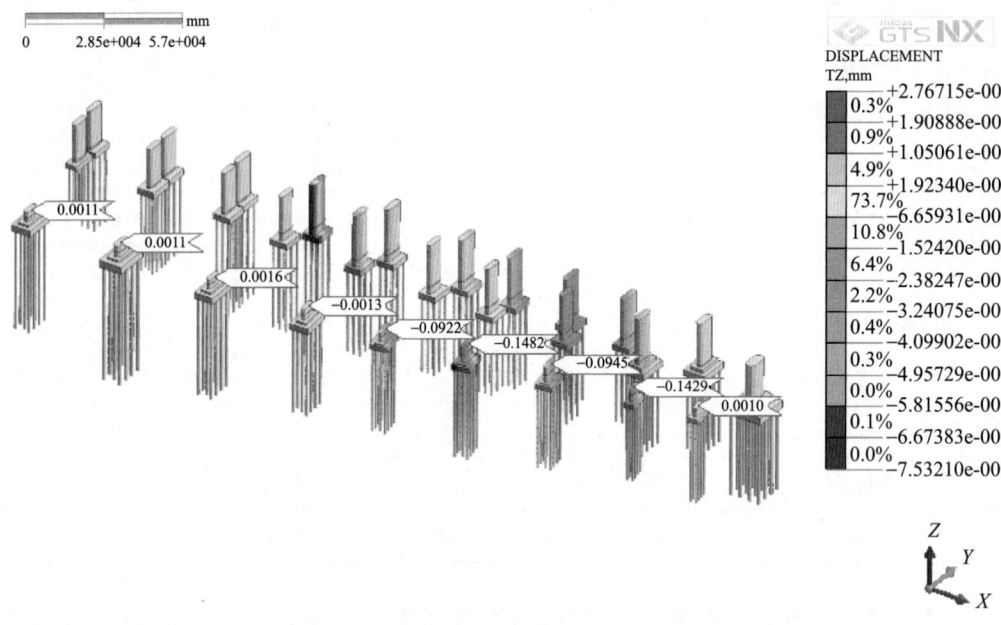

图 6.5-2 防护桩、钢板桩和止水帷幕施工阶段桥墩顶沉降变形云图

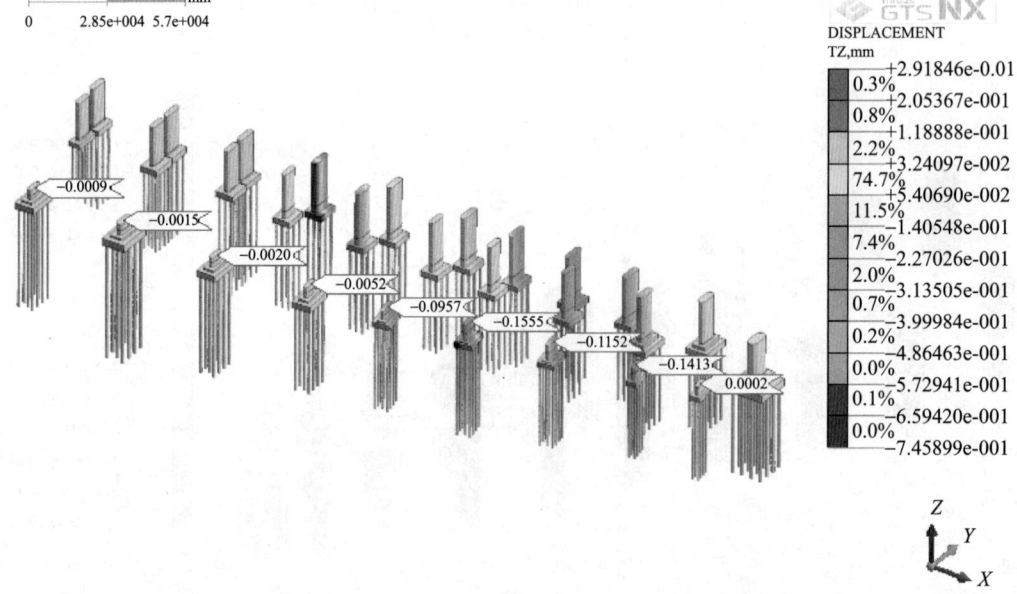

图 6.5-3 改河区域一封闭抽水、清底施工阶段桥墩顶沉降变形云图

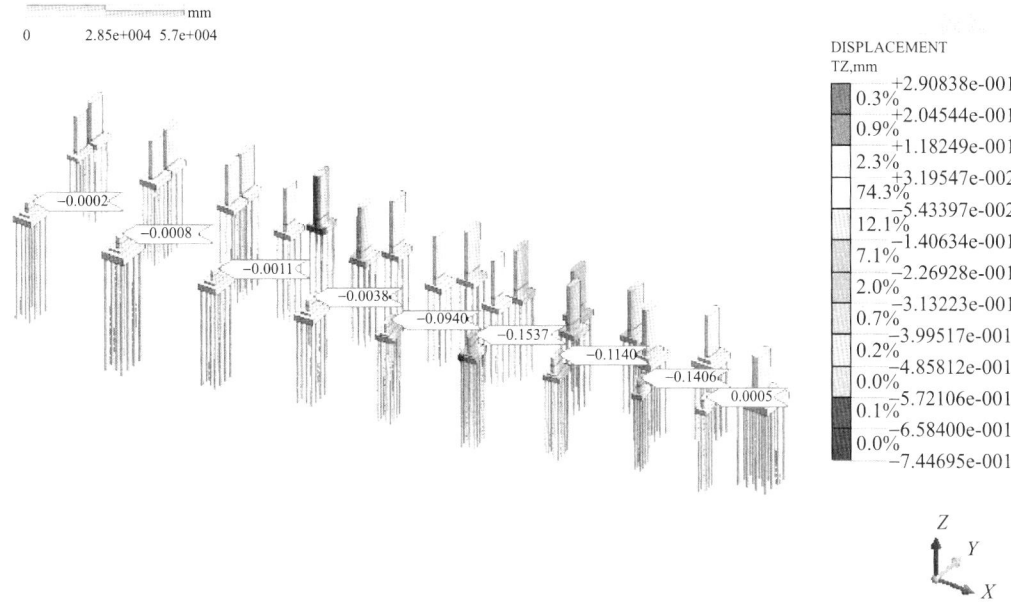

图 6.5-4　改河区域一管廊开挖、河内填筑围堰、人行道和车行道下部
施工阶段桥墩顶沉降变形云图

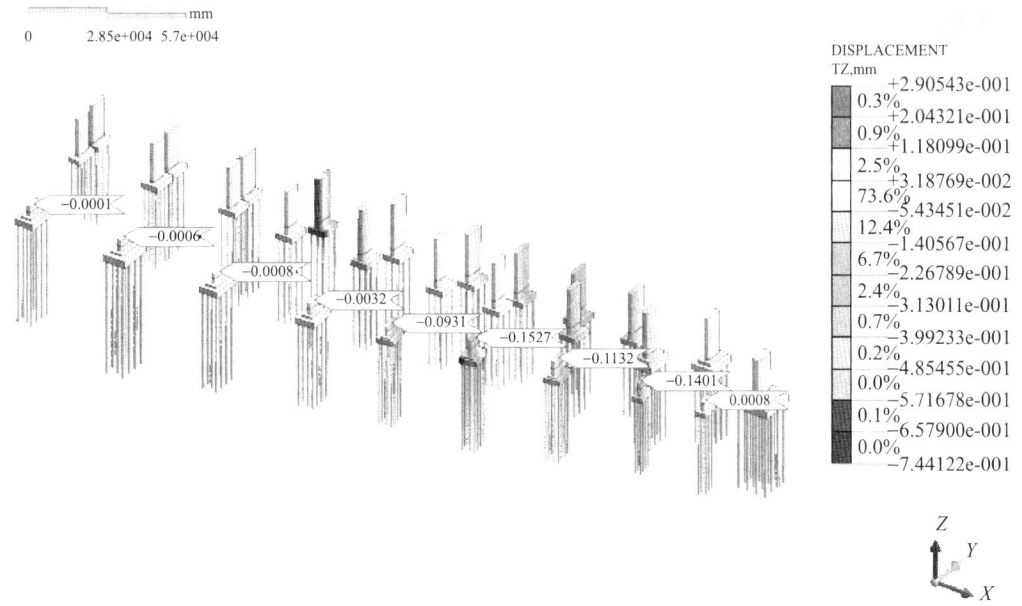

图 6.5-5　改河区域一管廊施工及回填、人行道及车行道上部结构
施工阶段桥墩顶沉降变形云图

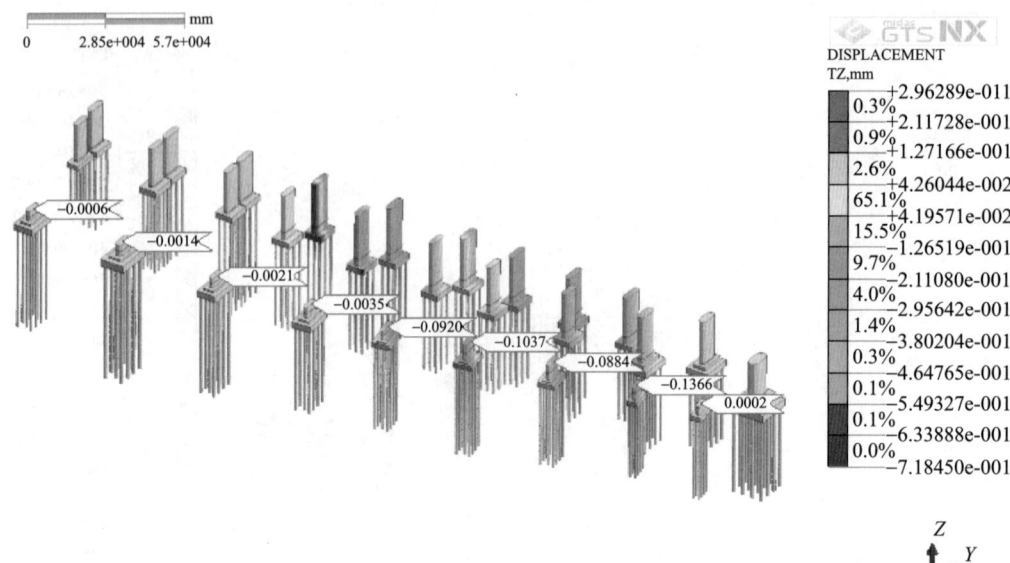

图 6.5-6　改河区域二封闭抽水、清底施工并拆除一区域填筑围堰
阶段桥墩顶沉降变形云图

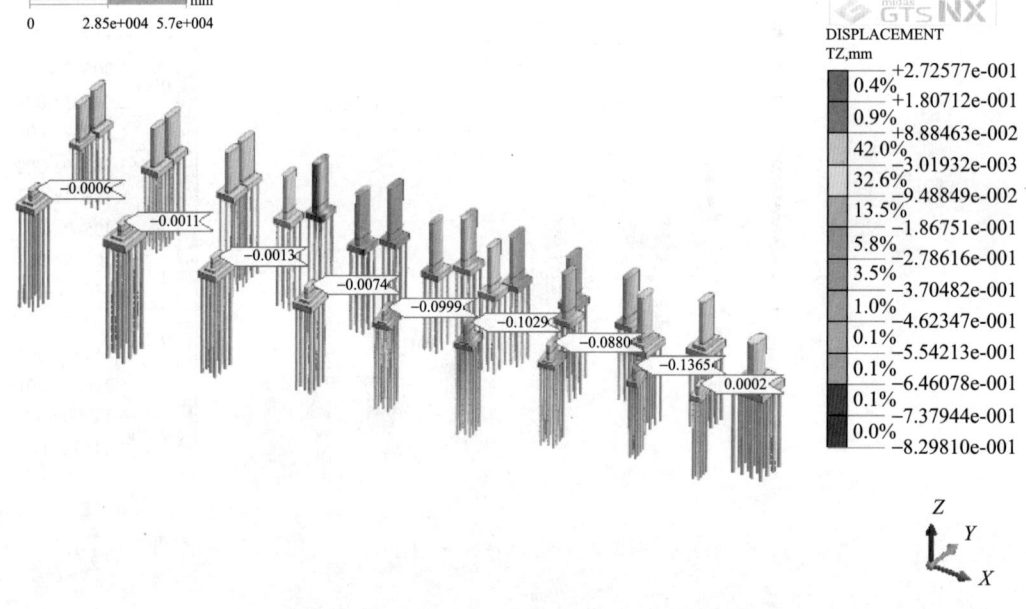

图 6.5-7　改河区域二管廊开挖、河内填筑、人行道和车行道下部施工
阶段桥墩顶沉降变形云图

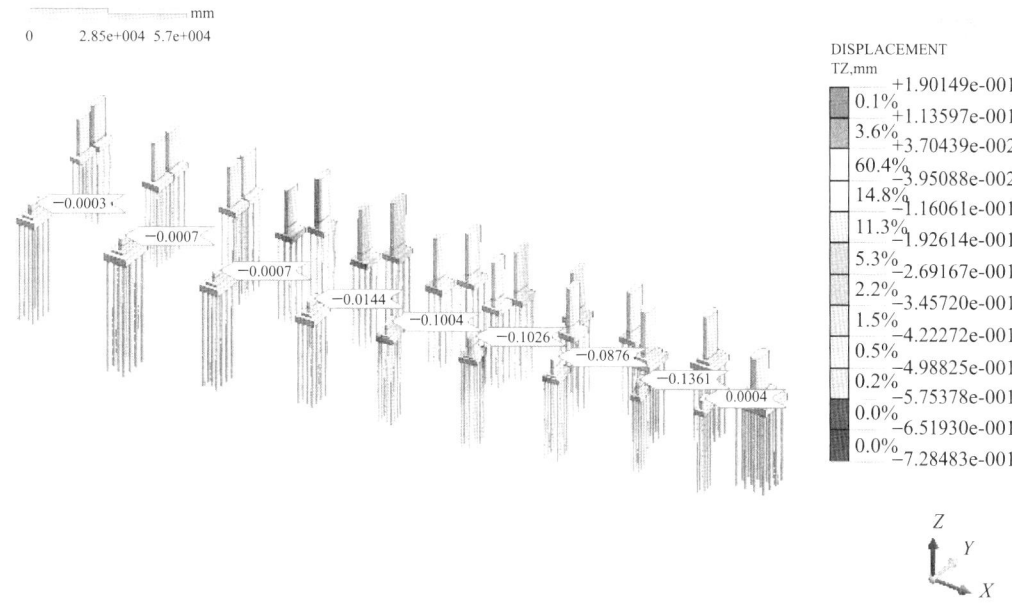

图 6.5-8　改河区域二管廊施工及回填、人行道及车行道上部结构施工阶段桥墩顶沉降变形云图

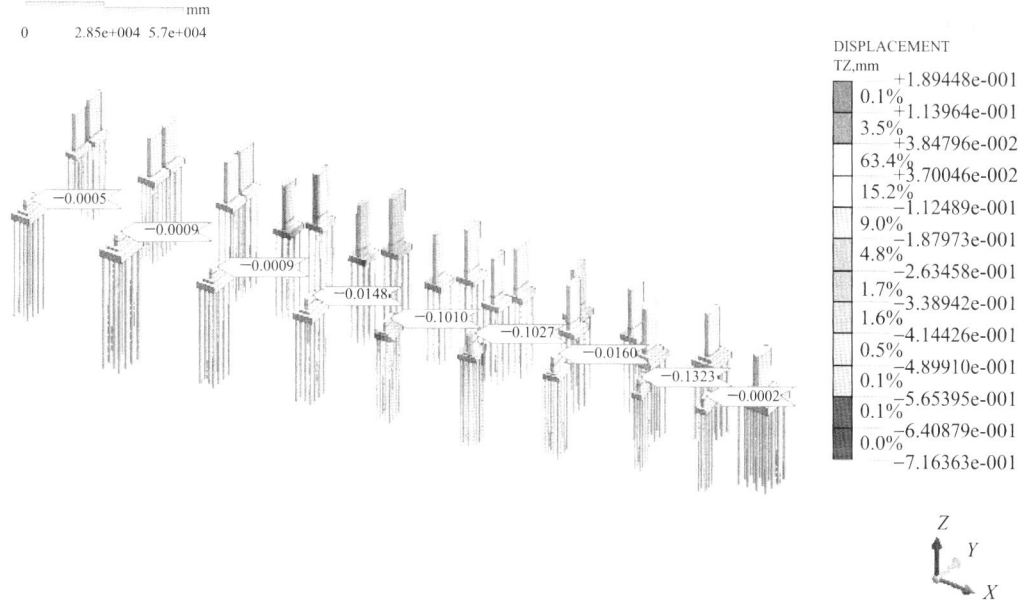

图 6.5-9　拆除钢板桩并恢复河道断面阶段桥墩顶沉降变形云图

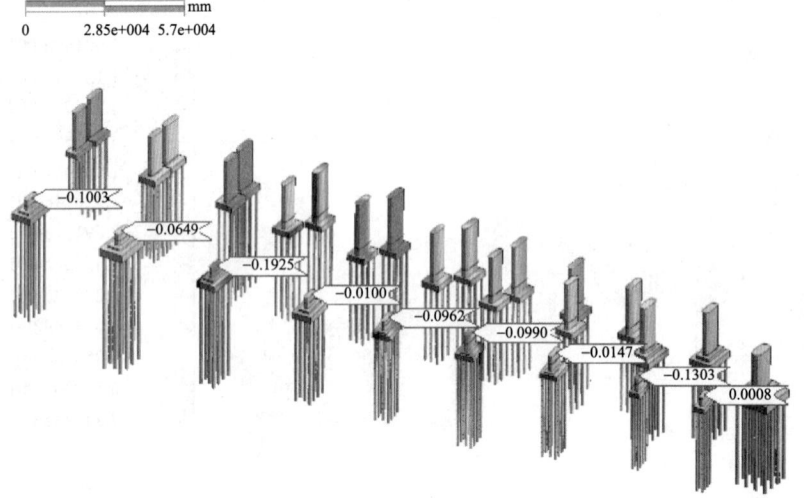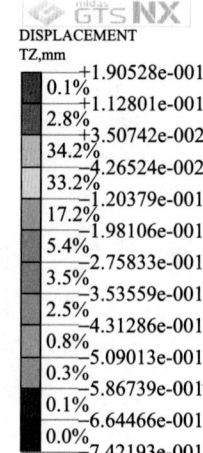

图 6.5-10 管廊管线基坑防护阶段桥墩顶沉降变形云图

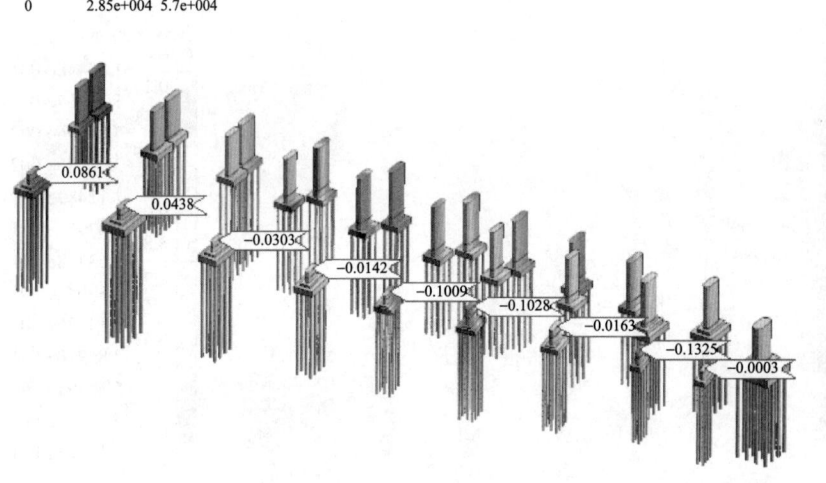

图 6.5-11 管廊管线基坑开挖阶段桥墩顶沉降变形云图

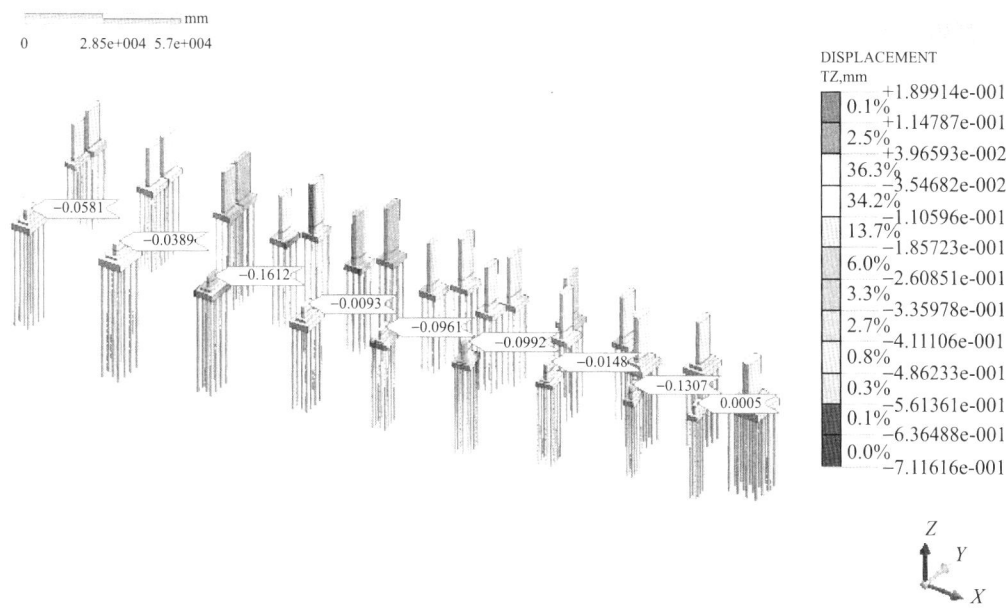

图 6.5-12　管廊管线施工及回填阶段桥墩顶沉降变形云图

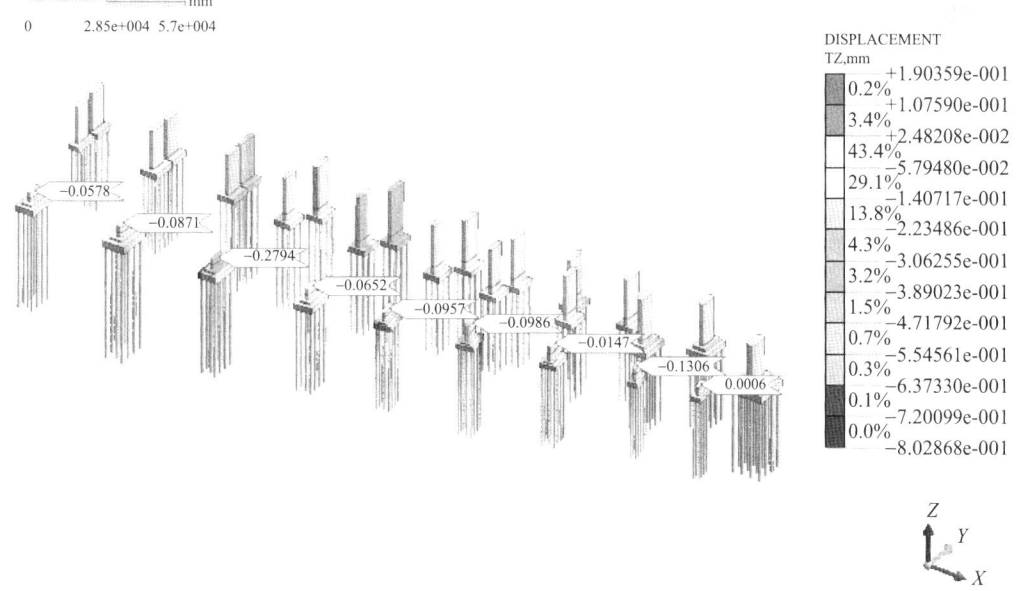

图 6.5-13　桩板桥桩基施工阶段桥墩顶沉降变形云图

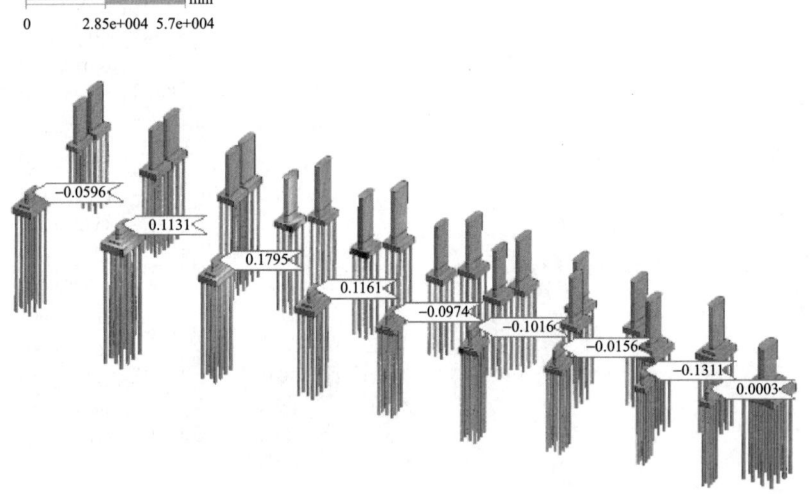

图 6.5-14　桩板桥基坑开挖阶段桥墩顶沉降变形云图

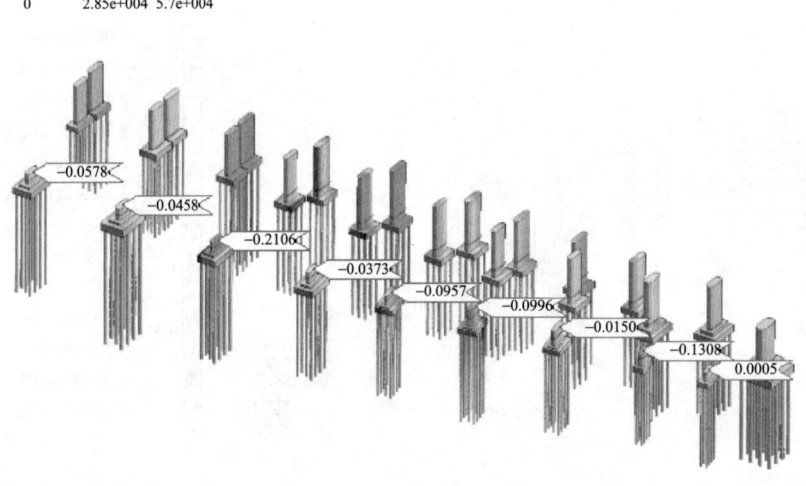

图 6.5-15　桩板桥桥板施工阶段桥墩顶沉降变形云图

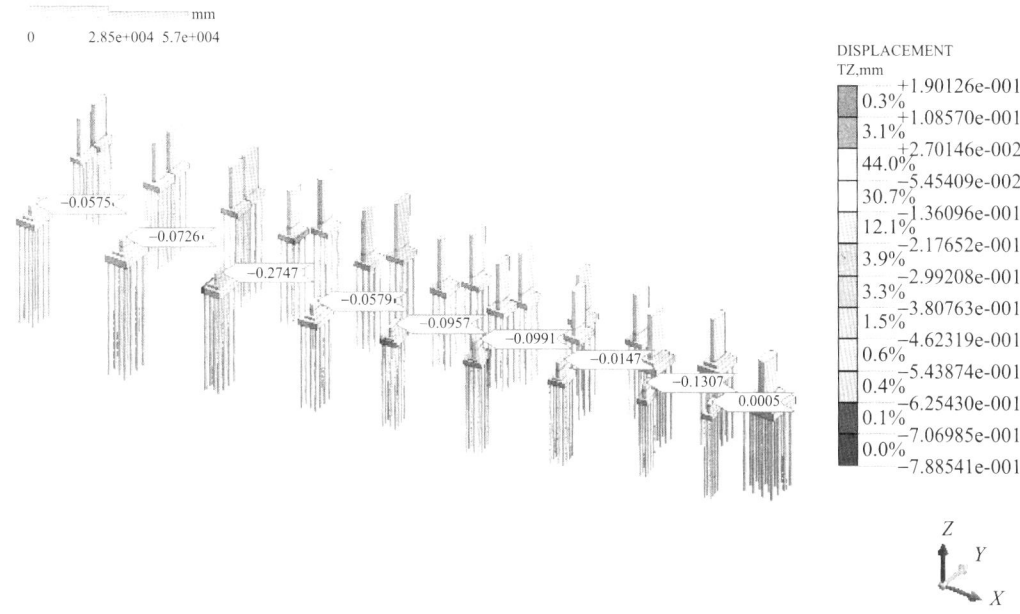

图 6.5-16 道路运营阶段桥墩顶沉降变形云图

二、高铁桥梁横向水平变形影响模拟分析

各阶段附加横向水平变形汇总如表 6.5-5 所示。

表 6.5-5 各阶段附加横向水平变形汇总（单位：mm）

施工步骤	墩号								
	0#	1#	2#	3#	4#	5#	6#	7#	8#
拆除既有管理路桥	0.003	0.005	0.004	0.002	0.001	0.002	0.001	0.000	0.000
防护桩、钢板桩和止水帷幕施工	−0.014	−0.017	−0.023	−0.057	−0.037	−0.417	0.141	−0.040	0.122
改河区域一封闭抽水、清底施工	0.017	0.031	0.059	0.109	0.220	0.430	0.470	−0.063	−0.054
改河区域一管廊开挖、河内填筑围堰、人行道和车行道下部施工	−0.006	−0.005	−0.006	−0.010	−0.015	−0.020	−0.014	−0.005	−0.002
改河区域一管廊施工及回填、人行道及车行道上部结构施工	0.000	−0.001	−0.002	−0.004	−0.007	−0.014	−0.012	−0.004	−0.001
改河区域二封闭抽水、清底施工并拆除一区域填筑围堰	0.003	0.015	0.048	0.139	0.386	0.883	−0.188	−0.169	−0.068
改河区域二管廊开挖、河内填筑、人行道和车行道下部施工	0.001	0.001	0.003	0.016	0.011	0.000	0.000	0.000	0.000
改河区域二管廊施工及回填、人行道及车行道上部结构施工	−0.002	−0.004	0.005	−0.038	−0.016	−0.003	−0.004	−0.003	0.000
拆除钢板桩并恢复河道断面	0.002	0.002	0.002	−0.002	0.002	0.024	−0.042	−0.013	−0.016
管廊管线基坑防护	0.001	0.023	−0.007	0.082	0.072	0.043	0.022	0.016	0.007

续表

施工步骤	墩号								
	0#	1#	2#	3#	4#	5#	6#	7#	8#
管廊管线基坑开挖	-0.158	-0.011	-0.054	-0.126	-0.109	-0.062	-0.045	-0.025	-0.009
管廊管线施工及回填	0.021	0.032	0.007	0.051	0.041	0.028	0.016	0.014	0.006
桩板桥桩基施工	0.019	-0.020	0.007	0.039	0.000	0.002	0.002	0.001	0.000
桩板桥基坑开挖	-0.137	-0.277	-0.098	0.082	-0.007	-0.020	-0.017	-0.006	-0.002
桩板桥桥板施工	0.046	-0.043	0.021	0.096	0.003	0.008	0.007	0.002	0.001
道路运营	0.008	-0.005	0.004	-0.031	0.001	0.008	0.002	0.000	0.000

注：横向水平变形结果正值表示指向铁路左侧（面向大里程），负值表示指向铁路右侧。

各阶段累计附加横向水平变形汇总如表 6.5-6 所示。

表 6.5-6 各阶段累计附加横向水平变形汇总（单位：mm）

施工步骤	墩号								
	0#	1#	2#	3#	4#	5#	6#	7#	8#
拆除既有管理路桥	0.003	0.005	0.004	0.002	0.001	0.002	0.001	0.000	0.000
防护桩、钢板桩和止水帷幕施工	-0.011	-0.012	-0.019	-0.056	-0.036	-0.416	0.142	-0.039	0.122
改河区域一封闭抽水、清底施工	0.006	0.019	0.040	0.054	0.184	0.015	0.612	-0.102	0.068
改河区域一管廊开挖、河内填筑围堰、人行道和车行道下部施工	0.000	0.014	0.034	0.044	0.169	-0.005	0.598	-0.107	0.066
改河区域一管廊施工及回填、人行道及车行道上部结构施工	0.000	0.013	0.032	0.039	0.162	-0.019	0.587	-0.112	0.065
改河区域二封闭抽水、清底施工并拆除一区域填筑围堰	0.002	0.028	0.080	0.178	0.548	0.864	0.399	-0.281	-0.004
改河区域二管廊开挖、河内填筑、人行道和车行道下部施工	0.003	0.028	0.082	0.195	0.559	0.864	0.399	-0.281	-0.004
改河区域二管廊施工及回填、人行道及车行道上部结构施工	0.001	0.024	0.087	0.157	0.542	0.861	0.395	-0.284	-0.004
拆除钢板桩并恢复河道断面	0.003	0.026	0.090	0.155	0.544	0.886	0.353	-0.297	-0.020
管廊管线基坑防护	0.004	0.049	0.083	0.237	0.616	0.929	0.375	-0.281	-0.014
管廊管线基坑开挖	-0.154	0.038	0.029	0.112	0.507	0.867	0.330	-0.306	-0.023
管廊管线施工及回填	-0.134	0.070	0.035	0.163	0.549	0.895	0.346	-0.292	-0.017
桩板桥桩基施工	-0.115	0.049	0.042	0.201	0.549	0.897	0.348	-0.292	-0.017
桩板桥基坑开挖	-0.252	-0.228	-0.056	0.283	0.542	0.877	0.330	-0.298	-0.018
桩板桥桥板施工	-0.206	-0.271	-0.034	0.379	0.545	0.885	0.337	-0.296	-0.018
道路运营	-0.198	-0.276	-0.031	0.348	0.546	0.893	0.339	-0.296	-0.018

注：横向水平变形结果正值表示指向铁路左侧（面向大里程），负值表示指向铁路右侧。

由表 6.5-6 可知，青盐铁路跨娄山河特大桥单阶段附加横向水平变形量最大值为 0.883mm，累计附加横向水平变形最大值为 0.929mm，满足《公路与市政工程下穿高速铁路技术规程》限值 3mm 的要求，本次评估结果在控制值范围之内。

各施工过程中桥梁墩顶横向水平变形结果如图 6.5-17 至图 6.5-32 所示。

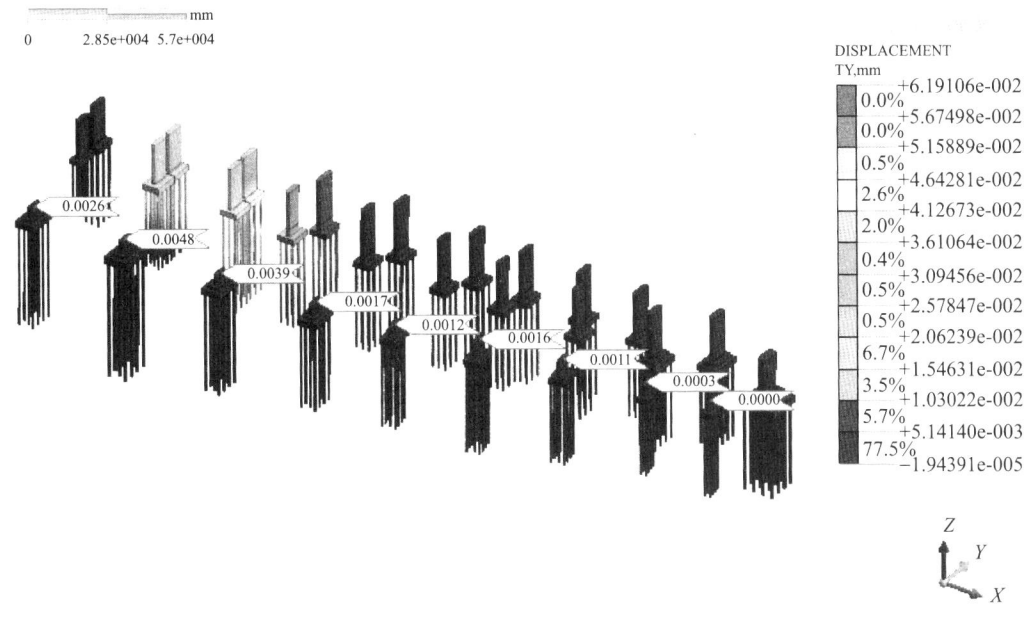

图 6.5-17 拆除既有管理路桥阶段桥墩顶横向水平变形云图

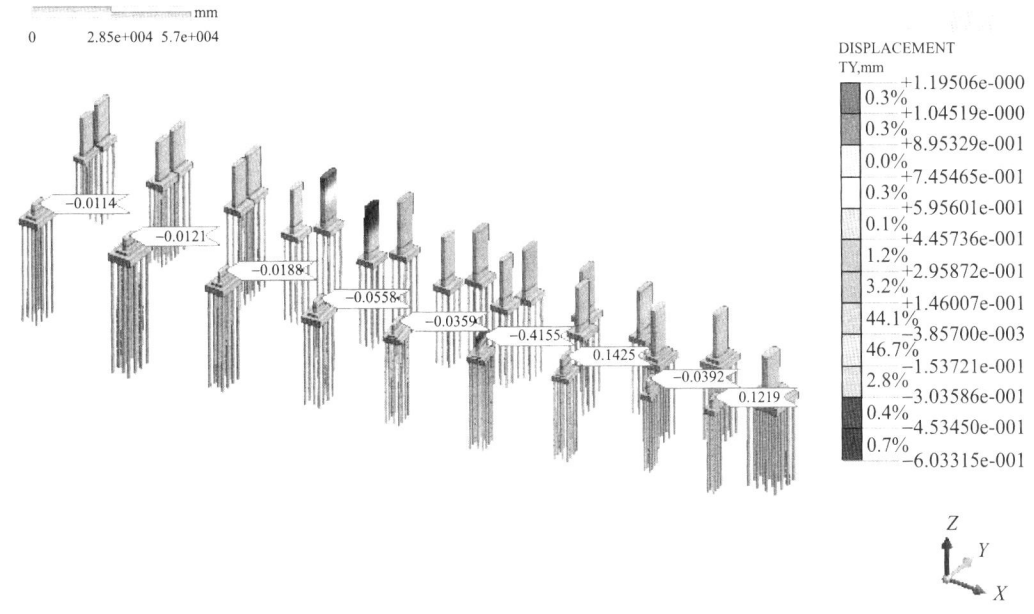

图 6.5-18 防护桩、钢板桩和止水帷幕施工阶段桥墩顶横向水平变形云图

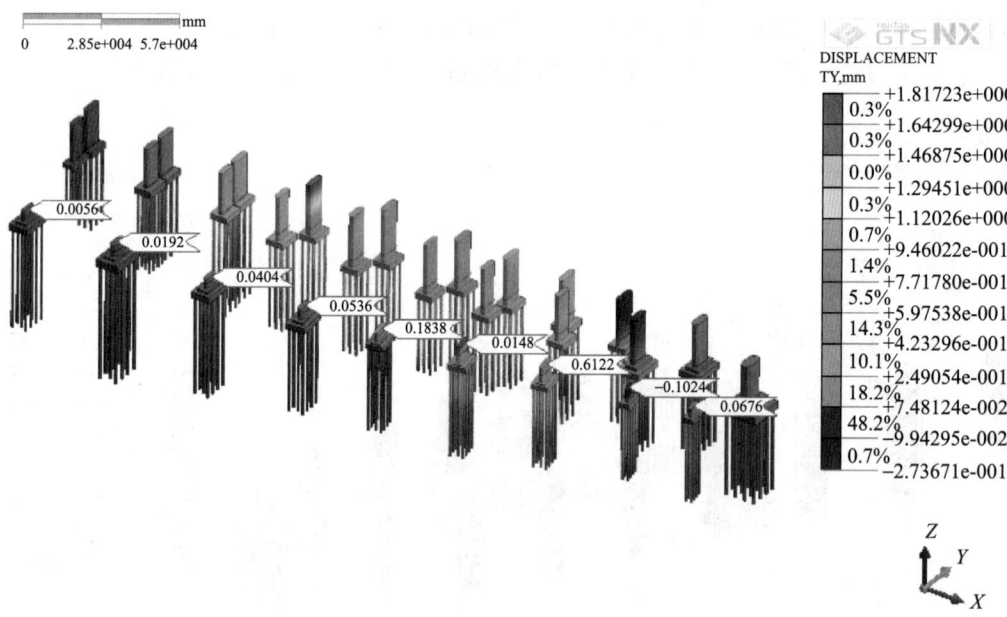

图 6.5-19 改河区域—封闭抽水、清底施工阶段桥墩顶横向水平变形云图

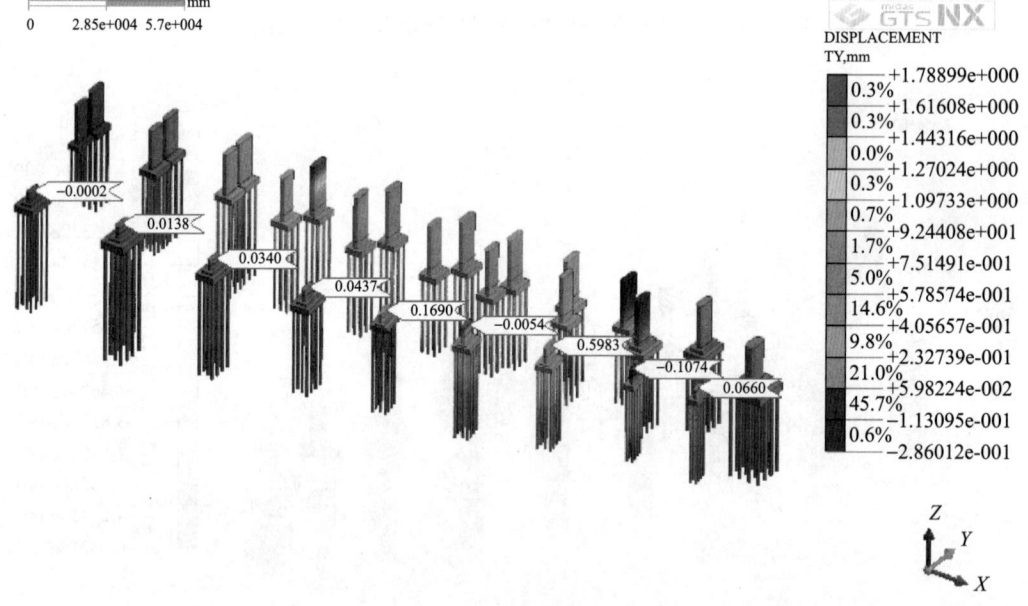

图 6.5-20 改河区域—管廊开挖、河内填筑围堰、人行道和车行道下部
施工阶段桥墩顶横向水平变形云图

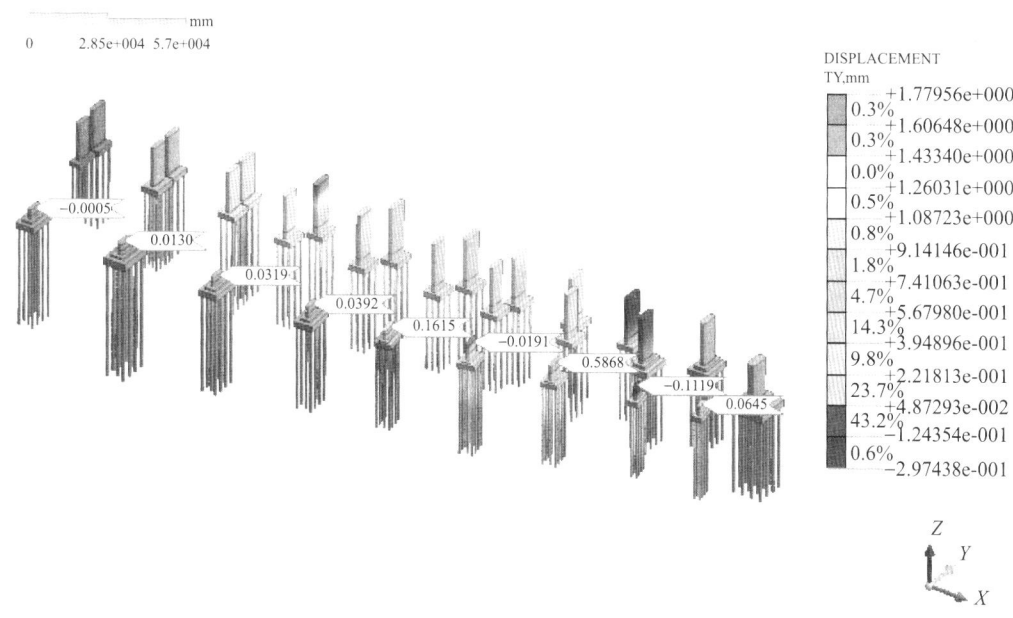

图 6.5-21 改河区域一管廊施工及回填、人行道及车行道上部结构施工阶段
桥墩顶横向水平变形云图

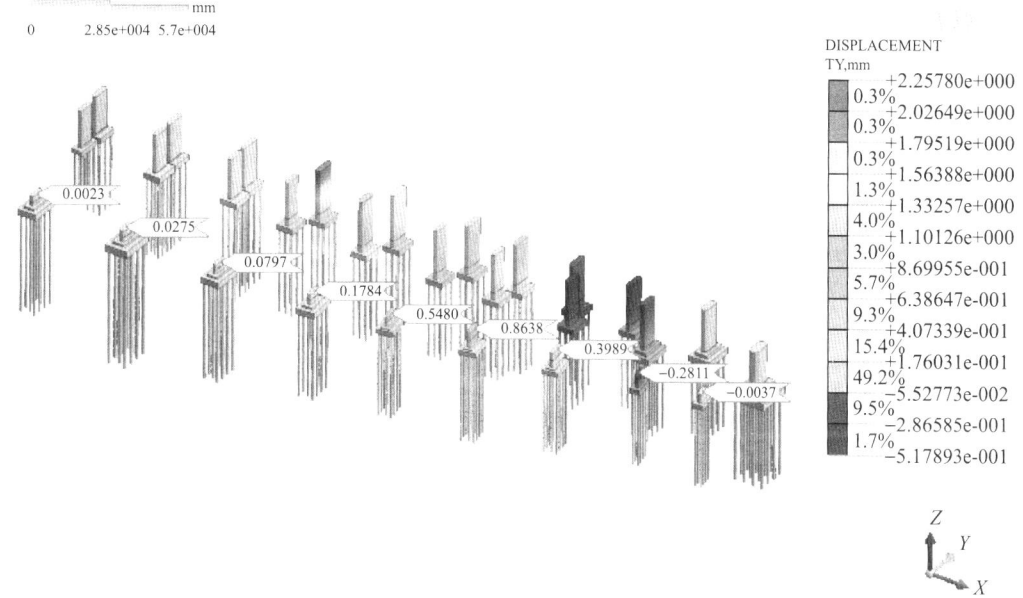

图 6.5-22 改河区域二封闭抽水、清底施工并拆除一区域填筑围堰阶段
桥墩顶横向水平变形云图

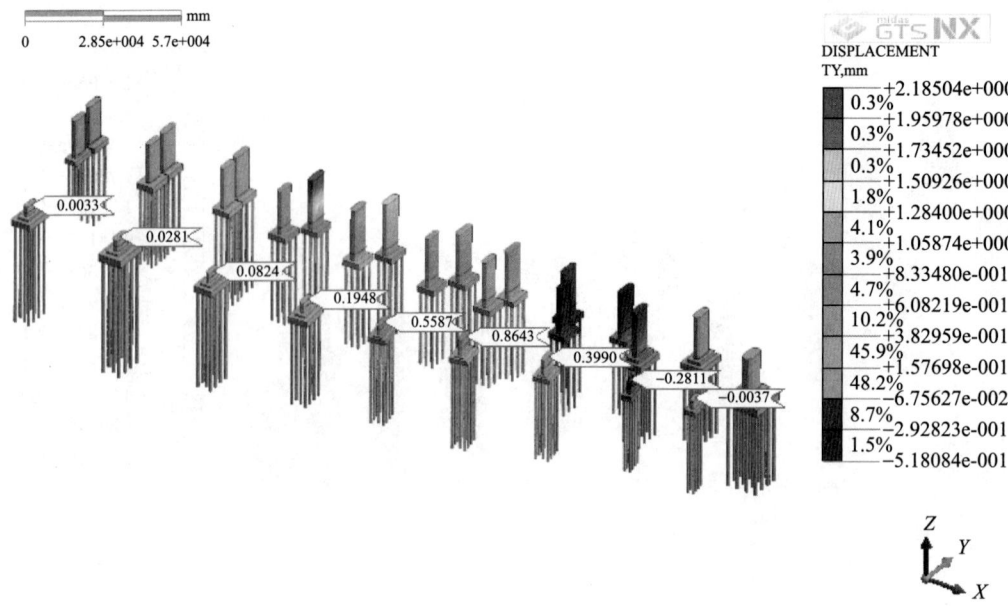

图 6.5-23 改河区域二管廊开挖、河内填筑、人行道和车行道下部施工阶段桥墩顶横向水平变形云图

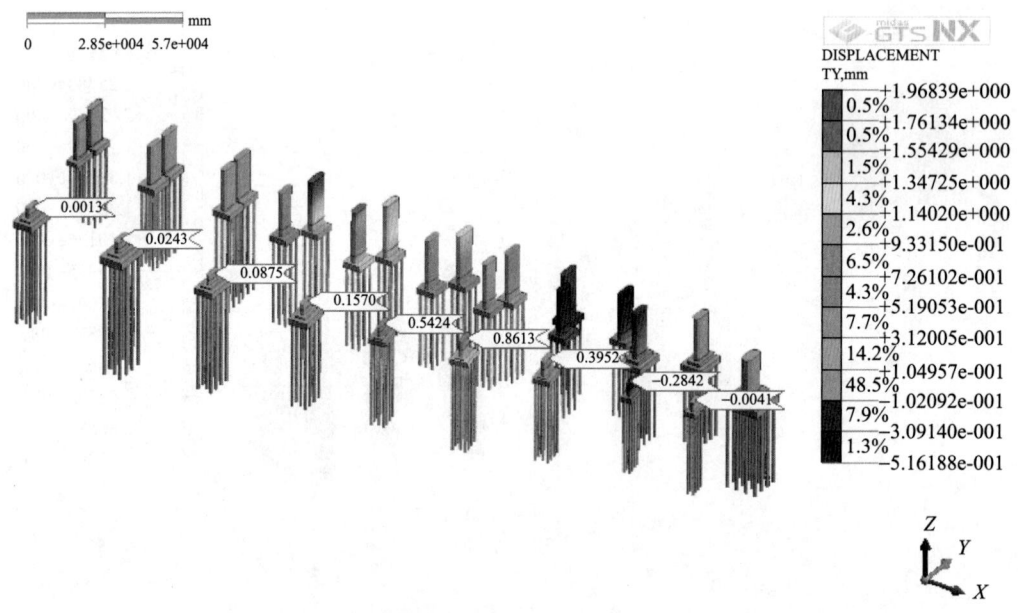

图 6.5-24 改河区域二管廊施工及回填、人行道及车行道上部结构施工阶段桥墩顶横向水平变形云图

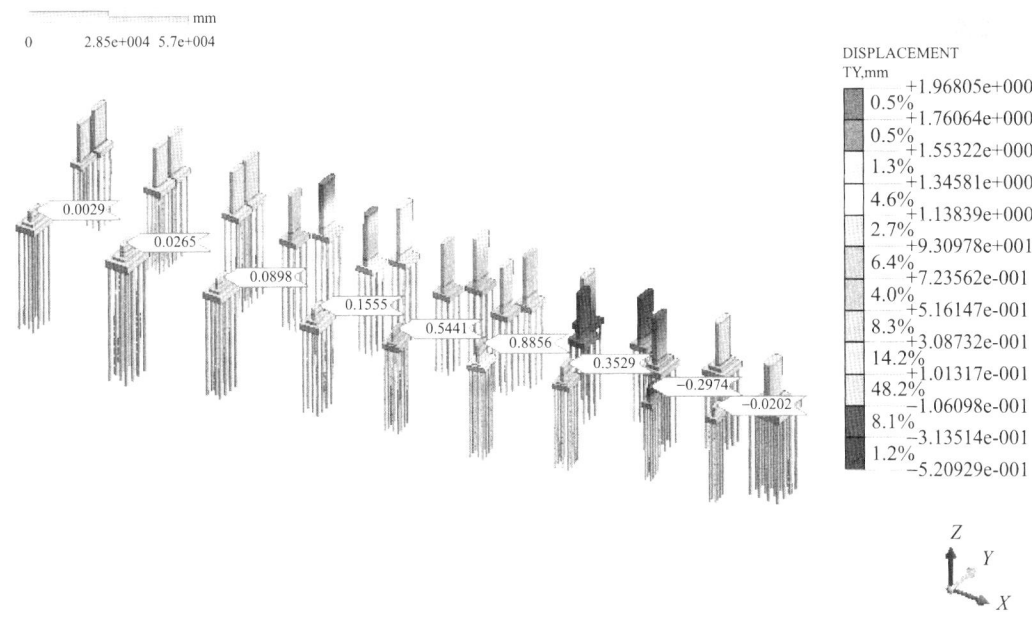

图 6.5-25 拆除钢板桩并恢复河道断面阶段桥墩顶横向水平变形云图

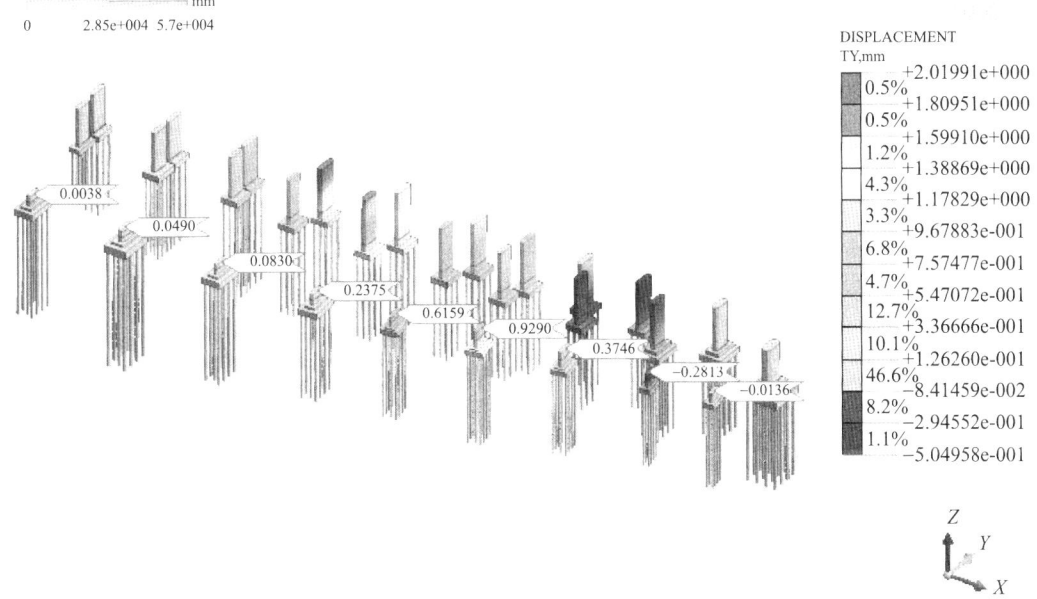

图 6.5-26 管廊管线基坑防护阶段桥墩顶横向水平变形云图

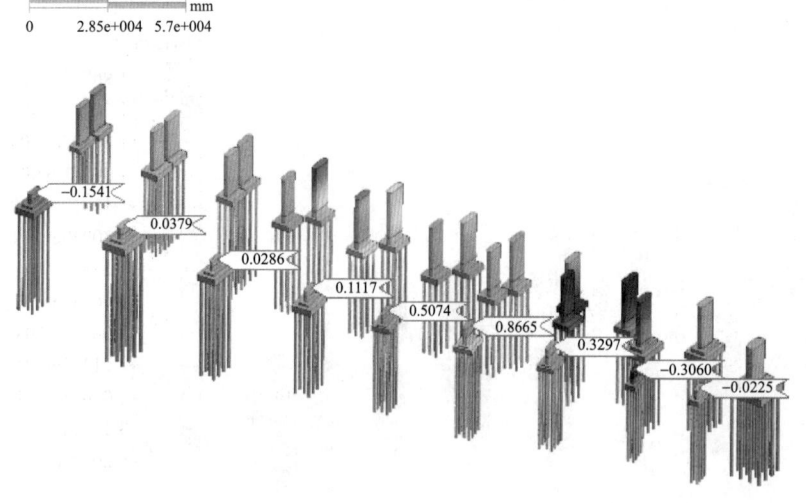

图 6.5-27　管廊管线基坑开挖阶段桥墩顶横向水平变形云图

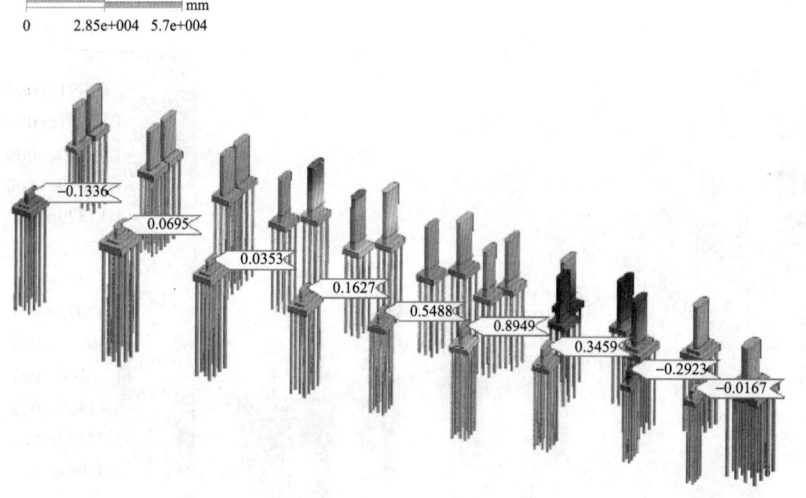

图 6.5-28　管廊管线施工及回填阶段桥墩顶横向水平变形云图

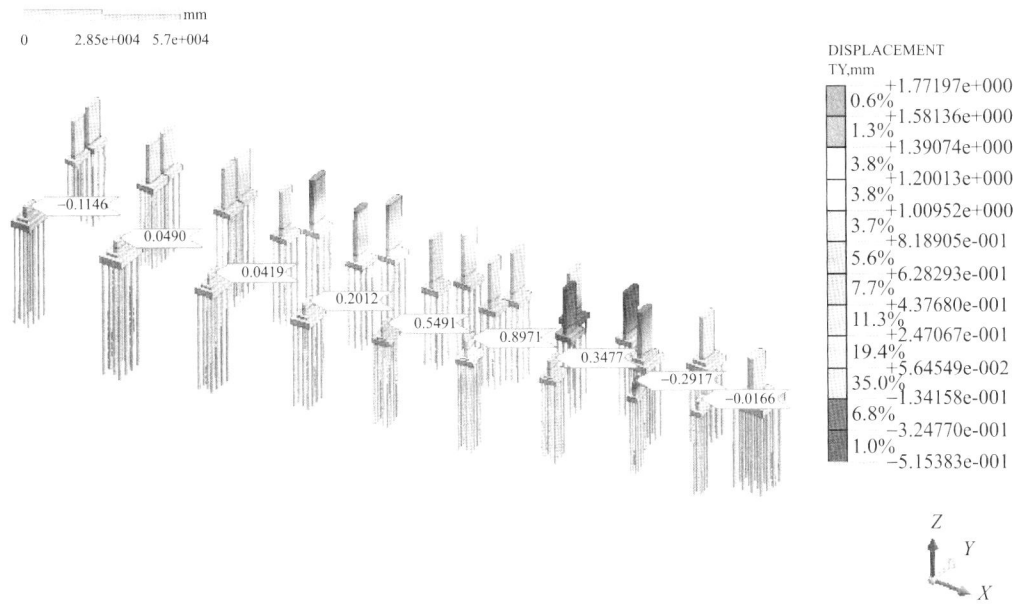

图 6.5-29 桩板桥桩基施工阶段桥墩顶横向水平变形云图

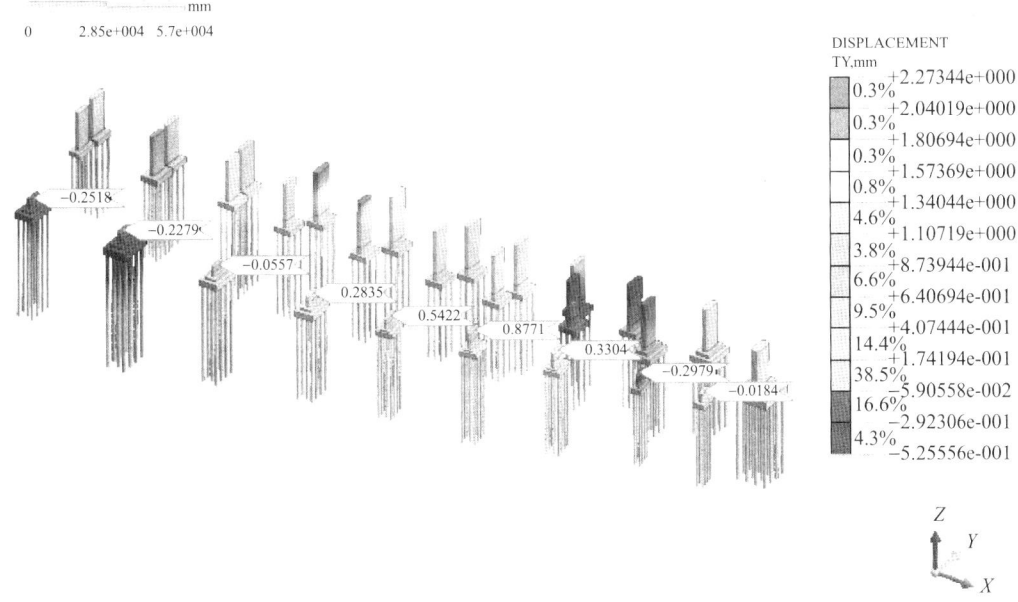

图 6.5-30 桩板桥基坑开挖阶段桥墩顶横向水平变形云图

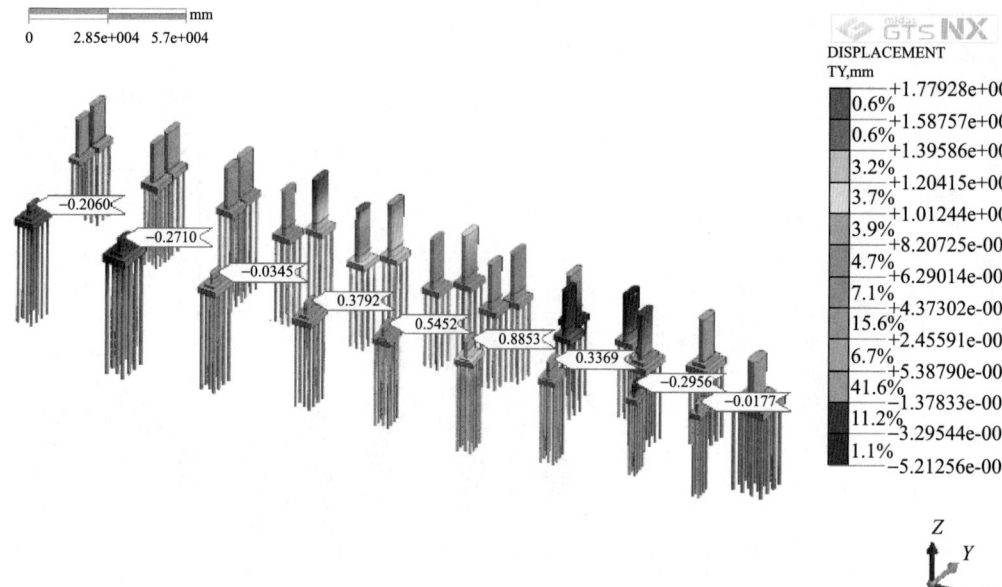

图 6.5-31　桩板桥桥板施工阶段桥墩顶横向水平变形云图

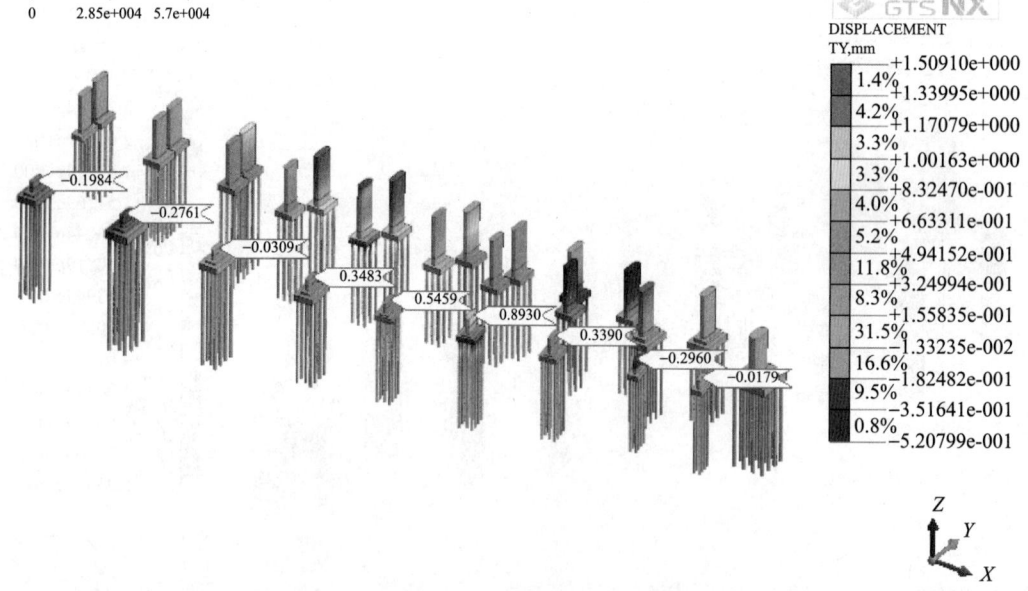

图 6.5-32　道路运营阶段桥墩顶横向水平变形云图

三、高铁桥梁纵向水平变形影响模拟分析

各阶段附加纵向水平变形汇总如表 6.5-7 所示。

表 6.5-7 各阶段附加纵向水平变形汇总（单位：mm）

施工步骤	墩号								
	0#	1#	2#	3#	4#	5#	6#	7#	8#
拆除既有管理路桥	0.001	0.001	−0.001	−0.002	−0.002	−0.003	−0.002	−0.001	0.000
防护桩、钢板桩和止水帷幕施工	−0.002	−0.006	−0.015	−0.048	−0.001	−0.284	0.084	−0.225	0.045
改河区域一封闭抽水、清底施工	0.008	0.016	0.021	0.025	0.021	0.002	0.048	−0.232	−0.063
改河区域一管廊开挖、河内填筑围堰、人行道和车行道下部施工	0.000	−0.001	−0.002	−0.002	0.001	0.006	0.005	0.003	0.002
改河区域一管廊施工及回填、人行道及车行道上部结构施工	0.000	−0.001	−0.002	−0.002	−0.001	0.001	0.002	0.002	0.001
改河区域二封闭抽水、清底施工并拆除一区域填筑围堰	0.006	0.018	0.040	0.097	0.214	0.332	−0.384	−0.229	−0.067
改河区域二管廊开挖、河内填筑、人行道和车行道下部施工	−0.001	−0.002	0.001	0.000	−0.008	−0.002	−0.001	0.000	0.000
改河区域二管廊施工及回填、人行道及车行道上部结构施工	−0.001	−0.002	−0.003	−0.006	0.041	0.048	0.031	0.013	0.004
拆除钢板桩并恢复河道断面	0.000	0.001	0.000	0.001	0.001	−0.008	−0.122	−0.027	−0.011
管廊管线基坑防护	0.141	−0.030	−0.607	0.034	0.019	0.027	0.023	0.017	0.008
管廊管线基坑开挖	0.042	−0.009	−0.054	−0.096	−0.036	−0.046	−0.045	−0.030	−0.012
管廊管线施工及回填	0.211	−0.031	−0.248	0.057	0.026	0.025	0.021	0.016	0.007
桩板桥桩基施工	−0.009	0.042	−0.046	−0.044	0.016	0.006	0.004	0.002	0.001
桩板桥基坑开挖	0.123	0.189	0.307	−0.345	−0.164	−0.042	−0.030	−0.015	−0.005
桩板桥桥板施工	−0.040	0.090	−0.201	−0.078	0.063	0.017	0.012	0.006	0.002
道路运营	−0.006	0.019	−0.031	0.002	0.018	0.007	0.005	0.002	0.001

注：纵向水平变形正值为变形指向桥梁大里程，负值为变形指向桥梁小里程。

各阶段累计附加纵向水平变形汇总如表 6.5-8 所示。

表 6.5-8 各阶段累计附加纵向水平变形汇总（单位：mm）

施工步骤	墩号								
	0#	1#	2#	3#	4#	5#	6#	7#	8#
拆除既有管理路桥	0.001	0.001	−0.001	−0.002	−0.002	−0.003	−0.002	−0.001	0.000
防护桩、钢板桩和止水帷幕施工	−0.001	−0.005	−0.016	−0.050	−0.003	−0.287	0.082	−0.226	0.044
改河区域一封闭抽水、清底施工	0.006	0.011	0.004	−0.024	0.018	−0.285	0.130	−0.458	−0.019
改河区域一管廊开挖、河内填筑围堰、人行道和车行道下部施工	0.006	0.010	0.003	−0.026	0.019	−0.280	0.135	−0.454	−0.017
改河区域一管廊施工及回填、人行道及车行道上部结构施工	0.006	0.009	0.001	−0.028	0.018	−0.279	0.136	−0.453	−0.016

续表

施工步骤	墩号								
	0#	1#	2#	3#	4#	5#	6#	7#	8#
改河区域二封闭抽水、清底施工并拆除一区域填筑围堰	0.012	0.027	0.041	0.069	0.232	0.053	−0.248	−0.682	−0.083
改河区域二管廊开挖、河内填筑、人行道和车行道下部施工	0.011	0.025	0.042	0.069	0.224	0.051	−0.249	−0.682	−0.083
改河区域二管廊施工及回填、人行道及车行道上部结构施工	0.010	0.023	0.038	0.063	0.265	0.099	−0.218	−0.670	−0.079
拆除钢板桩并恢复河道断面	0.011	0.024	0.039	0.064	0.267	0.092	−0.340	−0.696	−0.090
管廊管线基坑防护	0.152	−0.006	−0.569	0.098	0.286	0.119	−0.317	−0.679	−0.083
管廊管线基坑开挖	0.193	−0.016	−0.623		0.250	0.073	−0.362	−0.709	−0.094
管廊管线施工及回填	0.404	−0.047	−0.871	0.059	0.275	0.098	−0.340	−0.693	−0.087
桩板桥桩基施工	0.395	−0.005	−0.916	0.015	0.291	0.104	−0.336	−0.691	−0.087
桩板桥基坑开挖	0.519	0.184	−0.609	−0.330	0.127	0.063	−0.366	−0.706	−0.091
桩板桥桥板施工	0.479	0.274	−0.810	−0.408	0.190	0.080	−0.354	−0.700	−0.089
道路运营	0.472	0.293	−0.841	−0.406	0.208	0.086	−0.349	−0.697	−0.088

注：纵向水平变形正值为变形指向桥梁大里程，负值为变形指向桥梁小里程。

由表 6.5-8 可知，青盐铁路跨娄山河特大桥单阶段附加纵向水平变形量最大值为 −0.607mm，累计附加纵向水平变形最大值为 −0.916mm，满足《公路与市政工程下穿高速铁路技术规程》限值 3mm 的要求，本次评估结果在控制值范围之内。

各施工过程中桥梁墩顶纵向水平变形结果如图 6.5-33 至图 6.5-48 所示。

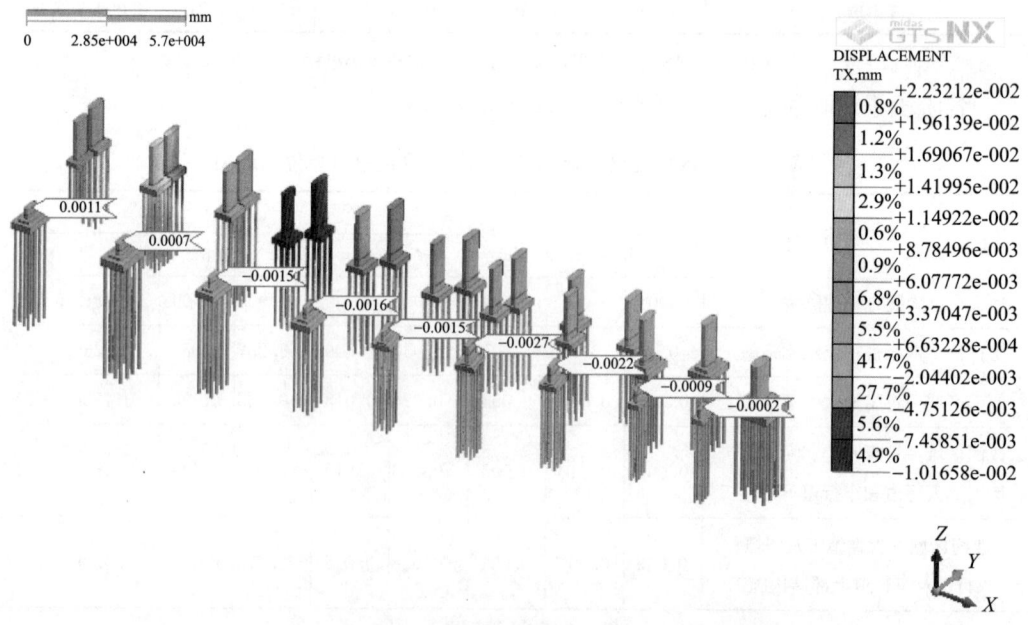

图 6.5-33 拆除既有管理路桥阶段桥墩顶纵向水平变形云图

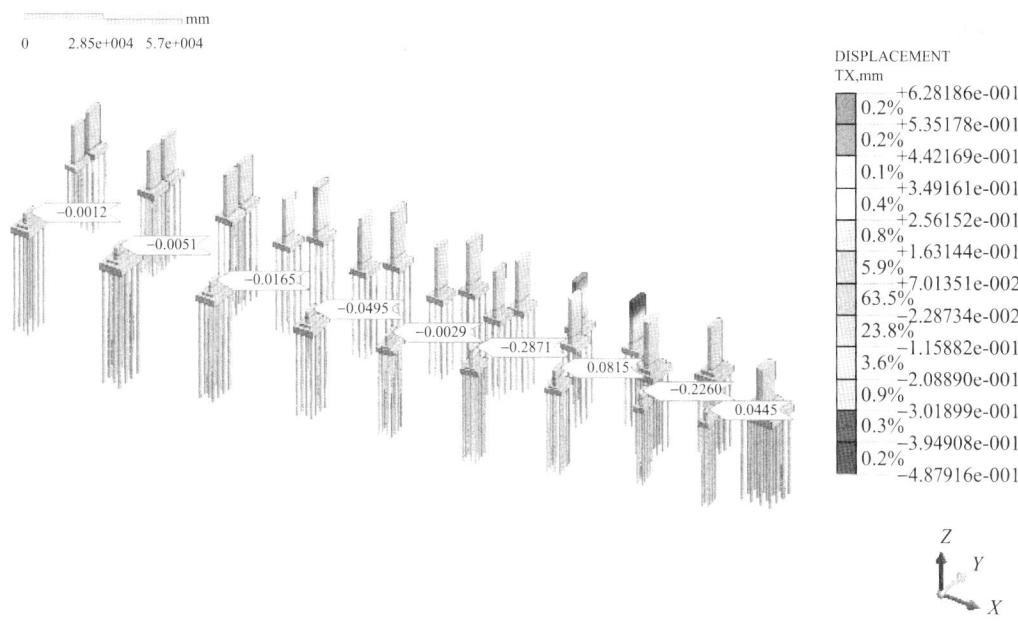

图 6.5-34 防护桩、钢板桩和止水帷幕施工阶段桥墩顶纵向水平变形云图

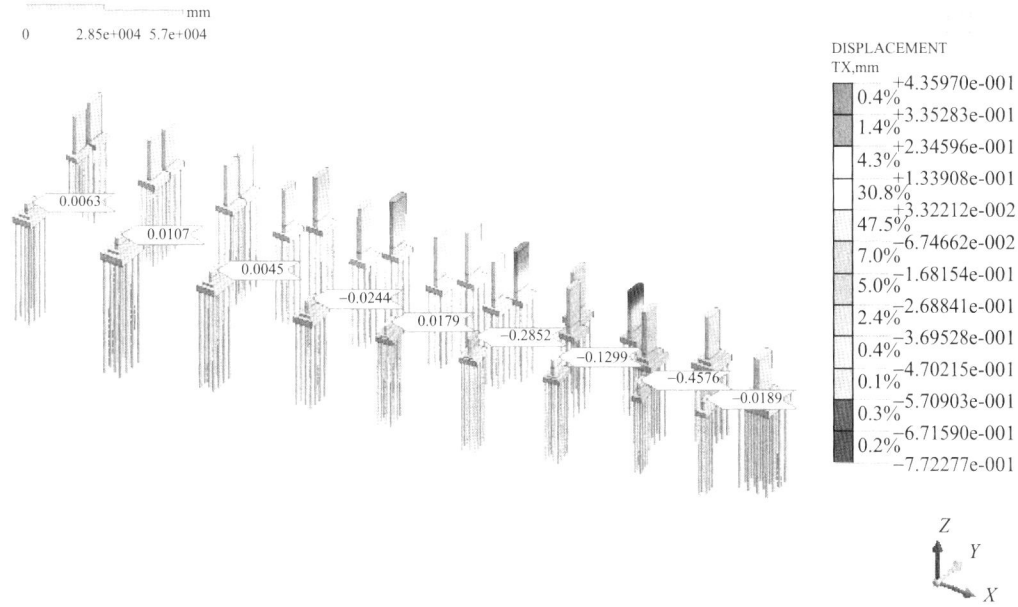

图 6.5-35 改河区域一封闭抽水、清底施工阶段桥墩顶纵向水平变形云图

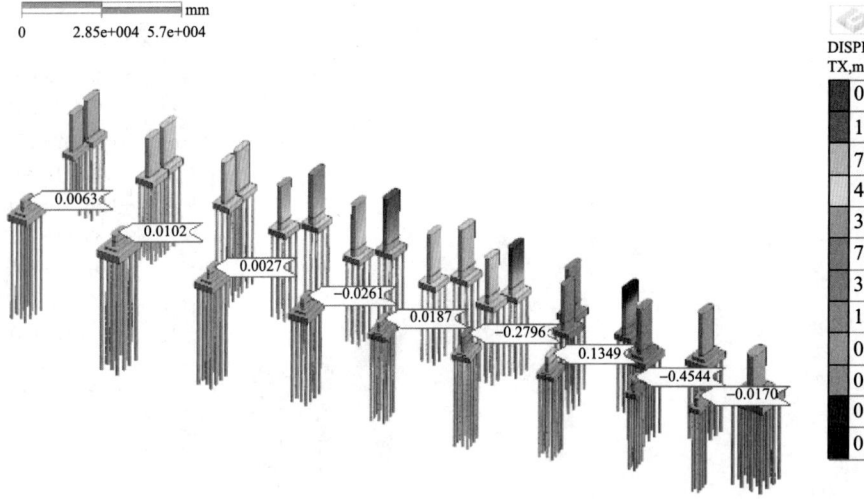

图 6.5-36 改河区域一管廊开挖、河内填筑围堰、人行道和车行道下部施工阶段桥墩顶纵向水平变形云图

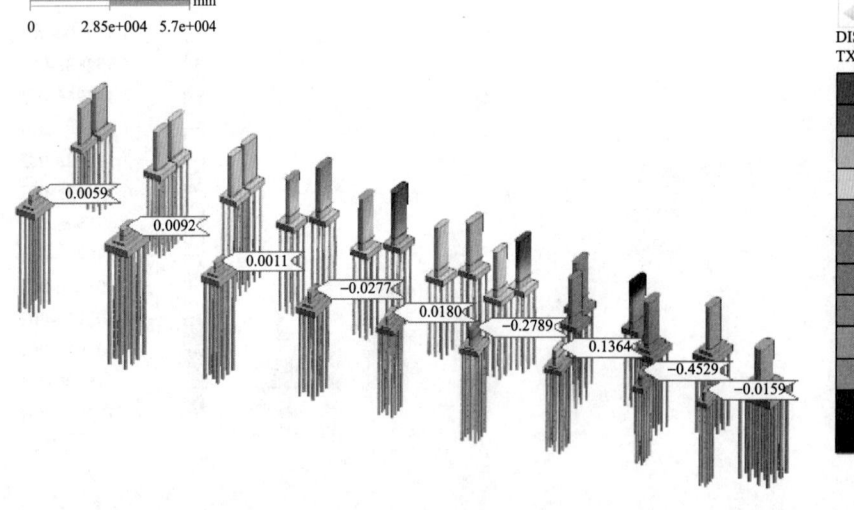

图 6.5-37 改河区域一管廊施工及回填、人行道及车行道上部结构施工阶段桥墩顶纵向水平变形云图

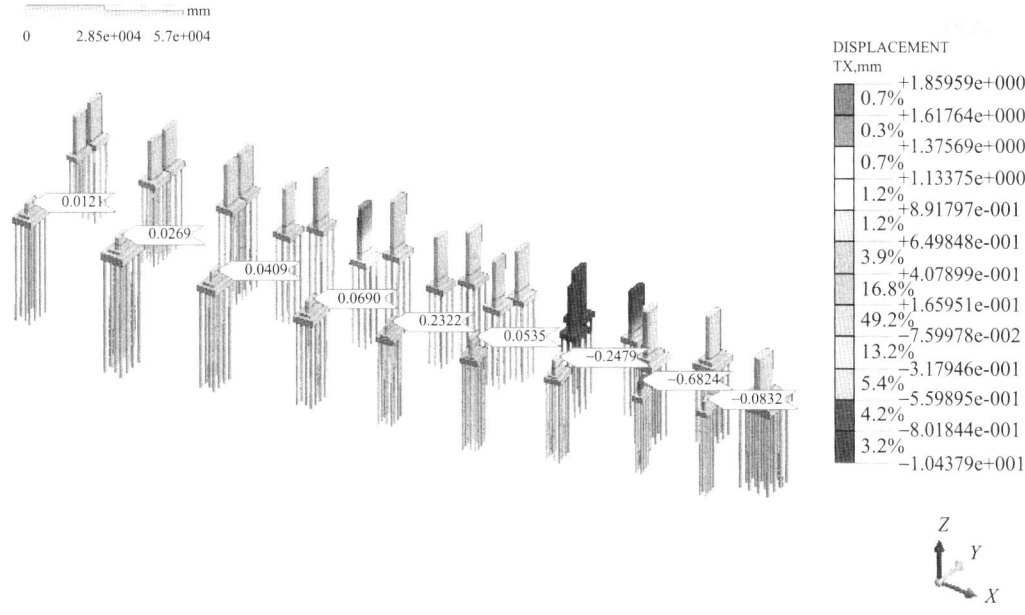

图 6.5-38 改河区域二封闭抽水、清底施工并拆除一区域填筑围堰阶段
桥墩顶纵向水平变形云图

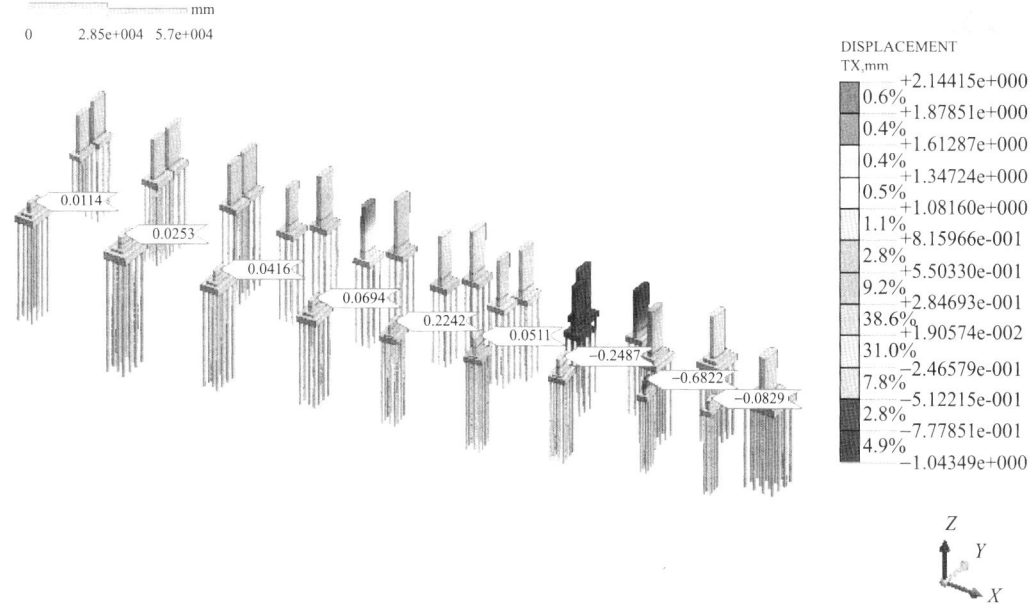

图 6.5-39 改河区域二管廊开挖、河内填筑、人行道和车行道下部施工阶段
桥墩顶纵向水平变形云图

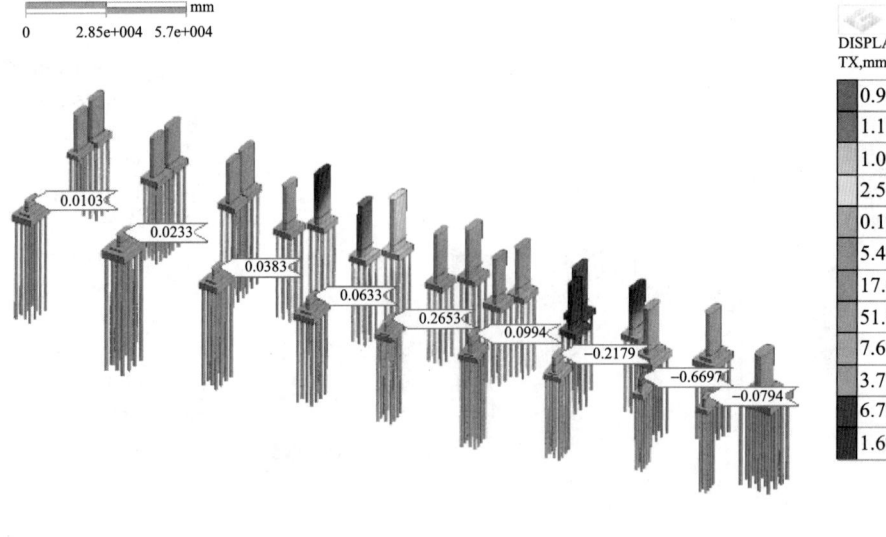

图 6.5-40 改河区域二管廊施工及回填、人行道及车行道上部结构施工阶段桥墩顶纵向水平变形云图

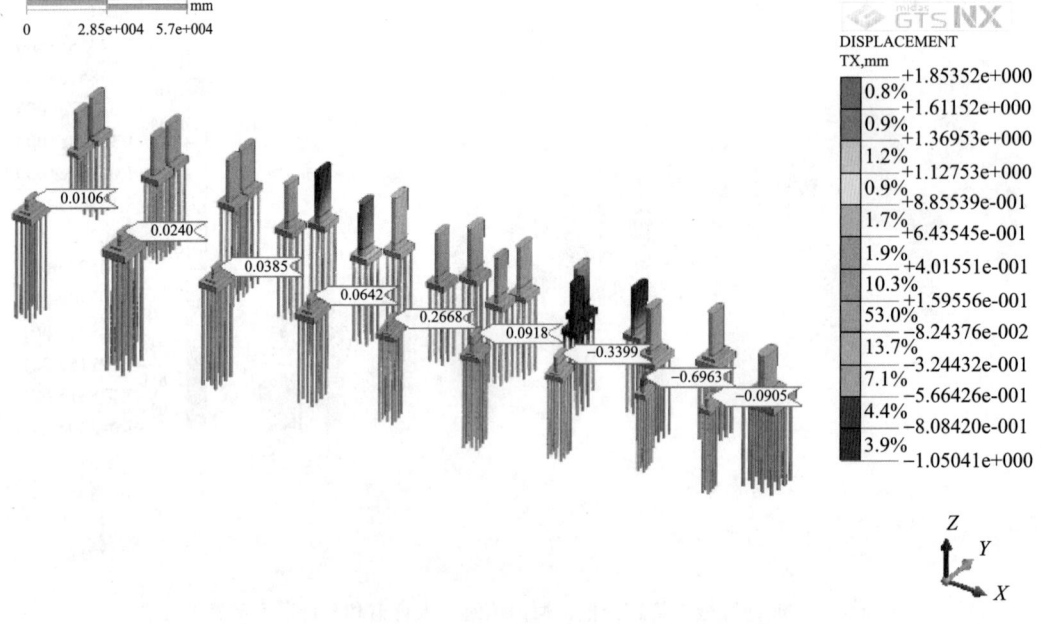

图 6.5-41 拆除钢板桩并恢复河道断面阶段桥墩顶纵向水平变形云图

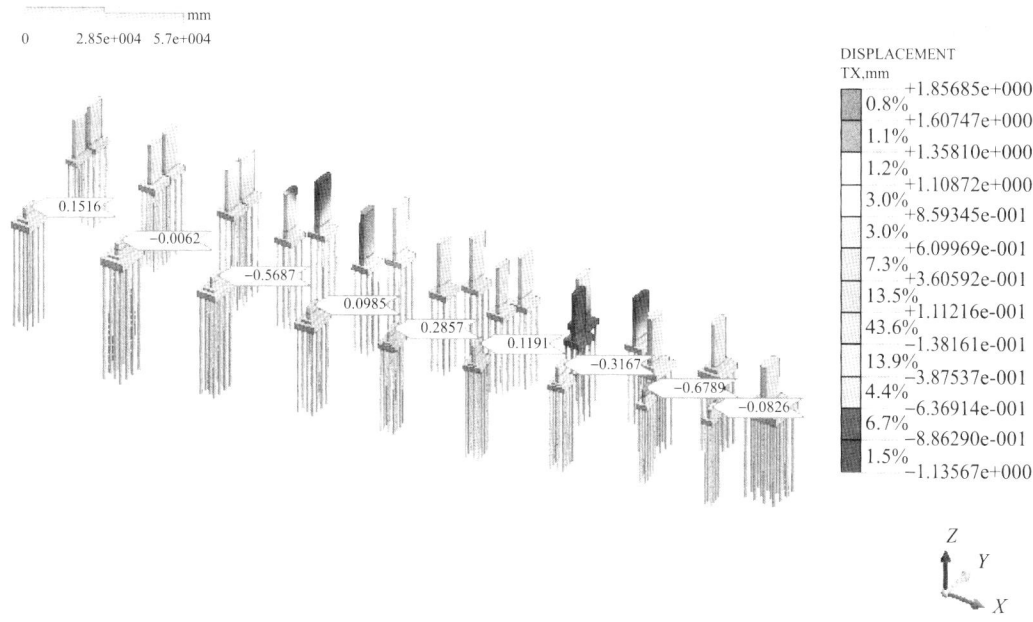

图 6.5-42 管廊管线基坑防护阶段桥墩顶纵向水平变形云图

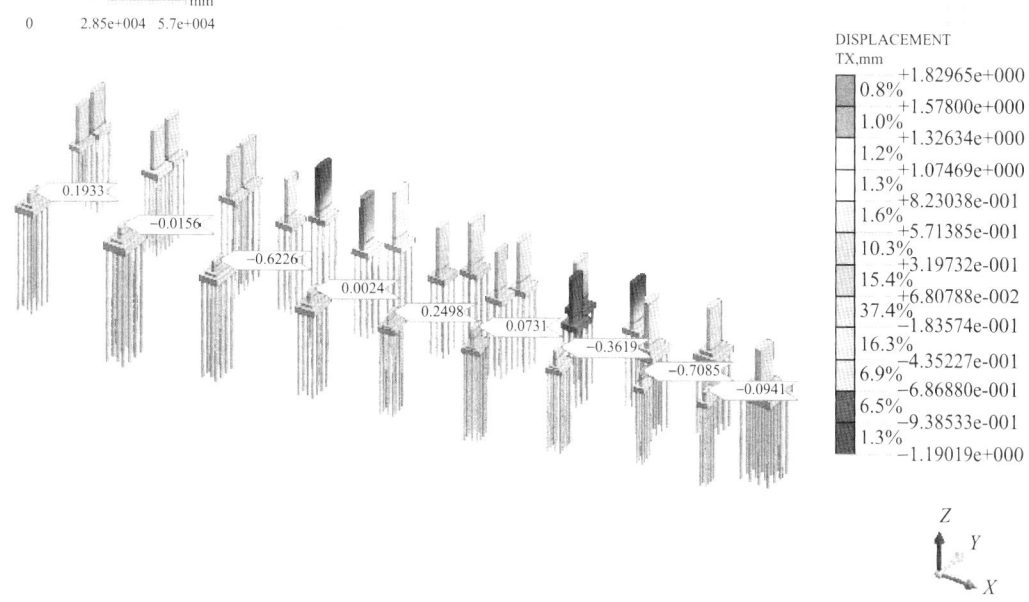

图 6.5-43 管廊管线基坑开挖阶段桥墩顶纵向水平变形云图

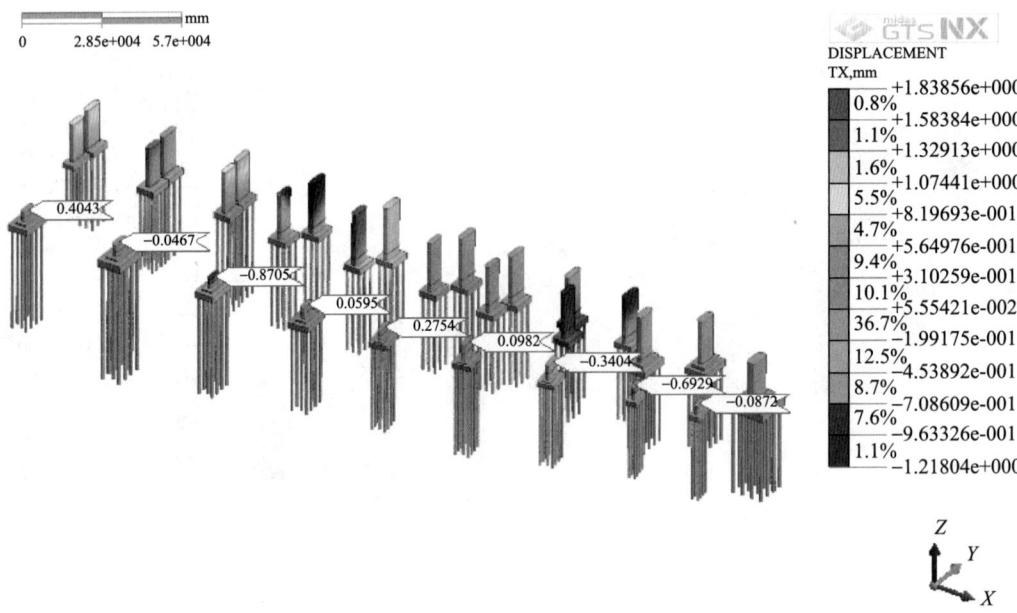

图 6.5-44 管廊管线施工及回填阶段桥墩顶纵向水平变形云图

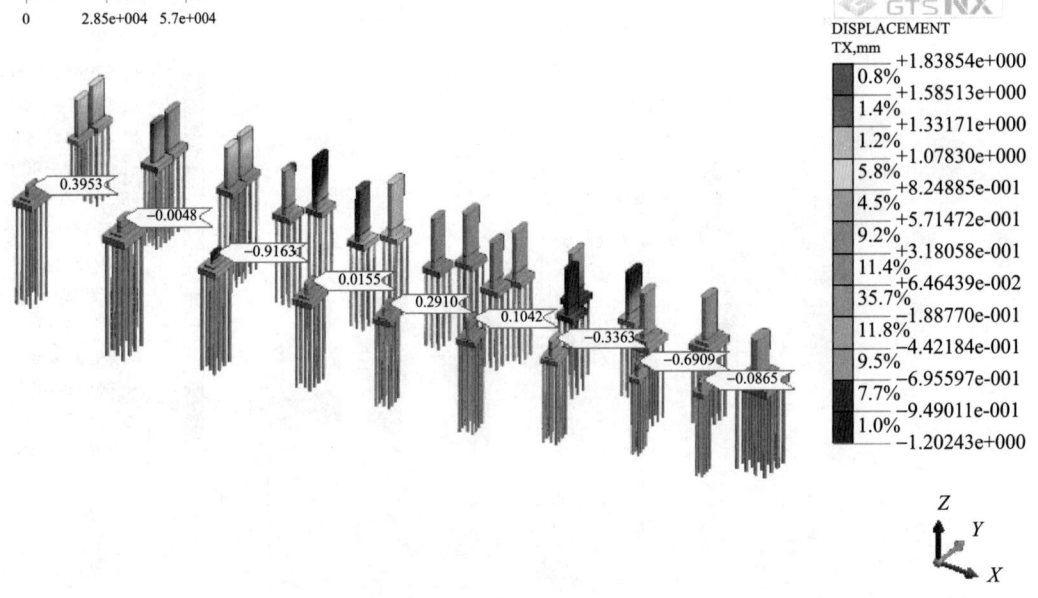

图 6.5-45 桩板桥桩基施工阶段桥墩顶纵向水平变形云图

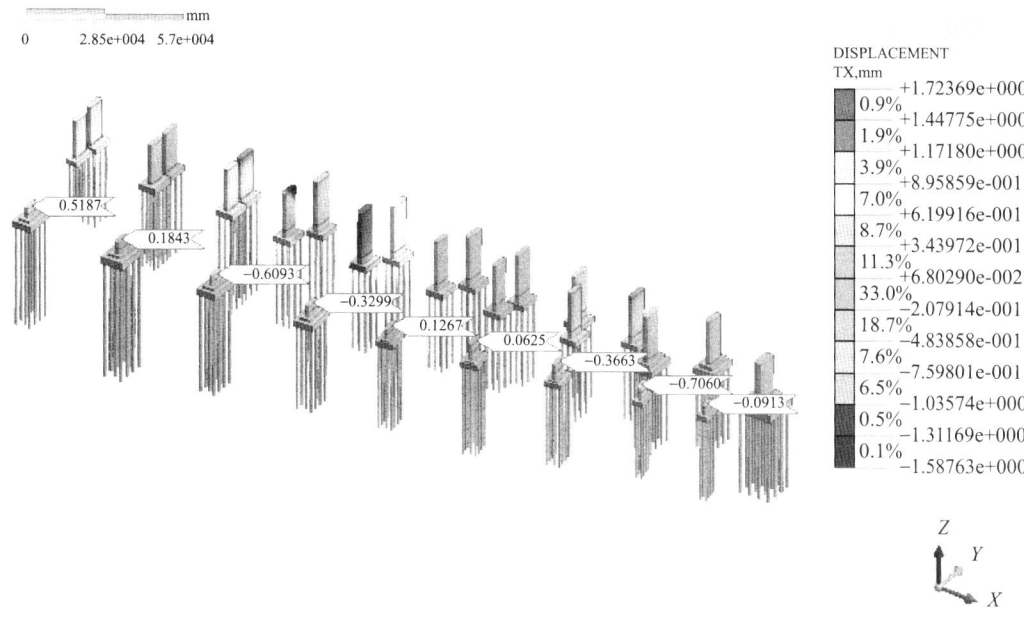

图 6.5-46　桩板桥基坑开挖阶段桥墩顶纵向水平变形云图

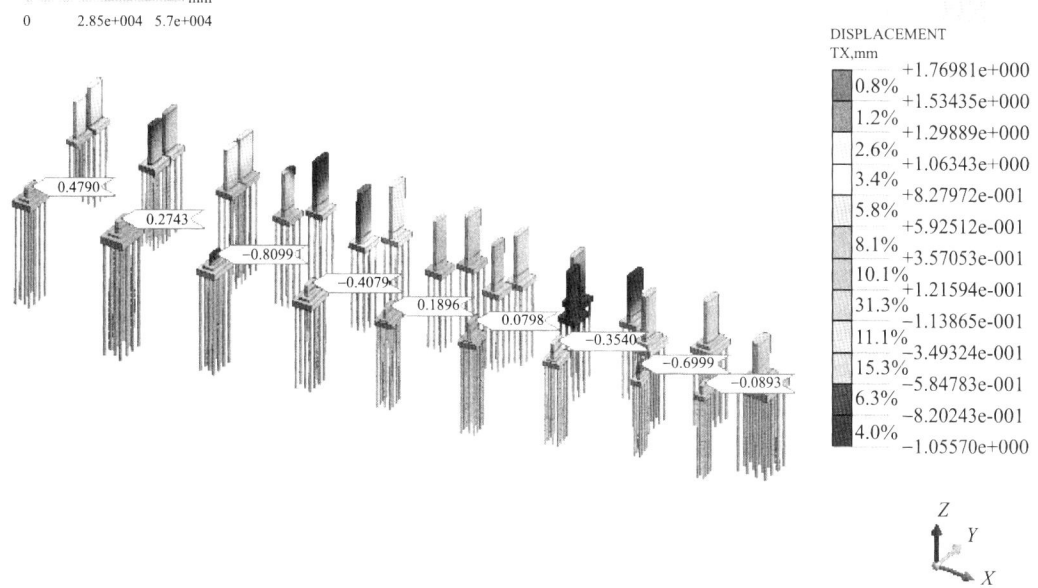

图 6.5-47　桩板桥桥板施工阶段桥墩顶纵向水平变形云图

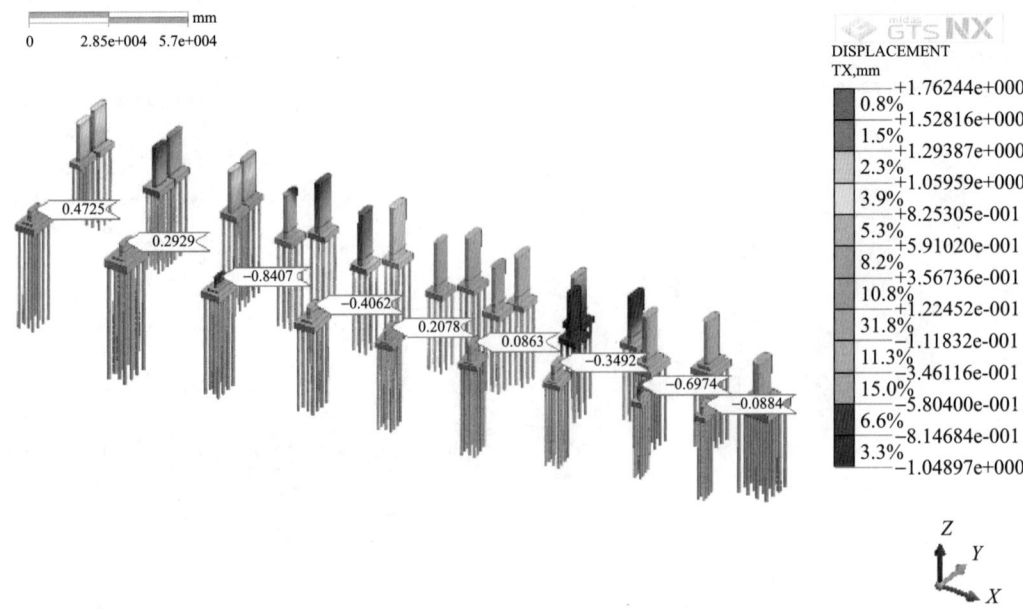

图 6.5-48 道路运营阶段桥墩顶纵向水平变形云图

第六节 施工对铁路桥梁安全评估结论

1. 上述施工过程中引起的青盐铁路跨娄山河特大桥单阶段附加沉降量最大值为 0.459mm，累计附加沉降量最大值为 -0.279mm，根据《公路与市政工程下穿高速铁路技术规程》限值 3mm 的要求，本次评估结果在控制值范围之内。

2. 上述施工过程中引起的青盐铁路跨娄山河特大桥单阶段附加差异沉降量最大值为 0.278mm，累计附加差异沉降量最大值为 0.217mm，根据《铁路桥涵设计规范》限值 20mm 的要求，本次评估结果在控制值范围之内。

3. 上述施工过程中引起的青盐铁路跨娄山河特大桥单阶段附加横向水平变形量最大值为 0.883mm，累计附加横向水平变形最大值为 0.929mm，满足《公路与市政工程下穿高速铁路技术规程》限值 3mm 的要求，本次评估结果在控制值范围之内。

4. 上述施工过程中引起的青盐铁路跨娄山河特大桥单阶段附加纵向水平变形量最大值为 -0.607mm，累计附加纵向水平变形最大值为 -0.916mm，满足《公路与市政工程下穿高速铁路技术规程》限值 3mm 的要求，本次评估结果在控制值范围之内。

5. 上述施工过程中引起的青盐铁路最大附加单桩轴力值增大值为 49.5KN，叠加设计值后的累计单桩轴力值，小于按《铁路桥涵地基和基础设计规范》（TB 10093—2017）计算得到的单桩承载力容许值，满足规范要求。

第七节　评估结论

据本工程设计方案相关内容，经过理论计算和有限元模拟分析，得出本阶段主要评估结论如下：

1. 唐河路—安顺路打通工程［DK6+680～DK6+980.73（XK6+963.73）］下穿铁路工程基本结构构造、限界存在小于相关规范限值要求的情况，建议进行方案修改优化。

2. 唐河路—安顺路打通工程［DK6+680～DK6+980.73（XK6+963.73）］下穿铁路工程，施工及运营会对青盐铁路、青荣城际、胶济客专桥梁基础产生一定的附加影响。文中针对唐河路—安顺路打通工程［DK6+680～DK6+980.73（XK6+963.73）］下穿铁路工程施工及运营荷载对铁路桥梁影响进行评估，通过计算分析得出如下结论：

（1）本工程施工引起铁路桥梁基础附加沉降满足《公路与市政工程下穿高速铁路技术规程》中墩台沉降的限值要求，引起的工后沉降和差异沉降均满足《铁路桥涵设计规范》中墩台沉降的限值要求；

（2）本工程引起铁路桥梁墩顶附加横向水平位移满足《公路与市政工程下穿高速铁路技术规程》中墩顶横向水平位移允许限值要求；引起的工后总横向水平变形满足《铁路桥涵设计规范》中限值要求；

（3）本工程引起铁路桥梁墩顶附加纵向水平位移满足《公路与市政工程下穿高速铁路技术规程》中墩顶纵向水平位移允许限值要求；引起的工后总纵向水平变形满足《铁路桥涵设计规范》中限值要求。

3. 通过以上分析，唐河路—安顺路打通工程［DK6+680～DK6+980.73（XK6+963.73）］下穿铁路工程设计、施工方案可行。考虑到各类风险的客观存在，建议后续建设施工中应制订相关专项应急预案和现场处置方案。

第七章 涉铁项目第三方监测方案

第一节 监测方案

一、监测内容

青荣城际、胶济客专、青盐铁路、胶济线沉降自动化监测及沉降人工复测、水平变形自动化监测及人工复测。

二、监测周期

施工前7天至竣工后1个月。

三、变形监测采集频率

监测频次如表7.1-1所示。

表 7.1-1 监测频次

序号	监测内容	位置	监测手段	测点数量（个）	监测采集频率		
					施工前	施工期间	施工后1个月
1	沉降自动化监测	胶济客专、青荣城际、青盐铁路桥梁	自动化	28	3次	8次/1天	8次/1天
		胶济线路基	自动化	27	3次	4次/1天	4次/1天
2	水平变形自动化监测	胶济客专、青荣城际、青盐铁路桥梁	自动化	56	3次	12次/1天	12次/1天
		胶济线路基	自动化	27	3次	4次/1天	4次/1天
3	沉降人工辅助监测	胶济客专、青荣城际、青盐铁路桥梁	人工	56	3次	1次/30天	1次/30天
		胶济线路基	人工	27	3次	1次/30天	1次/30天
4	水平变形人工辅助监测	胶济客专、青荣城际、青盐铁路桥梁	人工	56	3次	1次/30天	1次/30天
		胶济线路基	人工	27	3次	1次/30天	1次/30天

四、监测成果上报频率

监测成果报告频率为 1 次/天。

五、监测预警值

根据《邻近铁路营业线施工安全监测技术规程》(TB 10314—2021) 中的相关要求，胶济客专、青荣城际、青盐铁路桥梁段制定预警值、报警值及控制值见表 7.1-2。

表 7.1-2　桥梁变形预警、报警、控制值

监测项目	控制标准		
	累计量预警值（mm）	累计量报警值（mm）	控制值（mm）
桥梁竖向位移	±1.8	±2.4	±3
桥梁水平位移	±1.8	±2.4	±3

根据《邻近铁路营业线施工安全监测技术规程》(TB 10314—2021) 中的相关要求，胶济线路基段制定预警值、报警值及控制值见表 7.1-3。

表 7.1-3　路基变形预警、报警、控制值

监测项目	控制标准		
	累计量预警值（mm）	累计量报警值（mm）	控制值（mm）
路基竖向位移	±6	±8	±10
路基水平位移	±4.2	±5.6	±7

六、沉降变形自动化监测方案

1. 监测范围

桥梁段沉降变形监测范围统计见表 7.1-4。

表 7.1-4　桥梁段沉降变形监测范围统计

测线编号	线桥名	监测指标	监测起始里程	起始墩台号	监测结束里程	终止墩台号	监测长度（m）	监测墩台数（个）	备注
测线一	胶济客专	沉降变形	K5+840.7	32	K6+107	41	266.3	10	30 号墩为基点
测线二	青荣城际	沉降变形	K5+831.52	32	K6+077.12	40	245.6	9	30 号墩为基点
测线三	青盐铁路	沉降变形	K3+690.85	0	K3+997.96	8	307.11	9	青方台为基点
			合计				819.01	28	—

路基段沉降变形监测范围统计见表 7.1-5。

表 7.1-5 路基段沉降变形监测范围统计

测线编号	线桥名	监测指标	监测起始里程	监测结束里程	监测长度（m）	测点断面（个）
测线四	胶济线	沉降变形	K20+134.04	K20+304.04	170	27
合计					170	27

2. 测点布置

下穿工点监测范围内的胶济客专、青荣城际、青盐铁路逐墩布置沉降监测测点，测点布置于铁路桥墩墩顶位置对应的 T 梁外侧面及箱梁腹板位置。

下穿工点监测范围内的胶济线路基段布设沉降测点（与水平变形监测点共用），测点布设于路基、路肩。

(1) 测线一：测点布置在胶济客专娄山特大桥 32～41♯桥墩范围内，基点布置于 30♯墩，桥墩支座垂线对应的简支梁外侧面上。

本测线长度为 334m，共布设 1 个基点、10 个测点、3 个转点，共计 14 台传感器，布设采集仪设备箱 4 台，太阳能电池板 4 块。

(2) 测线二：测点布置在青荣城际娄山特大桥 32～40♯桥墩范围内，基点布置于 30♯墩，桥墩支座垂线对应的简支梁外侧面上。

本测线长度为 310m，共布设 1 个基点、9 个测点、3 个转点，共计 13 台传感器，布设采集仪设备箱 4 台，太阳能电池板 4 块。

(3) 测线三：测点布置在青盐铁路跨娄山河特大桥 0～8♯桥墩范围内，基点布置于小里程桥台，桥墩支座垂线对应的简支梁腹板内侧面上。

本测线长度为 320m，共布设 1 个基点、9 个测点，共计 10 台传感器，布设采集仪设备箱 1 台，太阳能电池板 1 块。

(4) 测线四：测点布置在胶济线路基（改右 HDIK20+133.995～改右 HDIK20+303.885）范围内路基顶部路肩部位及框构竖墙顶部。

本测线长度为 170m，共布设 1 台全站仪、3 个后视点、27 个测点。

3. 设备选型

胶济线路基段沉降变形监测采用全站仪自由测站三角高程测量法，仪器采用自动照准功能的全站仪，与平面位移共用仪器，监测设备及方案在自动化水平变形监测中详细介绍。其余胶济客专、青荣城际、青盐铁路桥梁段沉降变形监测采用静力水准仪，其监测原理如下。

静力水准设备自动化沉降监测采用了液体连通器原理，以大地重力水平面为参考，测量沉降或高差。该技术采用嵌入式数字模块和固态差压传感器，通过测量管道内部液面高差，完成路基、桥涵的形变或沉降观测。实际应用时，相关测点的传感器通过液体管道彼此相连，一个或部分传感器用作参考点，其他的传感器用于（相对于参考点）沉降测量（图 7.1-1）。

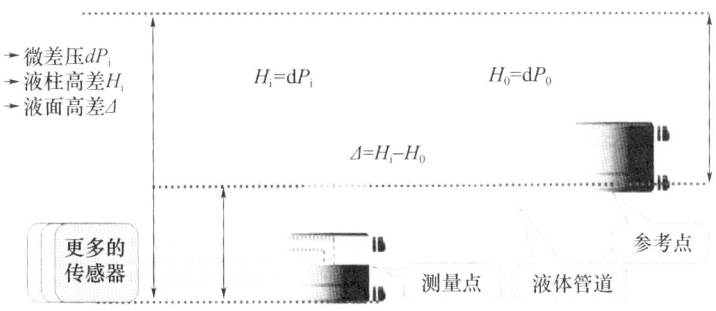

图 7.1-1 自动化沉降监测原理

假设共布置有 n 个测点,其中 0 号点为参考点,其余测点均为测点。全部测点均通过通液管和通气管连接在一起,最后通液管与通气管连接至储液罐,通气管入口在储液罐内液面以上,如此便组成了一个封闭的液压和气压系统。参考点液面与储液罐内液面的高差 $H_0=dP_0$,第 i 各测点液面与储液罐内液面的高差 $H_i=dP_i$,于是在监测开始前各测点与参考点之间的初始液面高差 $\Delta=H_i-H_0$,并以此为基准值,在开始监测后,以第 j 次测量为例,第 i 测点与参考点液面的差值为 Δj,那么此次测量 i 测点的沉降值即为 $\Delta H=\Delta j-\Delta 0$。其他测点以此类推。

(1) 测点传感器

本项目采用精度高、灵敏度高、线性度好、稳定性好、容易实现批量生产的压力传感器。采用的压力传感器是利用硅的压阻效应制成的,其核心部分是一块沿某晶向切割的 N 型的圆形硅膜片,在膜片上利用集成电路工艺方法扩散上 4 个阻值相等的 P 型电阻,用导线将其构成平衡电桥。膜片的四周用圆硅环(硅杯)固定,其下部是与被测系统相连的高压腔,上部一般可与大气连通。在被测压力 P 作用下,膜片产生应力和应变,相应的集成电阻也随之变化,通过平衡电桥转化为电压变化信号后,测量电压变化值即可间接测量得到液位变化值(图 7.1-2 至图 7.1-4、表 7.1-6)。

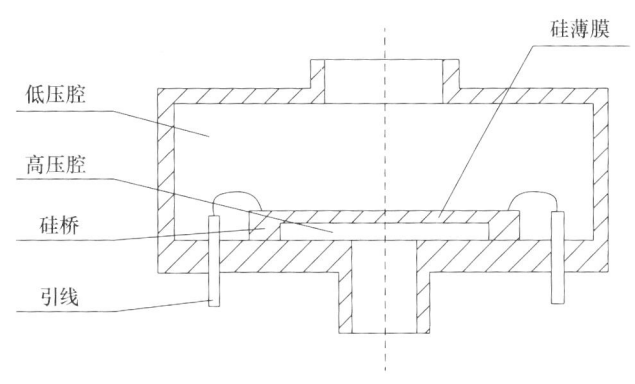

图 7.1-2 压力传感器内部构造(单位:mm)

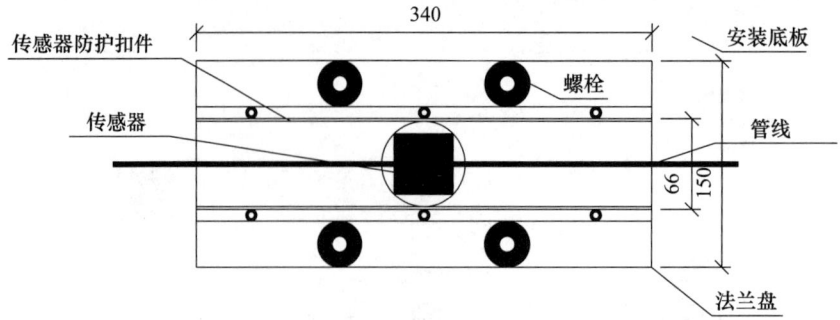

图 7.1-3 仪器尺寸（单位：mm）

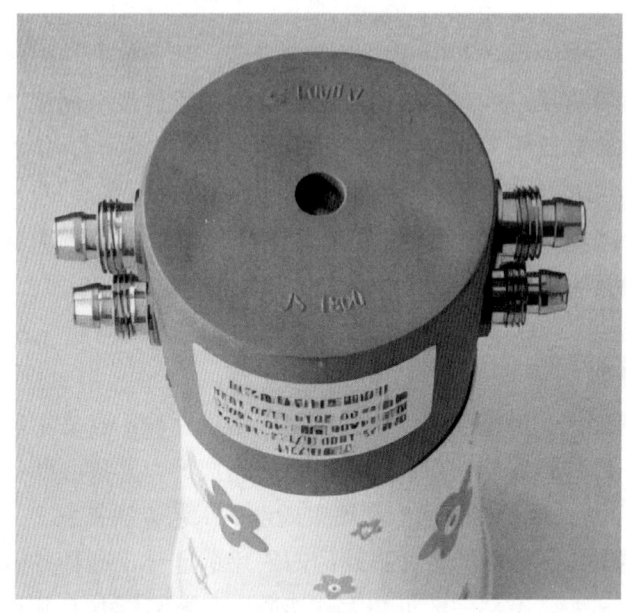

图 7.1-4 传感器实物

表 7.1-6 传感器主要技术指标

项目	技术指标
标准量程	0~600、600~1200、1200~1800mm
仪器测量精度	±0.2mm
分辨率	0.02mm
尺寸	Φ55×37mm
连接方式	四芯电缆连接
供电方式	12V DC
工作环境温度	−40℃~80℃
连通器	Φ8mm

(2) 数据采集仪设备箱

数据采集仪设备箱内安置有数据采集仪、上位机、蓄电池、无线网络模块和储液罐。其中数据采集仪为硅压阻式传感器的采集设备，可实现对各传感器的测量数据进行采集，上位机则完成采集数据的初步解算，解算后的数据通过无线网络模块传送至云服务器进行进一步的计算。整个系统通过蓄电池供电，储液罐则为整个监测系统提供压力媒介（防冻液）。如此，监测系统则可以实现无人值守的远程数据采集（图 7.1-5 和图 7.1-6）。

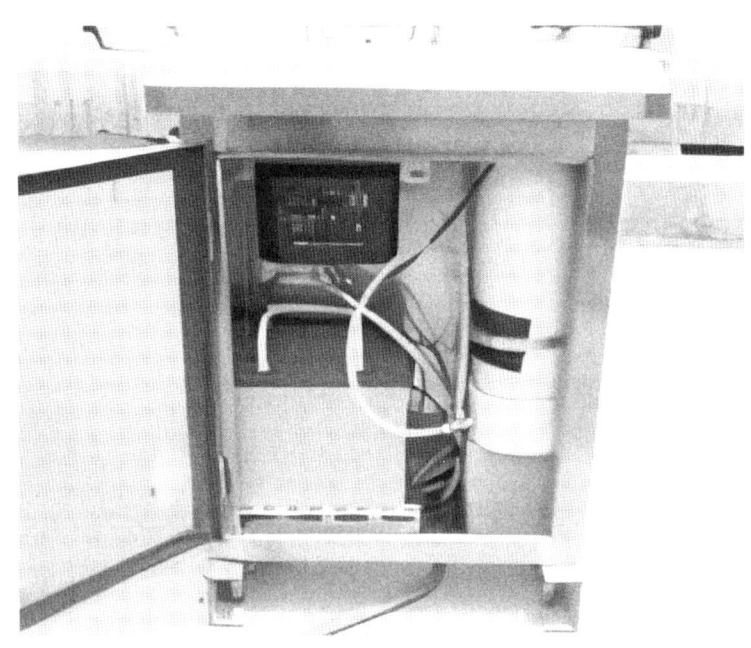

图 7.1-5　数据采集仪设备箱

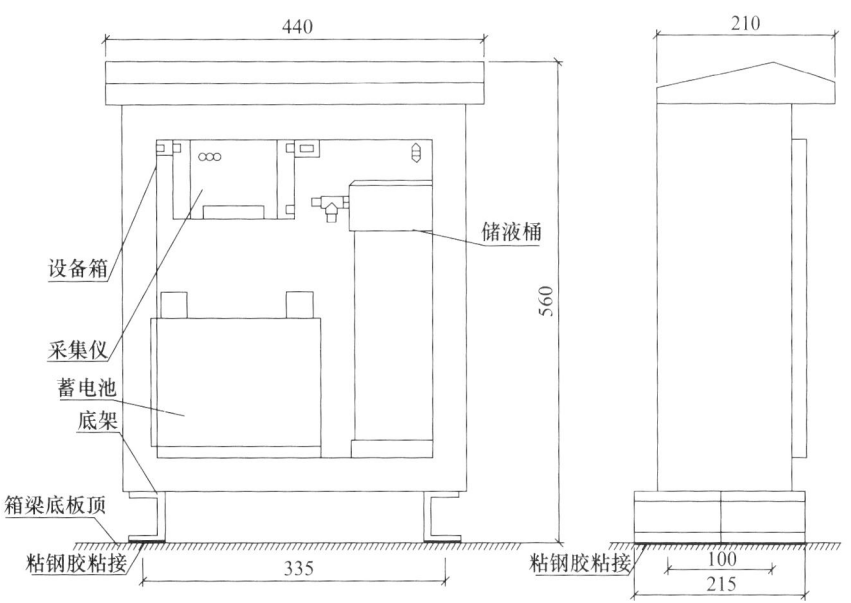

图 7.1-6　数据采集仪设备箱构造（单位：mm）

4. 自动化监测系统建立前的辅助人工监测

（1）监测范围内人工监测控制网布设

监测项目启动后，应首先根据监测范围，在现场布设人工监测控制网。根据监测段落的长度和周围环境确定监测控制点数量、布置位置及形式，在监测段落两侧施工影响范围以外间隔一定距离成对布置控制点。人工沉降监测点布置于墩身及路基顶面路肩部位，充分利用既有沉降监测点，当既有沉降监测点缺失时应补设。

（2）初始值采集

施工单位进场开工前，需利用建立的现场监测控制网对监测范围内各自动化测点对应进行人工测量，采集3次人工测量数据，取平均值作为自动化监测点的初始值。本项目初始值采集于开工前一周完成。

5. 自动化监测过程中的人工复测

① 监测基点定期复测

基准点在选取过程中已经充分考虑了唐河路—安顺路打通工程-涉铁项目施工的影响，自动化监测系统基准点布设于施工影响范围外的高铁桥墩墩顶简支梁外侧及路基顶面位置，而沉降基准点高程不可能绝对的不产生相应的变化，因此，本设计方案以自动监测系统为主，辅以人工监测基准点高程，监测过程中对基准点的高程进行修正，使监测系统更加完善，监测数据更为真实可靠。定期对监测段落内各自动化监测基点位置的高程进行人工测量，根据定期复测的数据对各测线的绝对沉降量进行修正。

② 发生预警后的人工复测

自动化监测过程中发生超出预警值后，应及时组织现场人员对发生预警的测点沉降量进行复测，并与自动化监测数据进行对比，并结合现场施工情况，判断预警真实性和原因。

七、水平变形自动化监测方案

1. 监测范围

桥梁段水平变形监测范围统计见表7.1-7。

表7.1-7 桥梁段水平变形监测范围统计

测线编号	线桥名	监测指标	监测起始里程	起始墩台号	监测结束里程	终止墩台号	监测长度（m）	监测墩台数（个）
测线一	胶济客专	水平变形	K5+840.7	32	K6+107	41	270	10
测线二	青荣城际	水平变形	K5+831.52	32	K6+077.12	40	246	9
测线三	青盐铁路	水平变形	K3+690.85	0	K3+997.96	8	288	9
			合计			804	28	

路基段水平变形监测范围统计见表7.1-8。

表 7.1-8　路基段水平变形监测范围统计

测线编号	线桥名	监测指标	监测起始里程	监测结束里程	监测长度（m）	测点断面（个）
测线四	胶济线	水平变形	K20+134.04	K20+304.04	170	27
合计					170	27

2. 测点布置

下穿工点监测范围内的青盐铁路、胶济客专及青荣城际逐墩布置水平变形监测测点，测点布置于铁路桥墩墩顶及墩底侧面位置。

下穿工点监测范围内的胶济线路基段布设水平变形测点（与沉降测点共用），测点布设于路基、路肩。

（1）测线一：测点布置在胶济客专娄山特大桥32～41#桥墩范围内，测点棱镜布置于墩顶及墩底侧面。后视基点布置于施工影响区外。全站仪布置于36#墩墩身。

本测线长度为270m，共布设3个基点，20个测点，1台全站仪。

（2）测线二：测点布置在青荣城际娄山特大桥32～40#桥墩范围内，基测点棱镜布置于墩顶及墩底侧面。后视基点布置于施工影响区外。全站仪布置于36#墩墩身。

本测线长度为246m，共布设3个基点，18个测点，1台全站仪。

（3）测线三：测点布置在青盐铁路跨娄山河特大桥0～8#桥墩范围内，测点棱镜布置于墩顶及墩底侧面。后视基点布置于施工影响区外。全站仪布置于4#墩墩身。

本测线长度为288m，共布设3个基点，18个测点，1台全站仪。

（4）测线四：测点布置在胶济线路基（改右HDIK20+133.995～改右HDIK20+303.885）范围内路基顶部路肩部位及框构竖墙顶部。

本测线长度为170m，共布设1台全站仪，3个后视点，27个测点。

3. 设备选型

全站仪，即全站型电子测距仪，是一种集光、机、电为一体的高技术测量仪器，是集水平角、垂直角、距离（斜距、平距）、高差测量功能于一体的测绘仪器系统。与光学经纬仪比较，电子经纬仪将光学度盘换为光电扫描度盘，将人工光学测微读数代之以自动记录和显示读数，使测角操作简单化，且可避免读数误差的产生。因其一次安置仪器就可完成该测站上全部测量工作，所以称之为全站仪。其广泛用于地上大型建筑和地下隧道施工等精密工程测量或变形监测领域。

全站仪工作原理：采用线缆直连或串口服务器方式连接，将监测棱镜均匀安置在被监测物体上，全站仪放置在观测室（或控制中心）此外周边至少需要两个控制点，便于全站仪定向，通过软件控制全站仪对各监测点进行重复测量，在这过程中可对测量的间隔作相应的设定，软件对测量结果做实时的统计分析，以图表的形式直接显示。

采用网络的形式进行数据传输，全站仪的数据通过串口服务器以无线的方式回传至控制中心，控制中心实时接收全站仪的观测数据，实时进行数据处理。

自动全站仪主要技术标准见表 7.1-9。

表 7.1-9　自动全站仪主要技术标准

项目	技术指标
测量精度	0.5″
DR plus 测距精度棱镜模式	满足或优于 1mm+2ppm，棱镜跟踪模式满足或优于 4mm+2ppm
DR plus 测距精度免棱镜模式	满足或优于 2mm+2ppm
DR HP 测距精度棱镜模式	满足或优于 0.8mm+2ppm，棱镜跟踪模式满足或优于 5mm+2ppm
DR HP 测距精度免棱镜模式	满足或优于 3mm+2ppm
供电方式	11.1VDC
扫描范围	不小于 200m
扫描速度	不小于 30 点/S

全站仪及棱镜如图 7.1-7 所示，全站仪实时监测如图 7.1-8 所示。

图 7.1-7　全站仪及棱镜

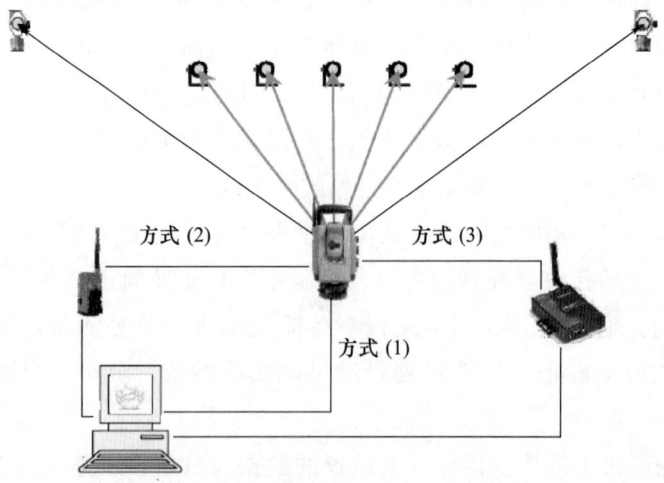

图 7.1-8　全站仪实时监测示意

监测采用全站仪自由测站边角交会法,仪器采用带自动照准的全站仪。基点设在施工影响范围以外(图7.1-9至图7.1-11)。

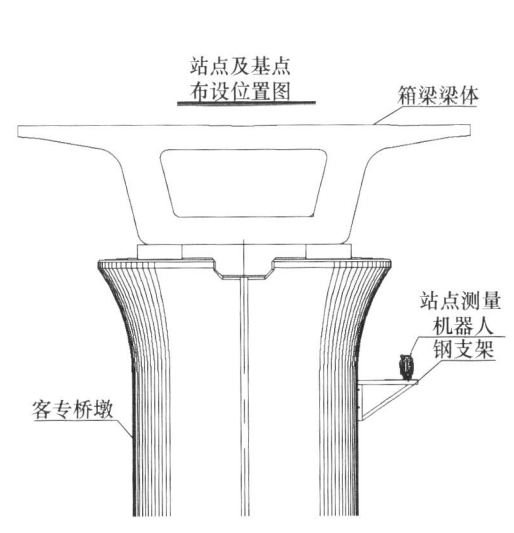

图7.1-9　桥梁全站仪布设

图7.1-10　路基全站仪设站强制对中观测墩

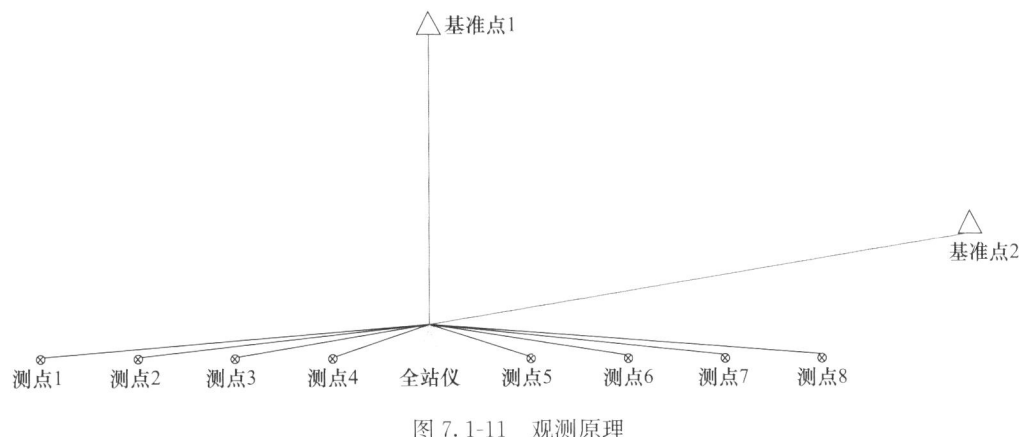

图7.1-11　观测原理

4. 自动化监测系统建立前的辅助人工监测

(1) 监测范围内人工监测控制网布设

监测项目启动后,应首先根据监测范围,在现场布设人工监测控制网。根据监测段落的长度和周围环境确定监测控制点数量、布置位置及形式,在监测段落两侧施工影响范围以外间隔一定距离成对布置控制点。人工水平变形监测点布置于墩身及路基顶面路肩部位。

(2) 初始值采集

施工单位进场开工前,需利用建立的现场监测控制网对监测范围内各自动化测点对应进行人工测量，采集3次人工测量数据，取平均值作为自动化监测点的初始值。本项目初始值采集于开工前一周完成。

5．自动化监测过程中的人工复测

（1）监测基点定期复测

基准点在选取过程中已经充分考虑了唐河路—安顺路打通工程-涉铁项目施工的影响，自动化监测系统基准点布设于施工影响范围外，而基准点不可能绝对的不产生相应的变化，因此，本设计方案以自动监测系统为主，辅以人工监测基准点水平变形，监测过程中对基准点的平面进行修正，使监测系统更加完善，监测数据更为真实可靠。定期对监测段落内各自动化监测基点位置的水平变形进行人工测量，根据定期复测的数据对各测线的绝对水平变形量进行修正。

（2）发生预警后的人工复测

自动化监测过程中发生超出预警值后，应及时组织现场人员对发生预警的测点水平变形量进行复测，并与自动化监测数据进行对比，并结合现场施工情况，判断预警真实性和原因。

第二节　设备安装方案

一、路基段设备安装方案

棱镜安装布设时，棱镜面垂直对准全站仪照准器，并保证棱镜与全站仪的通视。观测桩采用直径为30mm的钢筋连接棱镜，钢筋长度为150cm，埋设深度为100cm（图7.2-1）。

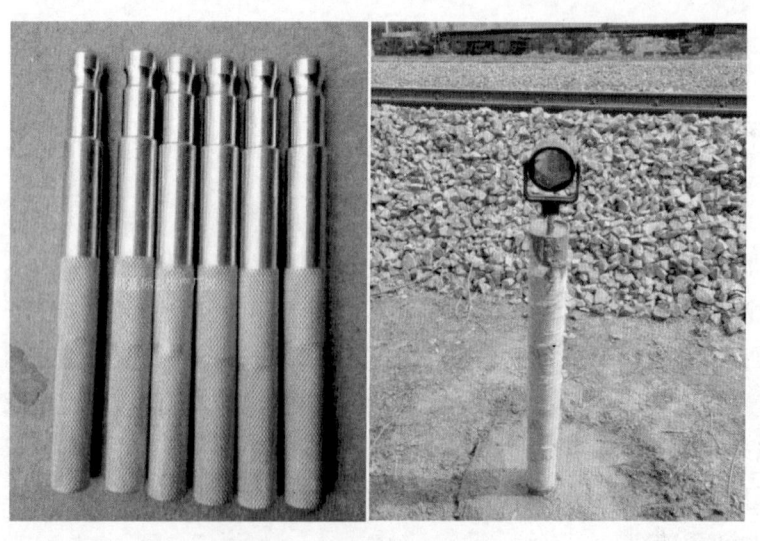

图7.2-1　棱镜杆及棱镜埋设

全站仪安装在观测墩上，对所有的测点进行观测。观测墩设置在铁路的隔离网外，墩高2~3米，观测墩基础必须牢固，墩身采用钢管，管内用钢筋和混凝土充实。观测墩设置在远离施工侧的铁路隔离网外，靠近铁路隔离网，保证观测通视的同时，能够避免施工对观测墩的干扰（图7.2-2至图7.2-4）。

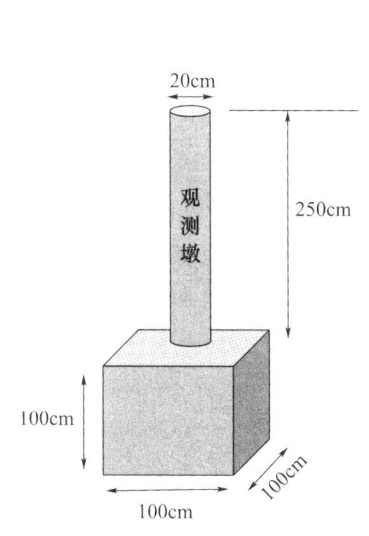

图 7.2-2　观测墩的几何尺寸示意

图 7.2-3　路基全站仪设站强制对中观测墩

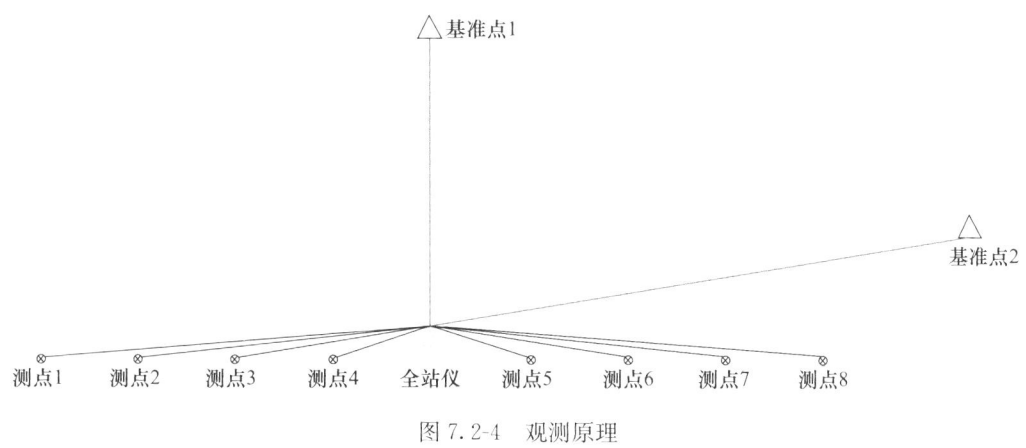

图 7.2-4　观测原理

二、桥梁段设备安装方案

1. 桥梁段沉降设备安装方案

下穿工点监测范围内的测点布置于铁路桥墩墩顶位置对应的T梁外侧面及箱梁腹板内侧，全部采用粘接的方式固定。

（1）标高测量

为了保证自动化沉降设备的精度，要求同一测线段内各仪器尽量位于同一高度处。

因此，需高度重视支架安装前的抄平和放样工作，而且自动化设备与通液通气管线需在同一水平线。

采用全站仪对自动化设备安装位置进行标高测量，确保设备位置达到安装要求。

（2）支架安装

水准仪通过仪器支架与梁体连接，因此仪器支架起到固定仪器和传递位移的作用，要求其具备足够的强度和刚度。为避免对既有梁体造成损坏，采用涂抹型粘钢胶对支架进行固定（图7.2-5至图7.2-7）。

<u>基点、转点I-I横断面布置示意图</u>

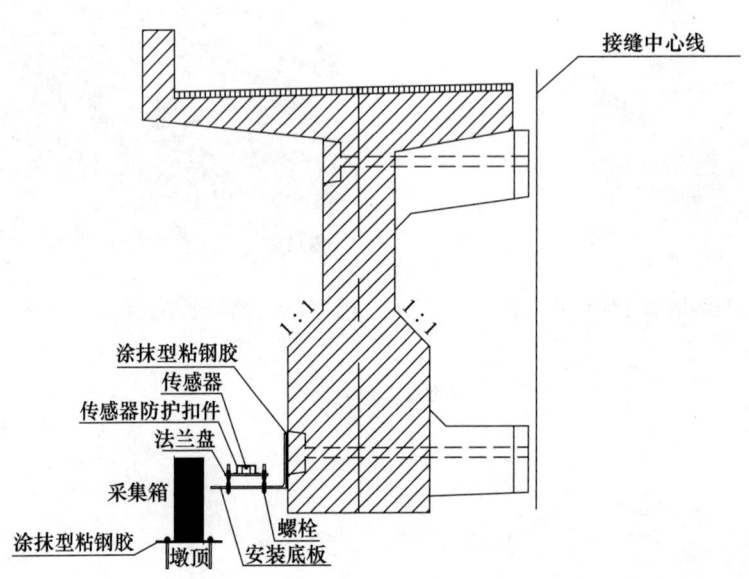

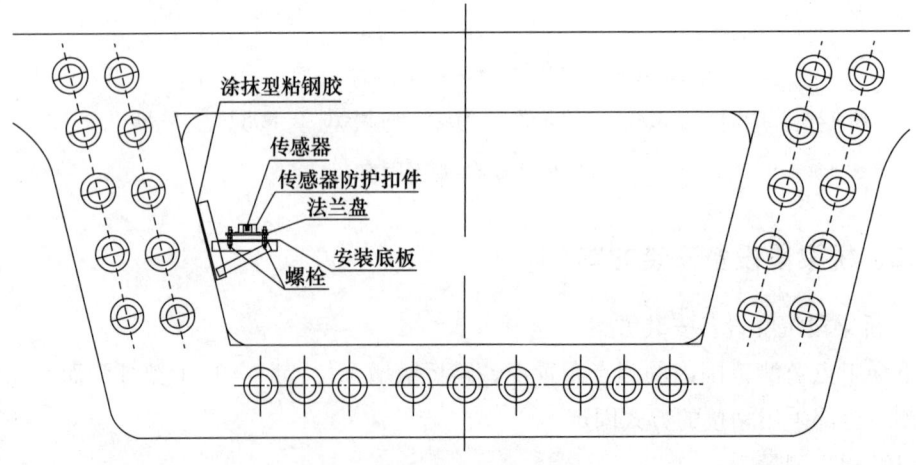

图 7.2-5　安装位置

图 7.2-6　桥梁段测点安装位置

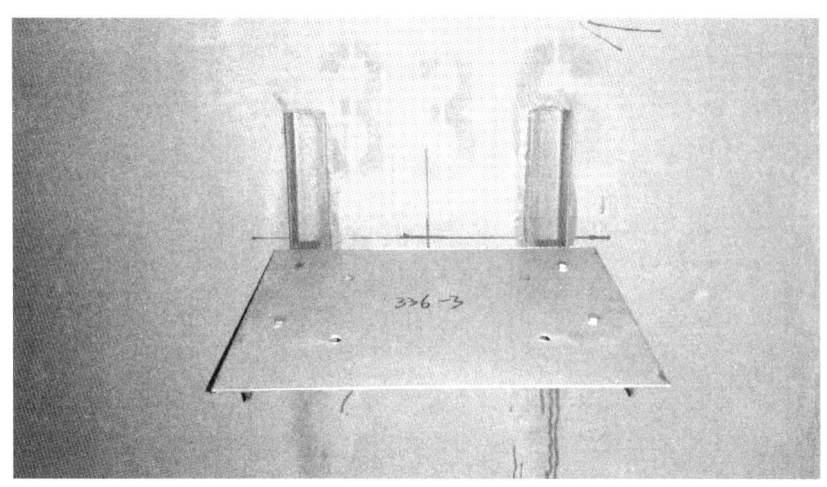

图 7.2-7　仪器支架安装实例参考

（3）测点固定

硅压阻式沉降仪（高 37mm，直径 55mm），每个测点安装 1 台硅压阻式沉降仪，使用防护盒扣件进行防护，防护盒扣件固定在基础钢板顶端法兰上。测点处桥墩的沉降带动梁体上支架沉降，硅压阻式沉降仪从而感应梁体的沉降变化，实现桥墩的沉降监测（图 7.2-8）。

（4）管线安装

各硅压阻式沉降仪间使用液管和气管连接，液管和气管统称为管线。各台仪器间的液体通过管线进行联通，同时为了减小温度变化引起的误差，全段管线均用保温材料包裹。本项目将通液管及通气管通过管线扣件固定在梁体上（图 7.2-9、图 7.2-10）。

图 7.2-8 设备安装示意

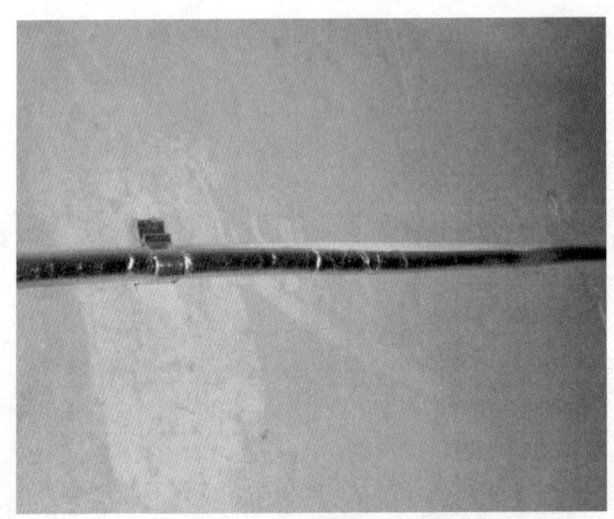

图 7.2-9 管线安装示意

图 7.2-10 保温材料实物

(5) 设备箱安装

设备箱一般固定在监测系统靠近基准点海拔较高的位置，通过粘钢胶固定设备箱支架在梁体外侧。GPRS 天线固定在设备箱侧面，避免有其他干扰（图 7.2-11、图 7.2-12）。

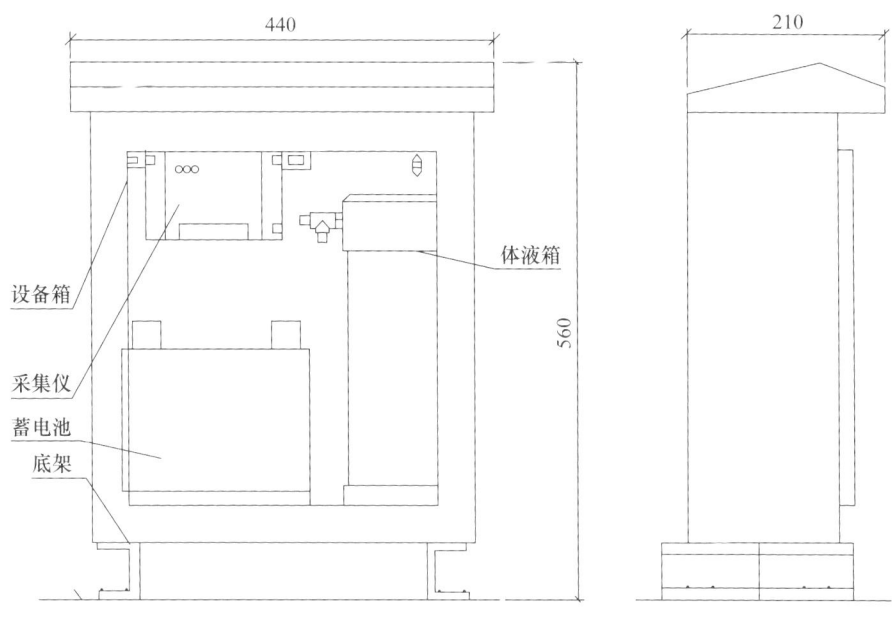

图 7.2-11　管线安装示意

图 7.2-12　设备箱安装实物

(6) 太阳能电池板安装

太阳能供电系统安装于线路外朝阳合适的位置。采用高度适宜的立柱安装太阳能供电系统，太阳能板采用螺栓与立柱连接，确保支架固定的牢靠。

(7) 设备安全检查

所有设备安装完成后，需逐一对系统进行检查，确认所有仪器安装无误后，将现场清理干净。监测过程中,每月固定时间进行一次设备的检查维护。

(8) 系统维护

由于该系统由硅压阻式沉降仪部分、数据采集传输部分、电源及配套部分和数据接收分析部分等四大功能模块组成,每个监测段安装若干套监测系统,共计 N 个测点。每套设 1 个基准点,使用 1 套控制模块、1 套通信模块和 1 套辅助模块。所以,当系统中个别硅压阻式沉降仪出现故障时,可进行独立更换,对整个系统不产生影响。

(9) 质量检验标准

① 所有自动化采集仪器安装位置同设计图纸匹配并且安装牢固可靠。

② 所有仪器通电后运转正常。

③ 通过多次试验并稳定后的仪器能够每次正常读取并发送数据,数据采集实时、准确。

2. 桥梁段水平变形设备安装方案

(1) 仪器安装工艺流程

在监测区段每一孔桥墩顶部设置一个测点,测点布设于桥墩顶部平台外侧中心线位置,靠近施工侧,测点采用支架进行固定,外罩防护罩;全站仪布设在每台仪器监测范围中部桥墩位置,根据设计位置进行支架、仪器及防护罩的安装;基准点布设在远离施工侧区域范围,根据既有条件,安装在附近结构物上或浇筑混凝土监测墩,安装基准点棱镜及防护罩;太阳能供电系统安装在与全站仪同一桥墩底部位置,附近配置防雨设备箱,放置蓄电池及控制器;通信系统固定在防雨设备箱内部,线缆通过线管连接至全站仪。系统安装工序如图 7.2-13 所示。

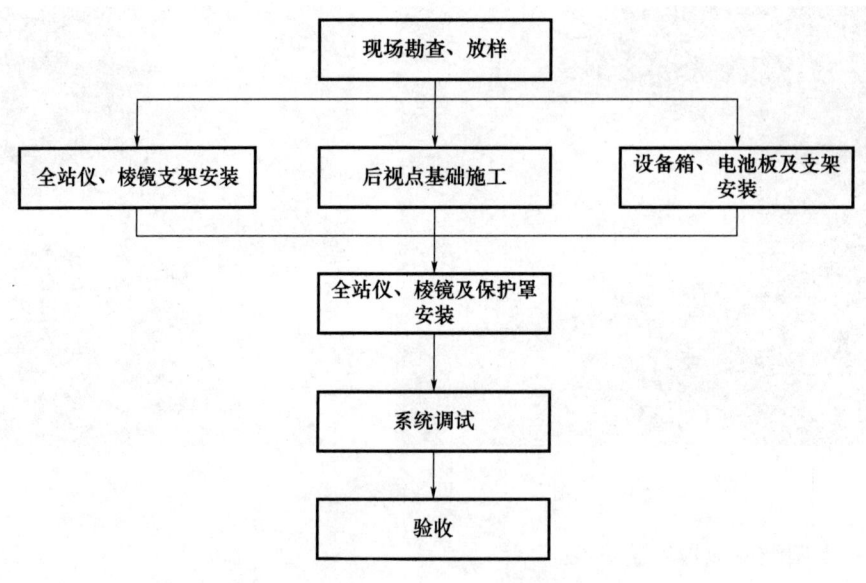

图 7.2-13 系统安装工序

(2) 全站仪的安装及固定

全站仪通过固定支架安装在既有桥墩侧面,首先确定安装高度,设计高度为 5 米,在周边全站仪与测点不通视时，可适当调整安装高度。首先安装全站仪支架，由于安装高度较高，采用升降车方式进行安装，支架侧面角钢采用膨胀螺栓进行固定，保证安装支架及顶面钢板稳定，并且在安装过程中，使用水平尺保证全站仪底板水平（图 7.2-14）。

图 7.2-14 全站仪安装实物参考

（3）监测点棱镜的安装及固定

监测点棱镜分两种方式进行安装，距离全站仪最近的 5 个监测墩（包括全站仪自身），可采用直接安装棱镜方式，在桥墩墩顶靠近全站仪侧面，使用 φ8 膨胀螺栓直接固定监测点棱镜；距离较远的两侧监测点棱镜，采用预制支架进行安装，使用 φ10 膨胀螺栓固定棱镜支架，调整好棱镜支架角度，在支架上安装测点棱镜（图 7.2-15）。

图 7.2-15 监测点棱镜参考

(4) 基准点棱镜的安装及固定

基准点棱镜采用立杆方式，首先地基开挖 0.5m×0.5m×1.5m，内部绑扎钢筋笼，使用 φ200×5 米钢管立在基础中心位置，地基及钢管内部浇筑混凝土，混凝土凝固后，顶部安装棱镜及棱镜保护罩（图 7.2-16）。

图 7.2-16　基准点棱镜参考

(5) 设备箱的安装

设备箱固定在全站仪安装位置下侧，内部将蓄电池摆放平整，控制器及 DTU 固定在背板，GPRS 天线固定在设备箱侧面，避免其他干扰（图 7.2-17）。

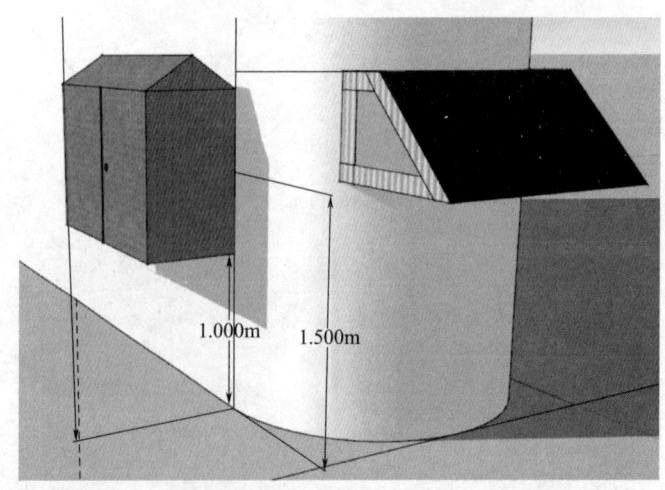

图 7.2-17　设备箱参考

(6) 太阳能电池板的安装

太阳能供电系统安装于墩身侧面全站仪下侧合适的位置进行固定。太阳能支架采用 M12 膨胀螺栓与桥墩连接,每个螺栓配置两个螺母,确保支架固定牢靠(图 7.2-18)。

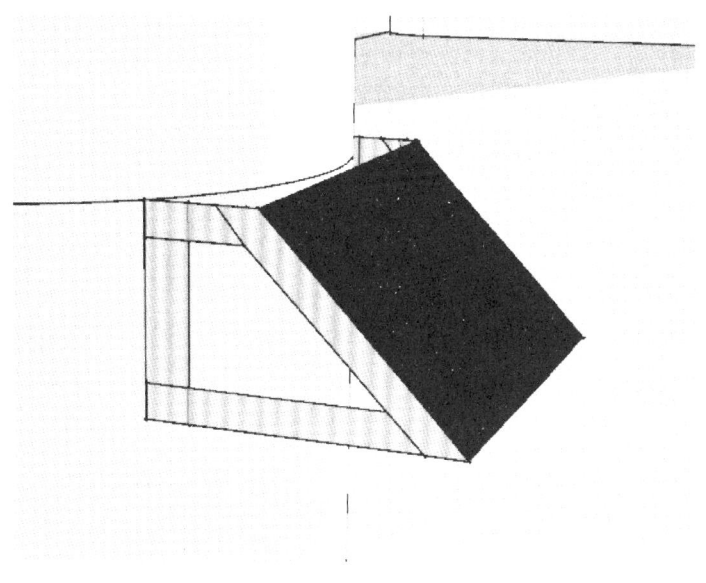

图 7.2-18 太阳能供电参考

(7) 系统调试

全站仪、监测点棱镜、基准点棱镜安装完成后,使用软件现场对各个测点进行扫描,学习初始测量值,完成单套测站的初始设置,其他每套全站仪调试方式基本类似;安装调试过程中,注意棱镜之间的位置分布,避免多棱镜出现互相干扰等情况。

(8) 系统维护

定期检查全站仪,保持镜面干净清洁;对于全站仪周围树木情况定期检查记录,对于易受遮挡位置进行处理;太阳能供电系统处在桥墩底部,定期检查蓄电池电量,在电量不足时,及时进行替换处理。

3. 沉降人工监测方案

(1) 高铁桥墩沉降监测的精度及要求

桥墩沉降监测按照《高速铁路工程测量规范》(TB 10601—2009)"表 8.1.7"中的二等垂直变形测量等级要求实施,监测的观测方法及限差要求满足《国家一、二等水准测量规范》(GB/T 12897—2006)中的要求(表 7.2-1)。

表 7.2-1 变形测量等级划分和精度要求

变形测量等级	垂直位移测量	
	变形观测点的高程中误差(mm)	相邻变形观测点的高差中误差(mm)
二等	0.5	0.3

(2) 监测方法及原则

① 沉降观测的要求

a. 每次观测前，对所使用的仪器和设备应进行检验校正，并保留检验记录

b. 严格按水准测量规范的要求施测。首次（初始值）观测应进行往返测，并取观测结果的中数，经严密平差处理后的高程值作为变形测量的初始值。

c. 参与观测的人员必须经过培训才能上岗，并固定观测人员。

d. 为了将观测中的系统误差减到最小，达到提高精度的目的，各次观测应使用同一台仪器和设备，前后视观测最好用同一水准尺，必须按照固定的观测路线和观测方法进行，观测路线必须形成附合或闭合路线，使用固定的工作基点对应沉降变形观测点进行观测。实行"五固定"：即"固定水准基点与工作基点、固定人、固定测量仪器、固定监测环境条件、固定观测路线和方法"，以提高观测数据的准确性。

e. 观测时要避免阳光直射，且在基本相同的环境和观测条件下工作。扶尺时借助尺撑，使标尺上的气泡居中，标尺垂直。

f. 成像清晰、稳定时再读数，随时观测，随时检核计算，观测时要一次完成，不中断。

g. 对工作基点的稳定性要定期检核，在雨季前后要联测，检查水准点的标高是否有变动。

h. 针对低矮桥墩、异型桥墩空间小、尺子不能直立的情况，也可采用倒尺的方法进行，但需要注明，避免数据处理错误。

② 测量具体要求

a. 水准仪使用 LeicaDNA03/TrimbleDini12 精密电子水准仪或同精度的其他电子水准仪，2m 铟瓦条码水准尺，自动观测记录。

b. 监测按不等距几何水准测量方法进行，

采用单路线往返观测，一条路线的往返观测必须使用同一类型仪器和转点尺垫，沿同一路线进行。观测成果的重测和取舍按《国家一、二等水准测量规范》（GB/T 12897—2006）有关要求执行（图 7.2-19）。

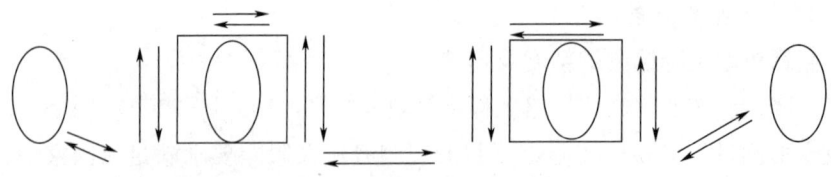

图 7.2-19 既有高铁桥墩沉降观测线路

c. 观测时，每一测段均为偶数测站。读数顺序按"后-前-前-后"的顺序进行，视线长度≤30m，两次读数差≤0.3mm，两次所测高差之差≤0.4mm；观测读数读记至 0.01mm；不满足要求的在现场进行提示并进行重测。

d. 观测前 30 分钟，将仪器置于露天阴影处，使仪器与外界气温趋于一致，达到仪

器预热的目的。测量中避免望远镜直接对着太阳；避免视线被遮挡，遮挡不超过标尺在望远镜中截长的20%。

e. 观测过程中为保证水准尺的稳定性，选用2.5kg以上的尺垫，水准观测路线必须路面硬实，观测过程中尺垫踩实以避免尺垫下沉。同时观测过程中避免仪器安置在容易震动的地方，如果临时有震动，确认震动源造成的震动消失后，再测量。水准尺均借助尺撑整平扶直，确保水准尺垂直。

f. 当相邻观测周期的沉降量超过限差或出现反弹时，应重测并分析工作基点的稳定性，必要时联测基准点进行检测。

③ 数据处理

外业数据采集完成后，对观测数据进行传输整理，得出本次测量的各点高程，依据以下公式计算出各点的本次沉降量、累计沉降量和沉降速率，以下为报表格式及计算公式。

计算公式：

a. 本次沉降量：$dh_i = h_i - h_{i-1}$

b. 累计沉降量：$D_h = (h_i - h_0) = \sum dh_i$

c. 沉降速率：V（mm/d）$= D_h$/累计天数

式中：dh_i——本次沉降量

D_h——累计沉降量

V——沉降速率（mm/天）

h_0——初始标高

h_i——本次标高

h_{i-1}——上次标高

每次的报表生成以后，利用累计沉降量和观测日期生成沉降曲线图，可方便查看数据的差异、图案和预测趋势。在沉降量曲线图中，可以直接查看到最小沉降点和最大沉降点，当沉降趋势较明显时，可引起用户的注意。

第三节 观测数据初始值采集

一、沉降变形观测初始值采集

工程从2022年6月16日开始测取初始值，至2022年6月23日结束，进行了3次观测，计算观测数据的平均值作为初始值。以下以青盐铁路为例，下面为沉降初始值（表7.3-1）。

表 7.3-1　青盐铁路沉降变形观测初始值数据

监测点	墩号	初始高程（m）
ZC03-0001	0#	9.62929
ZC03-0101	1#	9.43327
ZC03-0201	2#	9.43112
ZC03-0301	3#	9.85374
ZC03-0401	4#	9.69145
ZC03-0501	5#	9.60547
ZC03-0601	6#	9.63547
ZC03-0701	7#	9.62056
ZC03-0801	8#	9.76742

二、水平变形观测初始值采集

工程从 2022 年 6 月 16 日开始测取初始值，至 2022 年 6 月 23 日结束，进行了 3 次观测，计算观测数据的平均值作为初始值。以下为青盐铁路水平初始值（表 7.3-2）。

表 7.3-2　青盐铁路水平变形观测初始值数据

监测点	墩号	纵向初始坐标（m）	横向初始坐标（m）
ZW03-0001	0#	529.64822	503.45030
ZW03-0002	0#	529.61073	503.39440
ZW03-0101	1#	569.57821	507.46141
ZW03-0102	1#	569.88903	507.48584
ZW03-0201	2#	609.80603	510.39938
ZW03-0202	2#	609.71969	510.00910
ZW03-0301	3#	648.93235	511.69480
ZW03-0302	3#	648.11977	511.45531
ZW03-0401	4#	679.70578	511.34059
ZW03-0402	4#	679.85815	511.41264
ZW03-0501	5#	712.53683	510.28672
ZW03-0502	5#	714.09954	510.35560
ZW03-0601	6#	745.25615	507.25345
ZW03-0602	6#	744.35248	507.24481
ZW03-0701	7#	777.74734	502.87569
ZW03-0702	7#	778.72903	502.95933
ZW03-0801	8#	802.01980	498.73923
ZW03-0802	8#	802.31636	498.94927

第四节 观测数据及监测成果分析、结论

一、沉降变形观测

1. 基础累计沉降观测数据表与沉降观测曲线

青盐铁路桥墩从 2022 年 6 月 23 日开始,按方案要求的频次进行观测,到 2023 年 6 月 18 日结束,历时 360 天,进行了 4332 次观测,观测结果均符合要求。

2. 基础沉降速率数据表与沉降速率

青盐铁路桥墩基础累计沉降观测数据可得桥墩基础的沉降速率(表 7.4-1、图 7.4-1)。

表 7.4-1 青盐铁路桥墩各监测点沉降速率

日期	沉降速率(mm/月)								
	ZC03-0001	ZC03-0101	ZC03-0201	ZC03-0301	ZC03-0401	ZC03-0501	ZC03-0601	ZC03-0701	ZC03-0801
2022.6.13～2022.7.13	−0.03	−0.02	−0.31	−0.09	0.09	−0.07	0.02	−0.06	0.08
2022.7.13～2022.8.13	0.08	−0.13	−0.09	−0.01	−0.61	−0.19	−0.29	−0.12	0.10
2022.8.13～2022.9.13	−0.18	−0.14	0.25	−0.01	0.24	0.05	0.03	−0.06	−0.26
2022.9.13～2022.10.13	0.45	0.46	0.48	0.32	0.65	0.20	0.75	0.40	0.32
2022.10.13～2022.11.13	−0.25	0.20	−0.25	−0.16	0.16	0.37	−0.19	0.35	−0.27
2022.11.13～2022.12.13	0.20	−0.30	−0.22	0.39	0.04	0.16	−0.04	−0.69	−0.11
2022.12.13～2023.1.13	0.00	0.00	0.00	0.00	0.00	0.00	0.00	0.00	0.00
2023.1.13～2023.2.13	−0.57	0.23	0.53	−0.56	−0.35	−0.21	−0.68	−0.04	0.13
2023.2.13～2023.3.13	0.12	−0.11	−0.43	0.16	0.02	−0.50	0.74	−0.02	−0.62
2023.3.13～2023.4.13	0.13	−0.43	−0.15	0.15	−0.14	0.19	−0.29	0.36	0.30
2023.4.13～2023.5.18	0.02	0.08	−0.40	−0.11	−0.40	−0.49	−0.11	−0.42	0.17
2023.5.18～2023.6.18	−0.45	0.23	0.04	0.11	−0.40	0.18	0.37	0.44	

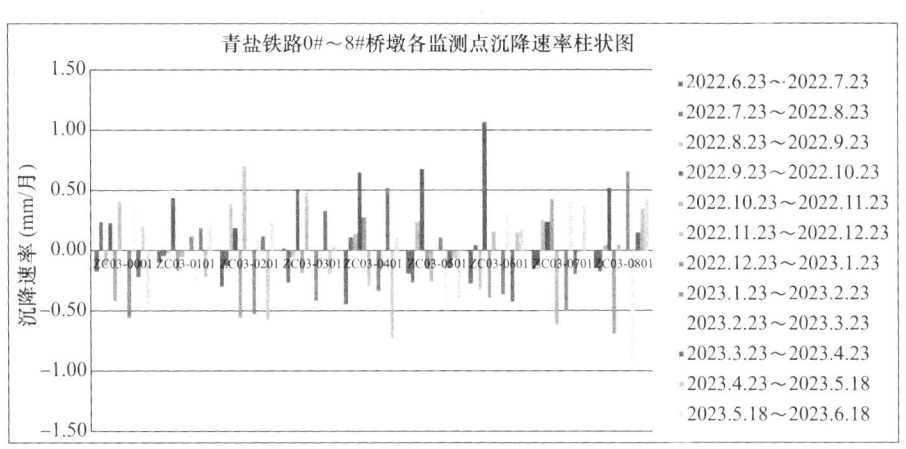

图 7.4-1 青盐铁路桥墩各监测点沉降速率

二、水平变形观测

1. 水平变形观测数据表与水平变形观测曲线

青盐铁路桥墩水平变形监测从2022年6月23日开始，按方案要求的频次进行观测，到2023年6月18日结束，历时360天，进行了4332次观测，观测结果均符合要求。

2. 水平变化速率数据表与水平变化速率

青盐铁路桥墩水平变形观测数据可得桥墩水平变化速率（表7.4-2、图7.4-2）。

表7.4-2 青盐铁路桥墩各监测点水平变化速率

日期	纵向变化速率（mm/月）								
	ZW03-0001	ZW03-0002	ZW03-0101	ZW03-0102	ZW03-0201	ZW03-0202	ZW03-0301	ZW03-0302	ZW03-0401
2022.6.23～2022.7.23	−0.15	−0.13	−0.48	0.11	0.14	−0.45	−0.19	0.23	0.01
2022.7.23～2022.8.23	−0.03	−0.06	0.11	−0.13	0.13	0.42	0.53	−0.39	−0.10
2022.8.23～2022.9.23	0.25	−0.26	0.53	0.08	0.02	0.08	−0.52	−0.12	−0.26
2022.9.23～2022.10.23	0.18	0.68	−0.15	−0.12	−0.49	−0.13	−0.05	0.02	0.14
2022.10.23～2022.11.23	−0.38	−0.95	−0.07	0.46	−0.15	0.59	−0.06	−0.16	0.03
2022.11.23～2022.12.23	0.15	0.52	0.14	−0.20	0.30	−0.49	−0.39	0.48	0.06
2022.12.23～2023.1.23	−0.04	−0.08	−0.04	−0.09	−0.22	−0.56	−0.04	−0.49	0.14
2023.1.23～2023.2.23	0.15	0.63	0.35	−0.31	0.40	−0.04	1.10	1.05	−0.49
2023.2.23～2023.3.23	0.00	−0.15	−0.40	−0.14	0.26	0.13	−0.88	−0.63	0.70
2023.3.23～2023.4.23	0.01	−0.37	0.27	0.87	0.05	0.70	0.06	0.54	0.18
2023.4.23～2023.5.18	−0.26	0.13	0.48	−0.03	0.25	−0.06	0.60	−0.45	0.24
2023.5.18～2023.6.18	−0.46	−0.19	−0.36	−0.40	−0.42	−0.10	0.02	−0.38	−0.13

日期	纵向变化速率（mm/月）								
	ZW03-0402	ZW03-0501	ZW03-0502	ZW03-0601	ZW03-0602	ZW03-0701	ZW03-0702	ZW03-0801	ZW03-0802
2022.6.23～2022.7.23	−0.13	0.04	0.12	−0.22	−0.24	0.10	−0.16	0.01	−0.04
2022.7.23～2022.8.23	0.40	0.07	−0.32	−0.21	−0.01	−0.09	0.05	−0.07	−0.02
2022.8.23～2022.9.23	−0.74	−0.15	0.07	0.20	−0.18	−0.39	0.16	−0.11	−0.06
2022.9.23～2022.10.23	0.64	−0.35	0.14	0.14	0.64	0.14	−0.13	0.20	0.06
2022.10.23～2022.11.23	−0.52	0.39	0.18	−0.03	−0.31	−0.19	−0.44	−0.20	−0.23
2022.11.23～2022.12.23	−0.27	−0.33	−0.46	0.36	−0.41	0.24	−0.28	0.28	0.13
2022.12.23～2023.1.23	−0.06	0.13	−0.08	−0.09	0.06	0.12	0.88	0.16	−0.06
2023.1.23～2023.2.23	0.65	0.35	−0.32	−0.45	0.90	0.21	−0.35	−0.19	0.33
2023.2.23～2023.3.23	0.19	0.14	0.76	0.64	−0.43	−0.58	0.04	0.39	0.15

续表

日期	纵向变化速率（mm/月）								
	ZW03-0402	ZW03-0501	ZW03-0502	ZW03-0601	ZW03-0602	ZW03-0701	ZW03-0702	ZW03-0801	ZW03-0802
2023.3.23～2023.4.23	0.07	−0.56	−0.70	0.34	−0.45	0.63	0.13	−0.12	−0.39
2023.4.23～2023.5.18	−0.10	0.32	0.59	−0.44	0.75	−0.37	−0.01	−0.47	0.30
2023.5.18～2023.6.18	0.48	0.44	0.42	−0.48	−0.48	−0.49	−0.16	−0.46	0.19
2022.6.23～2022.7.23	0.18	0.02	−0.24	−0.29	−0.12	−0.23	0.20	0.18	−0.21
2022.7.23～2022.8.23	−0.25	0.02	−0.33	0.33	0.19	−0.05	−0.08	−0.31	0.00
2022.8.23～2022.9.23	0.22	−0.03	0.42	−0.09	−0.14	0.09	−0.38	−0.25	0.25
2022.9.23～2022.10.23	−0.15	−0.12	−0.15	0.09	−0.31	0.16	0.08	0.46	−0.44
2022.10.23～2022.11.23	−0.57	−0.40	0.04	0.26	0.48	−0.26	−0.30	−0.54	0.71
2022.11.23～2022.12.23	0.19	0.49	−0.28	−0.24	−0.86	0.03	−0.35	−0.21	−0.57
2022.12.23～2023.1.23	−0.62	−0.18	−0.26	−0.78	−0.02	0.28	0.35	0.43	−0.52
2023.1.23～2023.2.23	0.94	−0.31	−0.09	0.36	−0.01	−0.44	0.23	0.21	0.18
2023.2.23～2023.3.23	−0.19	−0.50	0.91	0.68	0.28	0.55	−0.20	−0.45	0.12
2023.3.23～2023.4.23	0.53	0.29	−0.24	−0.70	0.02	0.19	−0.08	0.62	−0.22
2023.4.23～2023.5.18	0.21	0.38	−0.17	0.22	−0.10	−0.69	−0.19	−0.89	0.62
2023.5.18～2023.6.18	−0.33	0.41	−0.05	−0.35	0.41	0.49	0.18	0.12	−0.42

日期	横向变化速率（mm/月）								
	ZW03-0402	ZW03-0501	ZW03-0502	ZW03-0601	ZW03-0602	ZW03-0701	ZW03-0702	ZW03-0801	ZW03-0802
2022.6.23～2022.7.23	0.16	−0.40	−0.35	−0.16	−0.30	−0.16	−0.09	0.12	−0.17
2022.7.23～2022.8.23	−0.68	0.63	0.22	−0.14	0.19	−0.15	−0.22	0.07	0.15
2022.8.23～2022.9.23	0.64	−0.37	−0.13	0.47	−0.06	−0.30	0.23	−0.17	0.03
2022.9.23～2022.10.23	−0.27	−0.23	−0.18	−0.32	−0.11	0.34	−0.09	−0.09	−0.40
2022.10.23～2022.11.23	0.22	0.02	0.66	0.05	0.09	−0.63	0.23	0.15	−0.13
2022.11.23～2022.12.23	0.12	−0.30	−0.55	−0.09	0.08	0.15	−0.19	−0.43	0.18
2022.12.23～2023.1.23	−0.28	−0.05	−0.38	−0.02	−0.67	0.31	0.08	−0.68	−0.29
2023.1.23～2023.2.23	−0.11	0.27	0.07	0.06	−0.07	−0.09	−0.73	0.09	−0.09
2023.2.23～2023.3.23	0.15	1.14	0.44	−0.19	0.25	−0.10	0.53	−0.04	0.38
2023.3.23～2023.4.23	0.00	−0.50	−0.02	0.80	0.51	−0.03	−0.25	0.42	0.10
2023.4.23～2023.5.18	−0.39	−0.07	−0.06	−0.34	0.75	0.03	0.75	0.60	0.25
2023.5.18～2023.6.18	−0.42	−0.42	−0.44	−0.13	−0.33	0.33	−0.47	0.47	−0.33

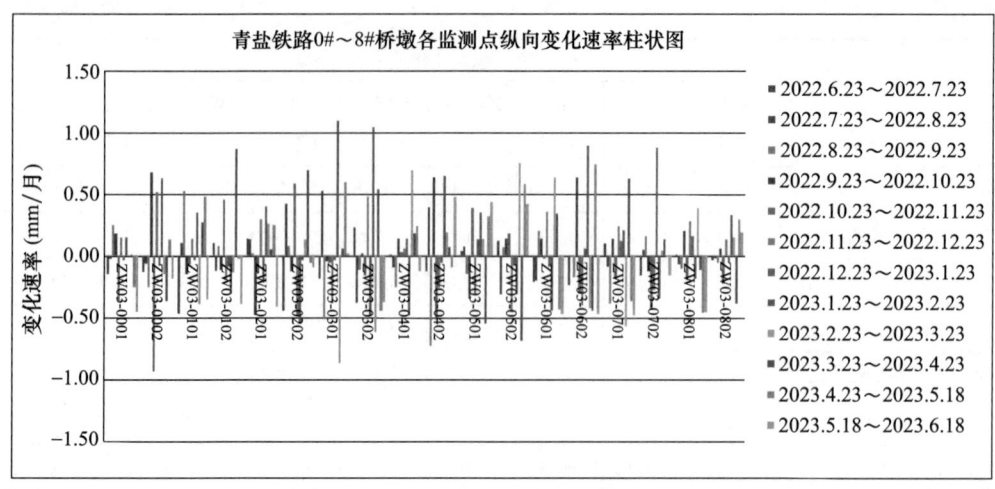

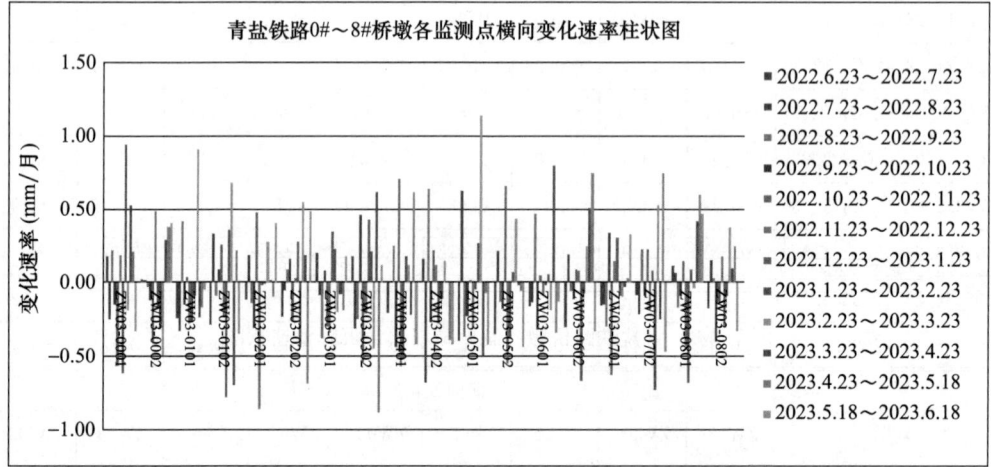

图 7.4-2 青盐铁路桥墩各监测点水平变化速率

三、监测成果分析及结论

1. 基础累计沉降量监测分析

青盐铁路桥墩基础累计沉降观测数据及曲线可得：施工期间监测点变形稍有波动，监测成果最大值与最小值统计如下所示。施工完成后沉降曲线趋于平缓，沉降变形趋于稳定（负值为沉降量，正值为隆起量）（表 7.4-3、图 7.4-3）。

表 7.4-3 青盐铁路桥墩各测点累计沉降量最大值与最小值统计

序号	监测点	墩号	最大隆起量（mm）	最大沉降量（mm）
1	ZC03-0001	0#	0.64	−0.69
2	ZC03-0101	1#	0.58	−0.58
3	ZC03-0201	2#	0.63	−0.86
4	ZC03-0301	3#	0.83	−0.68

续表

序号	监测点	墩号	最大隆起量（mm）	最大沉降量（mm）
5	ZC03-0401	4#	0.90	-1.02
6	ZC03-0501	5#	0.76	-0.99
7	ZC03-0601	6#	0.60	-0.83
8	ZC03-0701	7#	0.86	-0.64
9	ZC03-0801	8#	0.48	-0.92

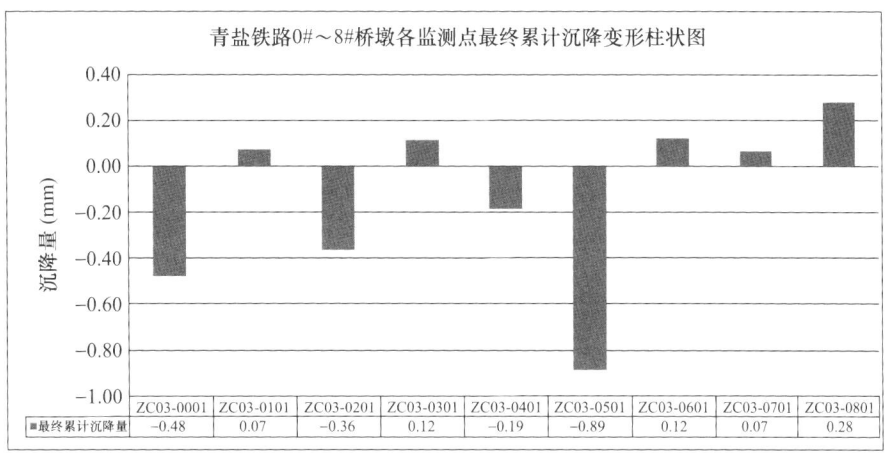

图 7.4-3　青盐铁路桥墩各测点最终累计沉降量柱状图

2. 基础差异沉降量监测分析

相邻桥墩基础的不均匀沉降即差异沉降是影响铁路行车平顺性最主要因素，因此也是本次监测的重要控制指标。

由青盐铁路桥墩基础差异沉降数据及曲线可得：施工期间基础监测点沉降变形稍有波动，桥墩各测点差异沉降波动也较小（表 7.4-4）。施工完成后差异沉降曲线趋于平缓，差异沉降趋于稳定并且数值减小（图 7.4-4）。

表 7.4-4　青盐铁路桥墩各测点差异沉降量最大值与最小值统计

序号	监测点	墩号	最大值（mm）	最小值（mm）
1	ZC03-0001～ZC03-0101	0#～1#	0.99	-0.65
2	ZC03-0101～ZC03-0201	1#～2#	0.59	-1.09
3	ZC03-0201～ZC03-0301	2#～3#	1.07	-0.67
4	ZC03-0301～ZC03-0401	3#～4#	0.88	-1.27
5	ZC03-0401～ZC03-0501	4#～5#	0.89	-1.15
6	ZC03-0501～ZC03-0601	5#～6#	1.22	-1.28
7	ZC03-0601～ZC03-0701	6#～7#	0.97	-1.03
8	ZC03-0701～ZC03-0801	7#～8#	0.97	-1.39

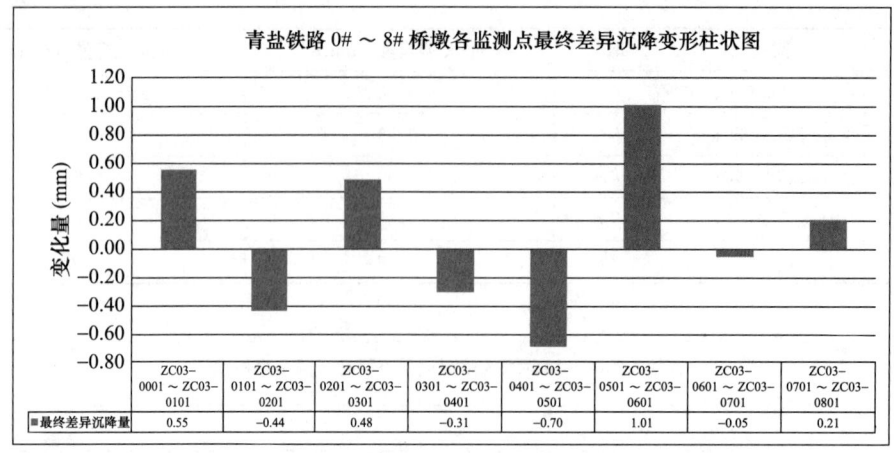

图 7.4-4 青盐铁路桥墩各测点最终差异沉降量柱状图

3. 水平变形监测分析

青盐铁路桥墩水平变形观测数据及曲线可得：施工期间监测点变形波动稍大，施工完成后桥墩水平变形曲线趋于平缓，水平变形趋于稳定，监测成果最大值与最小值统计如下所示（纵向变形正值为面向大里程方向变形，负值为面向小里程方向变形；横向变形正值为面向大里程向右侧变形，负值为面向大里程向左侧变形）（表 7.4-5、图 7.4-5）。

表 7.4-5 青盐铁路桥墩各测点水平位移最大值与最小值统计

序号	监测点	墩号	最大纵向变形（mm）	最大横向变形（mm）
1	ZW03-0001	0#	−0.86	−1.10
			0.59	0.81
2	ZW03-0002	0#	−0.95	−1.27
			0.91	0.46
3	ZW03-0101	1#	−0.67	−1.13
			0.91	0.47
4	ZW03-0102	1#	−0.76	−1.14
			1.19	0.61
5	ZW03-0201	2#	−0.78	−1.16
			1.01	0.46
6	ZW03-0202	2#	−0.92	−0.96
			1.27	0.75
7	ZW03-0301	3#	−1.04	−1.09
			0.51	0.41
8	ZW03-0302	3#	−0.74	−1.05
			0.84	0.46

续表

序号	监测点	墩号	最大纵向变形（mm）	最大横向变形（mm）
9	ZW03-0401	4#	−0.88	−1.11
			0.97	0.64
10	ZW03-0402	4#	−1.12	−1.16
			0.82	0.49
11	ZW03-0501	5#	−0.66	−1.28
			0.62	0.88
12	ZW03-0502	5#	−0.94	−1.19
			0.70	0.53
13	ZW03-0601	6#	−0.68	−1.12
			1.06	0.61
14	ZW03-0602	6#	−0.87	−1.33
			0.73	1.23
15	ZW03-0701	7#	−1.19	−1.17
			0.99	0.46
16	ZW03-0702	7#	−0.93	−1.20
			0.55	0.79
17	ZW03-0801	8#	−1.02	−1.15
			1.04	1.01
18	ZW03-0802	8#	−0.58	−1.28
			0.84	0.50

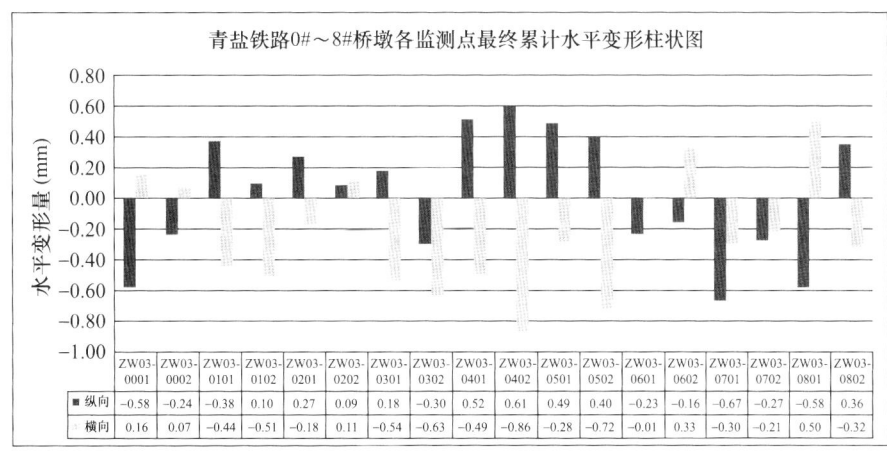

图 7.4-5 青盐铁路桥墩各测点最终水平位移柱状图

4. 水平变化速率监测分析

由青盐铁路桥墩水平变形观测数据及变化速率、柱状图可得：

施工期间：2023 年 1 月 23 日～2 月 23 日，ZW03-0301 测点纵向水平变化速率最大为 1.10mm/月；2023 年 2 月 23 日～3 月 23 日，ZW03-0501 测点横向水平变化速率最大为 1.14mm/月。

完工后：2023 年 5 月 18 日～6 月 18 日，ZW03-0701 测点纵向水平变化速率最大为-0.49mm/月，ZW03-0202 测点横向水平变化速率最大为 0.49mm/月。

5. 监测结论

施工期间监测点变形稍有波动，施工完成后监测点变形曲线趋于平缓，变形趋于稳定。

青盐铁路桥墩最大沉降量为 ZC03-0401 测点的－1.02mm，最大隆起量为 ZC03-0401 测点的 0.90mm；最大差异沉降量是 ZC03-0701～ZC03-0801 测点为－1.39mm。

青盐铁路桥墩最大纵向水平变形为 ZW03-0202 测点的 1.27mm；最大横向水平变形为 ZW03-0602 测点的－1.33mm。

青盐铁路桥墩竖向位移和水平位移观测结果均未超出预警值，能满足规范要求。

通过以上观测数据及分析，可以得出以下结论：

（1）监测成果表明，唐河路—安顺路打通工程-涉铁项目第三方监测设计方案可行。

（2）监测数据成果表明，唐河路—安顺路打通工程-涉铁项目对既有铁路所产生的附加影响是可控的，能满足相关规范要求。

（3）通过以上数据可以看出，施工结束后基础累计沉降、相邻基础差异沉降和水平变形均已趋于稳定。

（4）通过以上数据可以看出，胶济客专、青荣城际和青盐铁路施工结束后沉降速率和水平变形速率均小于 0.5mm/月，胶济线施工结束后沉降速率和水平变形速率均小于 1.0mm/月，满足停测要求。

第八章　涉铁工程手续办理规定及流程

涉铁工程建设流程根据中国铁路济南局集团有限公司印发的《中国铁路济南局集团有限公司地方涉铁工程管理办法》来确定。

1. 根据《中华人民共和国安全生产法》《中华人民共和国铁路法》《铁路安全管理条例》等法律法规以及中国国家铁路集团有限公司《铁路技术管理规程》《铁路营业线施工管理办法》《国铁集团关于加强涉铁工程管理的指导意见》《国铁集团关于进一步规范涉铁工程管理的通知》等有关规定和要求，结合中国铁路济南局实际，制订的本办法。

2. 地方涉铁工程系指地方（含非国铁企业）投资建设，施工过程中与铁路交叉、侵入铁路安全保护区、邻近或进入营业线等影响或可能影响铁路营业线设备稳定、使用和行车安全的工程。主要包括穿（跨）越铁路的各类桥涵、隧道、过道、油气水等各类管道、渡槽、电力（通信）线路等工程；邻近铁路可能影响铁路安全的各类爆破作业、桥涵、隧道、道路、油气水等各类管道、渡槽、电力（通信）等工程，河道改造、沟槽开挖、堤坝砌筑、基坑开挖等工程，以及铁路专用线与营业线接轨站改造工程。

3. 地方涉铁工程建设必须符合国家和铁路等行业有关法规、标准、规范；满足铁路发展规划，预留规划条件；严格履行相关审批程序，按照铁路运输和营业线施工的条件，统筹安排，有计划地组织实施。

4. 在"坚持依法合规，有利于保证工程安全和质量，有利于提高工作效率，有利于实现社会效益、经济效益双赢"的原则下，为充分发挥路地双方优势，有效解决铁路营业线专业性强、技术复杂、安全要求高等问题，经中国铁路济南局与业主单位平等协商后，中国铁路济南局所属单位可作为涉铁工程建设项目管理机构（简称"项目管理机构"）接受业主委托进行建设管理。

5. 项目管理机构接受业主委托进行建设管理，应与业主单位签订合同并按规定办理营业线施工相关手续。对未按规定办理相关手续擅自施工者，按照《中华人民共和国铁路法》《铁路安全管理条例》等追究其相应的法律责任。铁路设备管理单位未履行监管责任的，追究其监管责任。

6. 为更好的服务地方经济社会发展，发挥中国铁路济南局建设管理的专业优势，在双方平等自愿的基础上，对建设内容明确、技术方案成熟的地方涉铁工程，可按照国家有关规定推广采用与地方涉铁工程相适宜的工程总承包等模式。中国铁路济南局所属具有相应资质的单位可充分利用自身资质优势，依法参与并开展地方涉铁工程的工程总承包等相关业务。

7. 地方涉铁工程的建设程序包括项目申请、设计审查、工程实施、工程验收等阶段。

第一节　管理机构及职责

1. 中国铁路济南局成立涉铁工程领导小组，与中国铁路济南局铁路建设领导小组为同一个议事协调机构。中国铁路济南局党委书记、董事长和总经理担任涉铁工程领导小组组长，中国铁路济南局副总经理、总会计师担任副组长，分管建设（涉铁）的副总经理担任常务副组长。中国铁路济南局总工程师、总调度长、安全总监、总法律顾问、副总工程师及中国铁路济南局办公室、企法部、科信部（总工程师室）、运输部、客运部、货运部、机务部、车辆部、工务部、电务部、供电部、安监室、职培部、建设部、物资部、土房部、劳卫部、计统部、财务部、审计部、经营开发部及调度所、信息技术所、工程质量监督站、施工办、涉铁办、环治办等机关部门负责人担任组员。

主要职责：贯彻落实国铁集团相关工作部署和要求，明确集团公司各部门、各单位职责分工，组织研究制定地方涉铁工程管理制度，负责协调省、市涉及铁路的重点工程项目推进，组织对运输影响较大的地方涉铁工程总体方案进行研究，统筹安全、运输、经营、施工等事宜。

2. 中国铁路济南局涉铁工程办公室（以下简称"涉铁办"）承担涉铁工程领导小组日常工作。涉铁办作为涉铁工程领导小组的日常办事机构，由中国铁路济南局科信部指导协调。

主要职责：

（一）贯彻落实中国铁路济南局涉铁工程领导小组的工作要求。

（二）归口协调地方涉铁工程实施。

（三）受理地方涉铁工程申请。

（四）负责地方涉铁工程设计方案审查等前期工作。

（五）参与地方涉铁工程施工图设计技术审查。

（六）负责对地方涉铁工程安全、质量、进度等进行监管。

（七）负责地方涉铁工程营业线施工方案、施工计划的审查等工作。

（八）参加地方涉铁工程Ⅰ、Ⅱ级营业线施工盯控。

（九）参与地方涉铁工程的竣工验收。

（十）负责对项目管理机构及相关配合单位进行管理、考核。

3. 按照归口管理、专业负责的原则，中国铁路济南局相关部门主要职责：

（一）科信部负责对涉铁办进行指导协调，指导涉铁办制定中国铁路济南局地方涉铁工程相关制度办法。

（二）运输部、客运部、货运部参与地方涉铁工程设计方案、施工方案审查，重点对施工引起的运输调整方案，客运组织调整，涉及货运、客运设施设备的改造方案进行审查。

（三）机务部、车辆部负责按专业参与地方涉铁工程相关工作。

(四)工务部、电务部、供电部参与地方涉铁工程设计方案、施工方案审查,负责对有关本专业的设备迁改过渡、防护方案和标准进行审核把关;负责本专业设备变动手续办理,负责地方涉铁工程本专业的施工计划审核等工作。

(五)土房部参与地方涉铁工程设计方案、施工方案审查,负责对房建专业的设备迁改过渡、防护方案和标准进行审核把关;负责地方涉铁工程房建专业的施工计划审核;负责地方涉铁工程建设占用铁路用地的审批和管理。

(六)建设部负责地方涉铁工程的建设行业指导、招投标管理、营业线施工人员安全培训工作。

(七)物资部负责按照相关规定对中国铁路济南局所属项目管理机构的甲供物资采购供应管理进行指导。

(八)企法部按照中国铁路济南局合同管理有关规定,负责对相关建设管理合同、协议的合法性进行审核。

(九)经营开发部负责对承担地方涉铁工程的中国铁路济南局非运输企业进行考核管理。

(十)安监室(安全监察大队)参加施工方案和施工行车办法的审查,督促检查设计、建设、监理、施工、设备管理和行车组织单位认真落实施工安全管理规定,监督检查施工准备、施工登销记、现场防护、作业安全、列车放行条件等施工安全措施的落实情况。

(十一)信息技术所对信息专业的设备迁改过渡、防护方案和标准进行审核把关。

(十二)调度所(施工办)参与地方涉铁工程施工方案审查;负责地方涉铁工程月度施工计划的审批和施工电报的下达。

(十三)计统部参与涉及规划铁路的地方涉铁工程设计方案审查。

(十四)财务部负责对运营站段施工监控配合费等费用的收取及使用纳入预算管理;参与对运输站段施工监控配合费等费用的收取及使用情况进行检查。

(十五)审计部参与对运输站段施工监控配合费等费用的收取及使用情况进行检查。

4.受业主单位委托建设管理的地方涉铁工程,其建设管理主要由中国铁路济南局工程项目管理所、山东济铁工程建设监理有限责任公司、山东济铁设计咨询有限公司等单位承担,并在地方涉铁工程项目函复文件中明确。

5.中国铁路济南局地方涉铁工程建设项目管理机构负责地方涉铁工程营业线施工现场管理,组织项目实施,协调铁路设备设施迁改及施工配合工作,掌握工程的安全、质量、投资、进度等情况,负责地方涉铁工程实施过程管理。

主要职责:

(一)负责与业主单位签订地方涉铁工程建设管理合同。

(二)组织地方涉铁工程施工图设计技术审查;并协助业主单位对地方涉铁工程投资概算进行审核。

(三)负责(或协助业主单位)组织地方涉铁工程施工、监理招投标工作。

（四）组织地方涉铁工程实施，根据地方涉铁工程建设管理合同约定，对工程安全、质量、投资、进度等负责。

（五）对施工单位编制的施工组织设计进行审查，协助业主单位办理工程开工（复工）等有关手续。

（六）组织施工现场调查及安全技术交底，组织施工单位与铁路设备管理和行车单位按规定签订施工安全协议。

（七）协助业主单位办理占用铁路土地有关手续和设备变动手续。

（八）组织施工单位项目经理、副经理、安全、技术、质量负责人及安全员、防护员、带班人员和工班长参加中国铁路济南局营业线施工安全培训。

（九）组织对施工单位编制的铁路营业线及邻近营业线施工方案进行预审，并提报施工计划。

（十）组织相关单位开展营业线施工安全监护配合、施工盯控和安全把关。

（十一）组织或协助业主单位开展地方涉铁工程验收、固定资产移交及缺陷整治等工作。

（十二）协助业主单位进行其他有关铁路方面的协调、配合工作。

（十三）负责对地方涉铁工程参建单位进行考核评价。

（十四）负责建设项目维护稳定和廉政建设等工作，组织参建单位深入排查并及时消除维护稳定隐患，落实建设项目廉政风险防控措施。

6. 中国铁路济南局相关运输站段参与设计、施工方案审查；按照专业分工，负责涉铁工程的施工监控配合工作，及时与施工单位签订施工安全配合协议并严格落实，依法合规收取和使用施工监控配合费；同时可承担安全风险低的小型地方涉铁工程和既有铁路设备迁改的施工等工作。

第二节　基本技术要求

1. 地方涉铁工程建设的技术条件和技术标准应符合铁路、公路、城市道路、城市轨道交通、电力、通信、环保、水保及管线等工程的有关规范、规程、规定等要求。

2. 下穿铁路工程应预留规划线位条件，优先考虑正交方案，斜交时不宜小于 45 度；原则上应避开站场、道岔等区段；同时应考虑避开接触网锚段关节、关节式电分相等设备处所。

3. 上跨铁路工程应预留电气化、规划线位、规划双层集装箱运输等条件，满足施工安全防护距离等要求。

4. 新建、改建公路和城市道路，以及城市轨道交通等需要与铁路交叉时，优先选择下穿铁路方案。

5. 无砟轨道区段的路基和有可能破坏地基加固效果的有砟轨道区段路基及各种过渡段，禁止框构顶进、管涵下穿。

6. 公路、城市道路和城市轨道交通上跨高速铁路及其相关联络线和动车走行的路基、桥涵地段，以及上跨开行客车的普速铁路的路基、桥涵地段，桥梁施工应优先采用转体施工方案。公路、城市道路和城市轨道交通在铁路隧道浅埋地段上方通过时，宜采用桥梁跨越方案。

7. 输油、输气、输水管道等设施不应跨越高速铁路及其相关联络线和动车走行线，不宜在其他铁路上方跨越。下穿铁路路基的各种管线应采用防护管（涵）防护，并应满足铁路及相关行业规范要求。

8. 电线路跨越工程的基本技术要求如下。

（一）35kV及以下的电线路（含通信线路、广播电视线路等）不得跨越高速铁路接触网，35kV以下的电线路（含通信线路、广播电视线路等）不得跨越普速铁路接触网，应由地下穿过铁路。在跨越铁路的电力线路上建设的避雷线、光纤复合架空地线等，其安全系数应与同架的电力线路相匹配。

（二）架空电力线路不宜在上下行出站信号机之间的站场范围内、接触网分段处跨越，不得在接触网电分相以内跨越。

（三）电力线跨越干线铁路应采用独立耐张段；电力线路杆塔结构重要性系数不低于1.1；悬垂绝缘子串应采用独立双串设计，耐张绝缘子应采用双联及以上结构形式，单串强度应满足受力要求；邻近铁路线路的路外电力线路杆塔内缘距最外侧线路中心的最小水平距离应满足国家、行业相关标准规定，并采取防护措施防止杆塔倾倒后侵入铁路建筑限界。

第三节　项目审理

1. 项目申请

地方涉铁工程的业主单位应在工程规划、可研等前期阶段向中国铁路济南局提出书面申请函，经中国铁路济南局复函同意后方可开展后续工作。

申请函原则上应提供以下资料：

（一）地方涉铁工程批准立项的依据，以及地方涉铁工程的性质、规模、标准和规划等资料；

（二）地方涉铁工程与铁路交叉方式和交叉点的铁路里程，与铁路相关平面位置关系等；

（三）来函（业主）单位的联系人及联系方式。

地方涉铁工程业主单位应具有法人资格或为法人授权的法人分支机构（地方政府部门、军队单位除外）。

2. 设计审查

（一）地方涉铁工程由业主单位自主选择具有相应资质、业绩的设计单位编制设计文件，报中国铁路济南局审查。

（二）地方涉铁工程设计一般分方案设计（可行性研究）和施工图设计两个阶段，对工程规模小、安全风险低、结构简单的地方涉铁工程可直接开展施工图设计；对铁路安全影响大、设计施工难度大、技术复杂的工程，应增加初步设计阶段。

（三）设计文件一般由中国铁路济南局涉铁办、项目管理机构根据不同阶段分别组织技术审查并提出审查意见。设计文件经审查批准后，不得任意变更。确需变更时，应按铁路建设项目变更设计管理等有关规定办理。设计文件未经审查同意，不得擅自开展下阶段工作。

（四）地方涉铁工程设计文件应有安全专篇，针对地方涉铁工程引起的安全风险，提出科学合理、成熟可靠的技术和安全措施。对可能影响高速铁路安全或施工技术难度大的工程，业主单位应选择有资质的咨询单位对技术方案进行咨询。

3. 桥涵、隧道工程

本办法所称的桥涵、隧道工程主要指跨越铁路的桥梁、渡槽等和穿越铁路路基的桥涵以及穿越铁路的隧道工程等。

（一）业主单位修建穿（跨）越铁路的桥涵、隧道的申请经中国铁路济南局批转后，涉铁办根据桥涵、隧道拟穿（跨）越处铁路设备状况提出意见；对设备状况比较复杂的处所，可组织中国铁路济南局有关部门和单位，会同业主单位进行现场调查后提出意见，具备穿（跨）越条件的开展下阶段工作。

（二）具备穿（跨）越条件的桥涵、隧道项目，业主单位按照有关程序委托设计单位开展桥涵、隧道建设项目工程设计工作。承担桥涵、隧道工程设计的设计单位应具有铁路行业勘察设计资质和穿（跨）铁路营业线设计业绩，并严格按照批准的资质范围承担设计工作。

（三）桥涵、隧道工程建设项目方案设计（可行性研究）完成并经业主单位初审后，业主单位应将方案设计（可行性研究）提交涉铁办。涉铁办收到方案设计（可行性研究）后，对具备条件的应在15个工作日内会同业主单位组织有关部门和单位进行审查，形成审查意见。

（四）中国铁路济南局依据方案设计（可行性研究）审查意见，并履行相应决策程序后以正式文件函复业主单位，作为桥涵、隧道工程项目建设、验收交接和维护管理的依据。

（五）对需要进行初步设计的桥涵、隧道工程项目，初步设计完成后，报中国铁路济南局涉铁办审查，审查意见以会议纪要的形式出具。

（六）桥涵、隧道工程施工图设计完成后，业主单位应委托具有相应资质的设计单位或咨询单位进行施工图第三方审核。第三方审核完成后，由项目管理机构组织施工图审查，审查意见报涉铁办核备。

4. 管线工程

本办法所称的管线工程主要指跨越铁路的电力线等以及穿越铁路路基的热力、油气、供水等管线工程。

（一）穿（跨）铁路的管线工程的申请经中国铁路济南局批转后，涉铁办应及时告知业主单位委托设计单位开展管线工程方案设计。

（二）承担管线工程设计的单位必须具有相应勘察设计资质，其中穿越铁路的管线工程设计单位必须具有铁路行业勘察设计资质和穿越铁路营业线的设计业绩，并严格按照批准的资质范围承担设计工作。

（三）涉铁办收到管线工程方案设计后，对具备条件的应在15个工作日内进行审查，形成审查意见。

（四）中国铁路济南局涉铁办依据方案设计审查意见，并履行相应决策程序后以正式文件函复业主单位，作为管线工程项目建设、验收交接和维护管理的依据。业主单位根据审查意见委托设计单位开展施工图设计。

（五）管线工程施工图设计完成后，由项目管理机构组织施工图审查，审查意见报涉铁办核备。

（六）对工程规模小、结构简单、对铁路运输安全影响小的穿越铁路的管线工程及上跨铁路电力线工程可直接开展施工设计，施工设计完成并具备条件的，由中国铁路济南局涉铁办在15个工作日内进行审查，并以正式文件函复业主。

5. 零小涉铁工程。

零小涉铁工程主要在既有铁路桥涵下，以及邻近铁路修路、修桥、敷设管线、绿化、爆破以及河道改造、沟槽开挖、堤坝砌筑、基坑开挖等其他地方涉铁工程。

（一）零小涉铁工程的申请经中国铁路济南局批转后，涉铁办应及时告知业主单位委托设计单位开展方案设计。

（二）承担零小涉铁工程方案设计的设计单位必须具有相应的勘察设计资质，其中涉及铁路设备迁改的零小涉铁工程的设计单位应具有铁路行业勘察设计资质和铁路营业线的设计业绩。

（三）涉铁办收到零小涉铁工程方案设计后，对具备条件的应在15个工作日内进行审查，形成审查意见，并履行相应决策程序后，涉铁办以正式文件函复业主，明确零小涉铁工程技术标准、建设管理、验收交接和维护管理等事宜。业主单位根据审查意见委托设计单位开展施工图设计。

（四）零小涉铁工程施工图设计完成后，由项目管理机构组织施工图审查，审查意见报涉铁办核备。

（五）对不影响铁路既有设备安全的零小涉铁工程，集团公司涉铁办接到申请后，可直接商中国铁路济南局有关部门，以正式文件函复业主单位同意实施，业主单位可根据函复意见直接商相关设备管理单位现场确定方案后实施。

6. 审批决策程序。

地方涉铁工程经中国铁路济南局履行相应决策程序后，以正式文件函复业主单位，作为涉铁工程项目建设、验收交接和维护管理的依据。

（一）上跨高速铁路非转体施工的桥梁工程，在方案设计（可行性研究）审查基础上，经中国铁路济南局分管运输、工电、安全、经营开发的领导会签后，由中国铁路济南局分管涉铁工程的领导签发，上报国铁集团工电部审批。

（二）涉及高铁和主要干线的施工难度大、技术复杂、安全

风险高、对运输影响大的桥涵、隧道工程在方案设计（可行性研究）审查基础上，经中国铁路济南局分管运输、工电、安全、经营开发的领导会签，中国铁路济南局分管涉铁工程的领导签发后，由中国铁路济南局函复业主单位。

（三）其他桥涵、隧道工程在方案设计（可行性研究）审查基础上，经中国铁路济南局分管涉铁工程的领导签发后，由中国铁路济南局函复业主单位。

（四）管线工程在方案设计审查基础上，经中国铁路济南局相关业务部门会签后，由涉铁办函复业主单位。

（五）零小涉铁工程可在设计审查或现场确认的基础上，经中国铁路济南局相关业务部门会签后，由中国铁路济南局涉铁办函复业主单位。

工程技术复杂、施工难度大、对铁路影响大的地方涉铁工程项目，应进行安全评估和专家评审，其中上跨高速铁路及其相关联络线和动车走行线，以及开行客车的普速铁路地段的桥梁，受场地条件限制无法采用转体施工方案时，设计文件中必须充分说明理由，并经专家论证会论证。对于特别复杂的地方涉铁工程，必要时可经中国铁路济南局技术委员会进行技术论证。

第四节 工程实施

1. 地方涉铁工程实施阶段，业主单位与中国铁路济南局按公平公正、保证安全的原则平等协商后，委托中国铁路济南局项目管理机构开展建设管理工作，建设管理主要采用代建和代管模式。

（一）代建模式即业主单位将涉铁工程委托中国铁路济南局所属的项目管理机构负责组织实施，由项目管理机构按合同约定代行项目建设的主体职责的建设模式。

（二）代管模式即业主单位委托中国铁路济南局所属的项目管理机构，按铁路有关规定进行建设管理，包括开展现场调查、协议签订、方案审查、占用铁路用地手续办理、铁路资产处置、申报计划、施工配合、施工要点、施工安全监管、施工协调、竣工验收等综合协调工作。

（三）为有效解决铁路营业线施工专业性强、技术复杂、安全要求高等问题，桥涵、单独隧道工程、铁路专用线接轨站改造工程、下穿铁路路基管线工程等地方涉铁工程采用代建模式；地铁盾构隧道、上跨铁路电力线，以及施工难度小、安全风险低的零小涉铁工程，可采用代管模式。

2. 工程实施。施工图审查通过后，由项目管理机构或业主单位按规定组织施工与

监理的招投标，中标的施工单位编制施工组织设计，由项目管理机构按程序组织审查。

施工单位在施工组织设计审查通过后，应按照铁路营业线施工有关规定及时编制施工方案并报请项目管理机构组织预审，预审合格后报涉铁办组织审查。与相关运输站段签订安全配合协议并办理营业线施工计划审批手续（相关运输站段安全配合协议签订不得超过7个工作日，施工计划审核不得超过3个工作日）。

涉铁工程中由设备管理单位承担的施工，在确保安全，以及符合铁路营业线施工安全管理有关规定的前提下，属营业线施工的纳入月度施工计划，符合维修天窗和点外作业的项目纳入维修天窗和点外作业进行实施。

对于运输安全影响大、施工难度高、技术复杂的地方涉铁工程，可参照中国铁路济南局铁路建设工程安全风险管理的有关规定组织专家论证。

影响营业线路基稳定的地方涉铁工程原则上不得在汛期施工，确需施工时，按照中国铁路济南局汛期施工相关规定办理。

3. 地方涉铁工程开工前，项目管理机构协助业主单位依据审查同意的设计文件与中国铁路济南局工务部门（上跨电气化铁路区段的管线工程还应与中国铁路济南局供电部门）办理设备变动手续（自收到设备变动申请后，原则上7个工作日内办理完设备变动手续），涉及产权划分、移交、维护管理、安全责任等问题的地方涉铁工程应以协议形式明确。

4. 业主单位应根据中国铁路济南局铁路用地管理有关规定，在施工前按程序办理地方涉铁工程占用铁路用地手续（自收到用地申请及相关材料后，用地手续办理不超过15个工作日），在施工期间接受管地单位和铁路土地管理部门的监管，在工程竣工验收前完成场地平整和清理工作。

5. 地方涉铁工程的施工、监理单位选定按照有关法律、法规等相关规定办理。

6. 承担地方涉铁工程的施工单位，应具有相应的资质和铁路营业线施工业绩，其中承担下穿铁路路基的桥涵、管线和隧道工程，以及铁路专用线接轨站改造工程等地方涉铁工程的施工单位须具有相应的铁路工程施工资质。

施工单位中相关工程管理、技术管理、施工管理等业务管理人员必须具备铁路营业线施工安全能力。从事铁路营业线施工的施工队伍的负责人、技术员、安全员、带班人等主要组成人员应由施工单位的正式职工担任，应具有相应的作业技能和铁路营业线施工实践经验，并经过岗位培训合格后持证上岗。

严禁营业线施工业绩不良的施工单位承担中国铁路济南局管内的地方涉铁工程施工任务。严禁施工单位越级承揽施工任务，对承担的施工项目应严格按照设计文件及有关规范、规定组织施工，不得转包及违法分包。

7. 承担地方涉铁工程的监理单位，应具有相应的资质和铁路营业线监理业绩，其中承担下穿铁路路基的桥涵、管线和隧道工程，以及铁路专用线接轨站改造工程等地方涉铁工程的监理单位须具有相应的铁路工程监理资质。

8. 对运输安全影响大、施工难度高、技术复杂的桥涵、隧道、管线、开挖降水等地方涉铁工程，项目管理机构或业主单位应委托有资质的第三方监测机构对工程及铁路相关设施进行监测，确保施工和铁路运输安全，监测方案报中国铁路济南局审查。

9. 地方涉铁工程应积极推进信息化动态管理手段，大力实施科技保安全措施。对于穿跨铁路桥梁、涉及营业线施工的站场改造、顶管工程等地方涉铁工程，施工现场统一安装综合视频监控设备，终端接入相关的设备管理单位、项目管理机构及涉铁办。

10. 中国铁路济南局所属设备管理单位可承担零小涉铁工程施工。对不影响铁路既有设备安全的零小涉铁工程施工、监理单位资质和业绩可适当放宽。

地方涉铁工程引起的工务曲线超高调整、无缝线路应力放散等施工，可由施工单位委托设备所属的工务段承担。

地方涉铁工程引起的不涉及站场改造的铁路通信、信号、信息等光电缆及电力设备迁改防护，以及接触网几何参数调整、支柱防护加固等施工，可由施工单位委托设备所属通信段、电务段、供电段（维管段）承担。

11. 项目管理机构在工程开工前应组织施工、设计、监理及相关运输站段进行现场安全技术交底，组织对涉及营业线施工的开工、中途停复工、完工及下穿结构物穿越前、上跨结构物跨越前等关键节点进行确认，未经确认不得进行下阶段工作。

12. 项目管理机构须依据审查同意的设计文件组织地方涉铁工程建设，严格执行国铁集团、中国铁路济南局有关铁路营业线施工安全管理的规定。

13. 设备管理单位承担的铁路工务曲线超高调整、无缝线路应力放散和铁路通信、信号、信息等光电缆及电力设备迁改防护以及接触网几何参数调整、支柱防护加固等施工的施工方案、施工计划由设备管理单位向主管业务部报批，其他地方涉铁工程施工方案、施工计划由项目管理机构向涉铁办报批。

第五节　工程验收

1. 地方涉铁工程竣工后，项目管理机构应会同业主单位，组织设计、施工、监理及铁路设备管理等相关单位等进行验收，确保工程符合铁路等相关规定，并提供相关竣工资料。上跨铁路电力线由业主单位组织验收，涉及铁路技术标准由业主单位与项目管理机构共同确认。

2. 地方涉铁工程验收应对照国家、国铁集团等现行设计规范、技术标准、管理规定和批准的设计文件进行。工程实施阶段（含施工图审查）如有新颁设计规范、技术标准、管理规定，项目管理机构应及时组织履行变更手续，协调业主单位落实相关费用并组织实施。

地方涉铁工程安全设施（含高铁灾害监测系统）、配套工程应与主体工程同步建成、同步验收。

3. 形成铁路固定资产的建设项目竣工文件应按《铁路建设项目资料管理规程》编

制，不形成铁路固定资产的建设项目竣工文件应按有关行业规定编制。编制工作由项目管理机构负责组织，施工单位负责编制，接管使用单位协调指导。竣工文件不齐全、不完整的工程不能验收交接。

4. 对于下穿铁路路基的桥梁主体及其他承受铁路荷载、防护铁路路基安全的翼墙、挡墙，有出入口翼墙的涵式结构物，经竣工验收合格后无偿移交铁路管理部门，由铁路部门负责维修养护。下穿铁路桥涵引道部分以及桥涵内的排水、路面、照明及其他结构物等设施产权归道路、管线等所属单位，由道路管理部门或者道路经营单位负责养护维修和管理。

5. 上跨铁路桥梁及附属设施、下穿铁路的隧道工程、上跨铁路管线工程、下穿铁路防护套管等工程产权归业主单位，由业主单位或者所属管理单位负责养护维修和管理。

6. 地方涉铁工程需分期分批开通的项目，分期分批工程完工后，项目管理机构应对分项工程及时组织验收。

7. 地方涉铁工程项目竣工验收完成后，接管使用（委托维修）单位正式接管。其中营业线施工项目验收交接应严格按照铁路营业线施工管理有关规定执行。

8. 地方涉铁工程竣工验收合格，明确地方涉铁工程投产后设备维护、资产管理、安全管理等方面责任后，方可开通使用。

第六节 安全质量管理

1. 业主单位、项目管理机构和设计、施工、监理单位及运输站段必须遵守安全生产的法律、法规及规章，建立安全生产保证体系，健全安全生产责任制，积极采用安全生产的新技术和管理方法，加强和改进施工安全管理，保证施工安全，依法承担安全责任。

涉铁办要做好涉铁工程的协调监督，履行总体管理责任。各专业部门要针对工程特点，加强对涉及本专业事项的方案审查和检查指导，落实专业管理责任。项目管理机构要严格按照相关规定，协调组织涉铁工程各参建单位抓好推进落实，对工程项目安全生产管理负首要责任。

勘察设计单位对勘察设计质量负责，应详细查明工程地质条件，设计方案要充分考虑列车荷载、开挖深度、施工顺序等因素对营业线的影响，并承担相应责任。施工单位负责施工组织，要严格落实营业线施工安全管理规定，按审定的方案组织实施，对工程项目的施工安全生产承担主体责任。监理单位按照国家法律、法规、工程建设强制性标准和监理规范实施监理，对工程项目的安全生产承担监理责任。

中国铁路济南局相关设备管理单位是确保运营设备安全的责任主体，应切实履行好运营设备管理职责，加强对涉铁工程的监督检查、安全监管，强化施工影响范围内运营设备维护管理。

地方涉铁工程发生影响行车的安全问题，要同时追究集团公司专业部门和设备管理单位的责任。

2. 严格落实地方涉铁工程的安全质量事故报告调查和处理制度。发生安全、质量事故，承担涉铁工程的施工、监理及项目管理机构应按地方涉铁工程安全信息管理办法及时报告，严禁延误报告和隐瞒不报。对造成铁路交通事故的施工、监理单位参照中国铁路济南局铁路建设项目质量安全事故、投资完成与招投标挂钩办法有关规定处理。

3. 项目管理机构应严格按照合同约定对施工、监理、设计等单位进行考核。对不服从管理、不诚信、施工质量差、发生严重安全问题的单位实行"黑名单"制度。

4. 设备管理单位、施工单位要根据施工情况制定应急预案，出现轨道变形失稳、设备设施侵限等危及行车安全的隐患要及时处置，严禁臆测、盲目放行列车。

5. 地方涉铁工程需纳入建设工程质量监督范围，在项目开工前按规定办理质量监督手续。

如图 8.6-1 所示为涉铁施工流程。

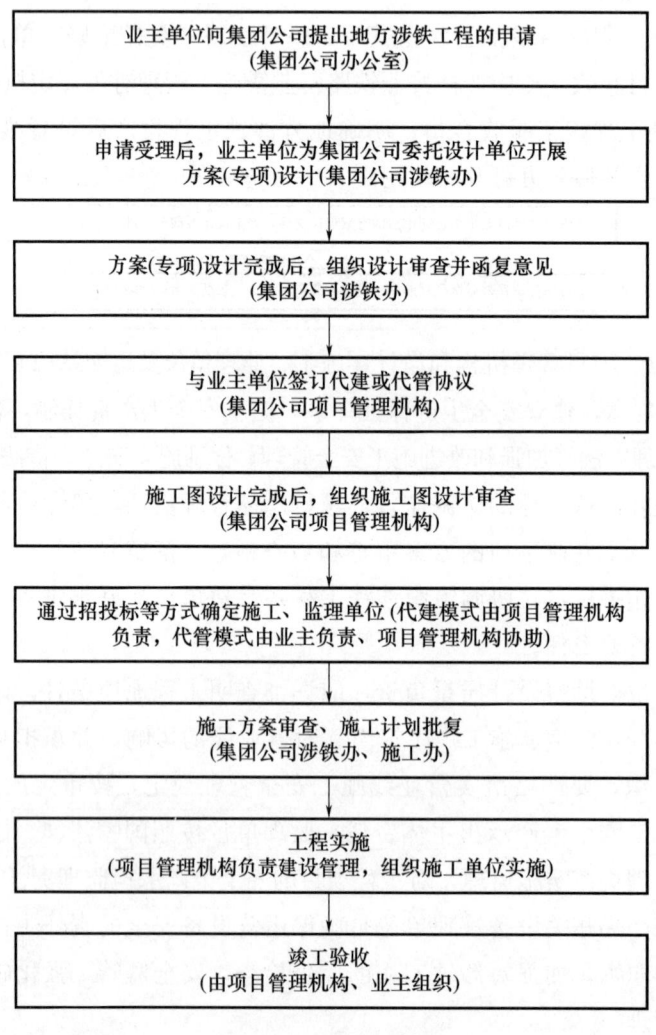

图 8.6-1　涉铁施工流程

附录 A 地方涉铁工程管理办法详细流程图（参考）

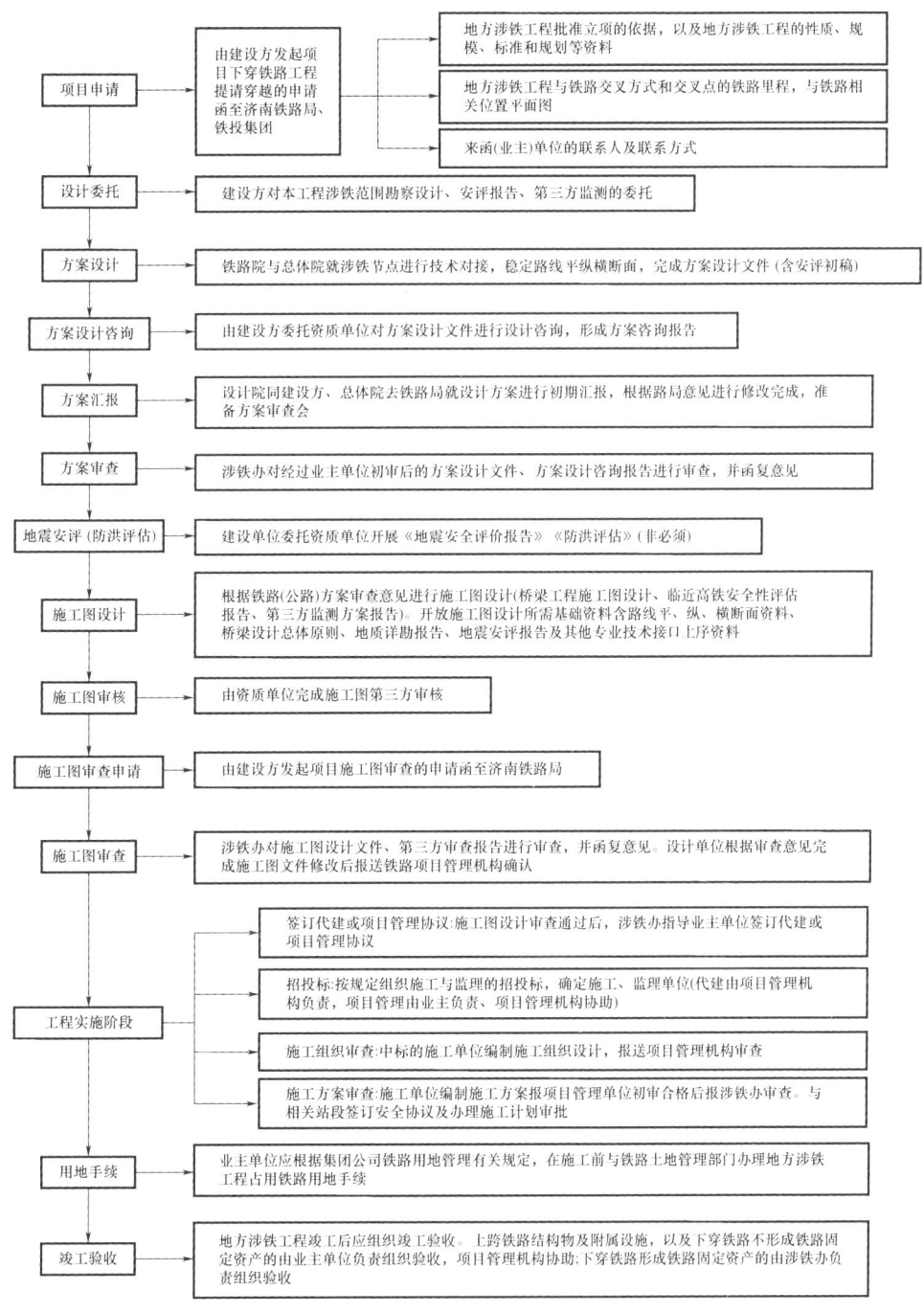